21世纪本科院校土木建筑类创新型应用人才培养规划教材

城市详细规划原理与设计方法

姜 云 张洪波 庞 博 主编

内 容 简 介

本书采用专业理论与工程实践案例并重的方式，在现有的详细规划原理基础上，提出了居住区选址、新时期住宅设计的发展趋势和设计方法、居住区绿地与微气候调控结合的措施、居住区规划设计及控制性详细规划文件编写方法。全书理论系统、完整，反映当前最新的规范和设计标准。同时，通过居住区规划设计实例分析和设计技巧，为读者提出了切实可行的思路，并便于在设计实践中应用。

本书主要内容包括：详细规划原理概述、居住区规划、控制性详细规划三部分。第一部分为全书的理论概述，系统阐述了城市详细规划原理的基本内容，以作为居住区规划原理和控制性详细规划的基层和依据。第二部分为居住区规划原理，详细阐述了居住区规划的基本内容、发展趋势，并结合设计实践进行分析；第三部分为控制性详细规划，系统阐述了控制性详细规划的基本内容，并结合当前控制性详细规划的发展趋势，提出了新编制方法与编制内容。

本书理论与实践结合，系统阐述和重点探讨结合，既具有教材的特点，又具有研究特色，可作为高等院校建筑学、城市规划、景观专业的教学用书，也可供规划管理人员参考使用，同时也可作为设计部门的参考用书。

图书在版编目(CIP)数据

城市详细规划原理与设计方法/姜云，张洪波，庞博主编. —北京：北京大学出版社，2012.1
(21世纪本科院校土木建筑类创新型应用人才培养规划教材)
ISBN 978-7-301-19733-2

Ⅰ. ①城… Ⅱ. ①姜…②张…③庞… Ⅲ. ①城市规划—建筑设计—高等学校—教材 Ⅳ. ①TU984

中国版本图书馆 CIP 数据核字(2011)第 231665 号

书　　　　名：	城市详细规划原理与设计方法
著作责任者：	姜　云　张洪波　庞　博　主编
策划编辑：	吴　迪　卢　东
责任编辑：	翟　源
标准书号：	ISBN 978-7-301-19733-2/TU・0193
出　版　者：	北京大学出版社
地　　　址：	北京市海淀区成府路205号　100871
网　　　址：	http://www.pup.cn　http://www.pup6.com
电　　　话：	邮购部 010-62752015　发行部 010-62750672　编辑部 010-62750667
电子邮箱：	pup_6@163.com
印　刷　者：	北京虎彩文化传播有限公司
发　行　者：	北京大学出版社
经　销　者：	新华书店
	787毫米×1092毫米　16开本　18.75印张　435千字
	2012年1月第1版　2023年2月第7次印刷
定　　　价：	36.00元

未经许可，不得以任何方式复制或抄袭本书之部分或全部内容。
版权所有，侵权必究　　举报电话：010-62752024
　　　　　　　　　　　　电子邮箱：fd@pup.pku.edu.cn

前　　言

城市详细规划是落实城市总体规划和城市分区规划的最关键的规划阶段。面对经济全球化时代下城市土地和空间开发热潮的席卷，如何科学合理的规划建设和有效管理城市，已成为目前中国很多城市面对的问题。尤其是近 10 年来，中国的住宅产业发展迅速，依靠住宅建设拉动地方经济，通过"超级大盘"引领城市新城发展等现象屡见不鲜。科学引导城市健康发展，迈向低碳生态城市，实现低碳社区生活是当前中国城市发展和建设的基本原则，是必须遵循的指导思想和科学理念。城市详细规划是城市经济社会活动的基本单元和空间载体，是当前众多矛盾的焦点。因而，落实城市宏观经济发展的详细规划，一直是当前城乡规划的主要任务。

鉴于近年来国家经济社会发展的新动向和趋势，本书在现有的详细规划原理基础上，提出了居住区选址、新时期住宅设计的发展趋势和设计方法、居住区绿地与微气候调控结合的措施、居住区规划设计及控制性详细规划文件编写方法。本书结合专业理论与工程实践并重的方式，从城市详细规划设计的角度，列举并解析我国当前优秀设计作品，为读者提供有益的实践经验。书中系统而完整地反映当前最新的规范和设计标准，便于实际应用。同时本书条理清晰地介绍了常用的设计方法与设计技巧，为初学者提供了切实可行的思路。

本书由城市详细规划原理概述、居住区规划、控制性详细规划三部分组成，共 17 章。第 1 章为城市详细规划原理概述部分，对城市详细规划与城市规划层次的内容衔接、城镇化发展需求、居住区发展历程和发展类型及趋势、控制性详细规划任务与作用，以及未来的发展趋势等做了全面分析和阐述。书中第 2～14 章为居住区规划部分，分别就居住区规划内容与编制方法，居住区规划结构、形态与选址，住宅用地规划，公共服务设施及其用地规划布置，居住区道路系统与停车设施规划，居住区绿地与外部空间设计，居住区景观与场地设计，城市旧城更新改造规划，居住区规划的经济技术分析，居住区规划设计实例分析，居住区规划快题设计内容进行了系统的阐述。书中第 15～17 章为控制性详细规划部分，对城市控制性详细规划编制内容与方法、控制性详细规划的控制体系、控制性详细规划层面中的城市设计问题进行了全面的分析与阐述。

本书由黑龙江科技学院姜云教授统稿、定稿。各章节的撰写分工如下：第 6 章、第 12 章、第 13 章由姜云撰写；第 1 章、第 5 章、第 7 章、第 9 章、第 11 章、第 14 章庞博撰写；第 2 章、第 3 章、第 8 章、第 10 章、第 15 章、第 16 章、第 17 章由张洪波撰写；第 4 章由张洪波和庞博共同撰写。

由于作者水平和能力的限制，本书虽然竭力全面地反映出新时期城市详细规划的理论与方法，但依然难免有不周或谬误之处，我们期待着每一位关注城市详细规划设计研究的专家、学者和读者们的批评指正。本书在编写过程中参阅了大量资料，谨向参考文献著者深表谢意。

本书可作为城市规划、建筑学、园林景观等专业教学用书，也可供城市规划、建筑设计、园林景观设计等机构和城乡规划管理、土地利用与规划部门的专业人员参考。

编 者

2011 年 4 月 20 日

目 录

第1章 城市详细规划原理概述 …… 1
1.1 城市规划的层次及详细规划的主要内容 …… 2
- 1.1.1 城市规划的层次 …… 3
- 1.1.2 控制性详细规划的主要内容 …… 3
- 1.1.3 修建性详细规划的主要内容 …… 4
- 1.1.4 城市规划的调整和修改及审批 …… 5

1.2 居住区规划原理概述 …… 5
- 1.2.1 城市中居住用地的设置 …… 5
- 1.2.2 居住区发展的演变历程及相关理论 …… 8
- 1.2.3 当代居住区类型和发展趋势 …… 12

1.3 控制性详细规划原理概述 …… 20
- 1.3.1 控制性详细规划产生的背景与发展历程 …… 20
- 1.3.2 控制性详细规划的含义和特征 …… 21
- 1.3.3 控制性详细规划的任务与作用 …… 23
- 1.3.4 控制性详细规划的立法和未来发展建议 …… 24

应用案例 …… 28
本章小结 …… 29
思考题 …… 29

第2章 居住区规划的内容与编制方法 …… 31
2.1 居住区规划设计的任务与要求 …… 32
- 2.1.1 居住区规划设计的任务 …… 32
- 2.1.2 居住区规划的基本要求 …… 32

2.2 居住区规划的内容与成果 …… 33
- 2.2.1 居住区规划的内容 …… 33
- 2.2.2 规划成果表达要求 …… 34

应用案例 …… 36
本章小结 …… 37
思考题 …… 37

第3章 居住区规划的结构、形态与选址 …… 38
3.1 居住区规划的结构与形态 …… 39
- 3.1.1 居住区规划结构的基本形式 …… 39
- 3.1.2 居住区规划结构的等级 …… 40
- 3.1.3 居住区布局形态 …… 41

3.2 居住区的选址 …… 46
- 3.2.1 居住区空间区位的概念和发展趋势 …… 46
- 3.2.2 居住区空间区位选择 …… 47

应用案例 …… 48
本章小结 …… 49
思考题 …… 50

第4章 住宅用地规划 …… 51
4.1 住宅建筑类型及特点 …… 52
- 4.1.1 低层住宅的类型 …… 52
- 4.1.2 多层住宅的主要类型和平面组合形式 …… 56
- 4.1.3 中高层和高层住宅的类型及特点 …… 58

4.2 高层住宅形态 …… 59
- 4.2.1 塔式高层住宅 …… 59
- 4.2.2 板式高层住宅 …… 61

4.3 居住区规划的基本原理与方法 …… 64
- 4.3.1 低碳生态住宅规划与设计的基本方法 …… 64
- 4.3.2 住宅规划设计发展趋势 …… 72

4.4 住宅建筑群体组合及空间布局 …… 76

4.4.1　空间及其限定、层次和
　　　　　　变化 ·················· 76
　　　4.4.2　住宅群体组合考虑的
　　　　　　因素 ·················· 81
　　　4.4.3　住宅群体组合 ········ 85
　4.5　住宅群体组合实例 ············ 87
　本章小结 ································ 89
　思考题 ·································· 89

第5章　公共服务设施及其用地规划布置 ·············· 90

　5.1　公共服务设施的构成与分类 ···· 91
　　　5.1.1　公共服务设施的概念 ···· 91
　　　5.1.2　居住区公共服务设施的
　　　　　　构成与分类 ············ 92
　5.2　居住区公共服务设施的发展
　　　新趋势及应对设计 ············ 98
　　　5.2.1　由居住区规划向社区
　　　　　　规划转变 ·············· 98
　　　5.2.2　居民需求的发展趋势 ···· 98
　　　5.2.3　公共服务的产业化
　　　　　　发展 ·················· 101
　　　5.2.4　信息化技术发展带来的
　　　　　　影响 ·················· 102
　　　5.2.5　合理化配置方式探讨 ···· 103
　应用案例 ······························ 104
　本章小结 ······························ 105
　思考题 ································ 105

第6章　居住区道路系统及停车设施规划 ·············· 106

　6.1　居住区道路的功能和分级 ······ 107
　　　6.1.1　居住区道路的功能 ······ 107
　　　6.1.2　居住区道路的分级 ······ 108
　6.2　居住区道路规划设计的原则和
　　　基本要求 ······················ 110
　　　6.2.1　居住区道路规划设计的
　　　　　　原则 ·················· 110
　　　6.2.2　居住区道路规划设计的
　　　　　　基本要求 ·············· 110
　6.3　居住区道路系统的基本形式 ···· 112

　　　6.3.1　人车交通分行道路
　　　　　　系统 ·················· 112
　　　6.3.2　人车混行的道路
　　　　　　系统 ·················· 113
　　　6.3.3　人车部分分行的道路
　　　　　　系统 ·················· 114
　　　6.3.4　人车共存的道路系统 ···· 114
　6.4　居住区道路规划设计的经济性 ··· 115
　6.5　居住区内静态交通的组织 ······ 116
　　　6.5.1　自行车存车设施的
　　　　　　规划布置 ·············· 116
　　　6.5.2　小汽车存车设施的
　　　　　　规划布置 ·············· 117
　　　6.5.3　机动车停车位标准 ······ 119
　应用案例 ······························ 121
　本章小结 ······························ 122
　思考题 ································ 122

第7章　低碳居住区绿地设计 ········ 123

　7.1　相关概念解析 ·················· 124
　　　7.1.1　绿地率 ················ 124
　　　7.1.2　公共绿地 ·············· 125
　　　7.1.3　公共绿地率 ············ 125
　　　7.1.4　人均绿地面积 ·········· 125
　　　7.1.5　人均公共绿地面积 ······ 125
　　　7.1.6　绿化覆盖率 ············ 125
　7.2　低碳居住区绿地的组成和分类 ··· 126
　　　7.2.1　从绿地的实际使用功能
　　　　　　分类 ·················· 126
　　　7.2.2　从绿地的性质和服务
　　　　　　对象分类 ·············· 126
　　　7.2.3　从绿地下垫面的特征
　　　　　　分类 ·················· 127
　7.3　低碳居住区绿地的功能 ········ 127
　　　7.3.1　绿地的生态碳汇功能 ···· 128
　　　7.3.2　绿地的物理功能 ········ 129
　　　7.3.3　绿地的景观功能 ········ 130
　　　7.3.4　绿地的经济功能 ········ 131
　7.4　低碳居住区绿地系统的优化
　　　设计方法 ······················ 131
　　　7.4.1　优化设计原则 ·········· 131

7.4.2　低碳居住区绿地系统
　　　　　　设计方法 ················ 132
应用案例 ······························· 133
本章小结 ······························· 134
思考题 ·································· 135

第8章　居住区外部空间设计 ········ 136

8.1　居住区外部空间概念和发展
　　　目标 ······························ 137
　　　8.1.1　关于空间的概述 ········ 137
　　　8.1.2　居住区外部空间的
　　　　　　概念 ······················ 138
　　　8.1.3　居住区外部公共空间
　　　　　　发展目标 ················ 138
　　　8.1.4　居住区外部空间多样性
　　　　　　发展趋向 ················ 139
8.2　居住区外部空间特征与环境设计
　　　原则 ······························ 139
　　　8.2.1　居住区外部空间特征 ······ 139
　　　8.2.2　居住区外部空间环境
　　　　　　设计原则 ················ 140
　　　8.2.3　居住区外部空间环境
　　　　　　导向 ······················ 143
　　　8.2.4　居住区外部空间层次性 ··· 146
8.3　居住区外部空间形态与设计
　　　要素 ······························ 149
　　　8.3.1　居住区外部空间形态的
　　　　　　设计方法 ················ 149
　　　8.3.2　居住区外部空间的主要
　　　　　　设计要素 ················ 150
应用案例 ······························· 156
本章小结 ······························· 159
思考题 ·································· 159

第9章　居住区环境景观设计方法与
　　　实例 ······························ 160

9.1　居住区环境景观的分类与
　　　设计 ······························ 161
　　　9.1.1　软质景观 ················ 161
　　　9.1.2　硬质景观 ················ 162
　　　9.1.3　水体 ···················· 169

　　　9.1.4　宅间庭院的空间环境 ······ 169
9.2　居住区特色空间环境设计的
　　　基本要求 ························ 171
　　　9.2.1　外部环境特色设计 ········ 171
　　　9.2.2　居住区景观的内部系统
　　　　　　特色设计 ················ 173
9.3　居住区景观设计典型实例 ······ 174
应用案例 ······························· 177
本章小结 ······························· 178
思考题 ·································· 178

第10章　居住区场地规划设计 ········ 179

10.1　居住区场地规划的概念 ······ 180
10.2　居住区场地规划的原则 ······ 180
　　　10.2.1　多样性设计 ············ 180
　　　10.2.2　"场所"的营造 ········ 181
　　　10.2.3　良好的日照和通风
　　　　　　　条件 ···················· 183
　　　10.2.4　处理好场地与自然
　　　　　　　地形的关系 ············ 184
10.3　居住区场地规划条件 ········· 186
10.4　居住区场地总体布局和规划
　　　要素 ······························ 188
　　　10.4.1　居住区场地总体布局的
　　　　　　　工作内容 ··············· 188
　　　10.4.2　居住区场地总体布局的
　　　　　　　基本要求 ··············· 188
　　　10.4.3　场地规划要素 ·········· 190
应用案例 ······························· 194
本章小结 ······························· 197
思考题 ·································· 197

第11章　城市旧居住区更新改造
　　　　规划 ···························· 198

11.1　居住区老化与更新改造的
　　　理念 ······························ 199
　　　11.1.1　居住区老化 ············ 199
　　　11.1.2　更新改造 ·············· 200
　　　11.1.3　公众参与的发展 ······· 200
　　　11.1.4　旧居住区更新改造的
　　　　　　　类型 ···················· 202

11.1.5　旧居住区更新改造的
　　　　　　动力 …………………… 202
11.2　旧居住区更新改造的方法　204
　　11.2.1　保护更新模式 ………… 204
　　11.2.2　拆迁改造模式 ………… 208
11.3　旧居住区更新改造实例 …… 211
应用案例 ……………………………… 217
本章小结 ……………………………… 219
思考题 ………………………………… 220

第12章　居住区规划的技术经济分析 ……………… 221

12.1　用地平衡表 ………………… 222
　　12.1.1　用地平衡表的作用 …… 222
　　12.1.2　用地平衡表的内容 …… 222
　　12.1.3　各项用地界限划分的
　　　　　　技术性规定 …………… 223
12.2　技术经济指标 ……………… 224
　　12.2.1　综合技术经济指标
　　　　　　项目 …………………… 224
　　12.2.2　主要技术经济指标 …… 226
　　12.2.3　居住区用地的定额
　　　　　　指标 …………………… 227
　　12.2.4　住宅建筑净密度与住宅
　　　　　　建筑面积净密度控制
　　　　　　指标 …………………… 228
12.3　居住区总造价的估算 ……… 229
　　12.3.1　居住区的造价 ………… 229
　　12.3.2　地价 …………………… 229
　　12.3.3　建筑造价 ……………… 229
　　12.3.4　室外工程造价 ………… 229
本章小结 ……………………………… 229
思考题 ………………………………… 230

第13章　居住区规划设计实例分析 ………………… 231

第14章　详细规划快题设计 …… 242

14.1　快题设计构思 ……………… 243
　　14.1.1　设计理念 ……………… 243
　　14.1.2　设计构思 ……………… 243

　　14.1.3　时间分配 ……………… 245
14.2　快速表现混合技法概述 …… 245
　　14.2.1　钢笔表现 ……………… 246
　　14.2.2　马克笔表现 …………… 246
　　14.2.3　彩色铅笔表现 ………… 250
14.3　居住小区规划设计 ………… 250
应用案例 ……………………………… 252
本章小结 ……………………………… 253
思考题 ………………………………… 253

第15章　控制性详细规划编制内容与方法 …………………… 254

15.1　控制性详细规划编制的
　　　内容 ……………………… 255
　　15.1.1　建立"整体性控制—
　　　　　　街区控制—地块控制"的
　　　　　　三级控制体系 ………… 255
　　15.1.2　城市土地使用性质的
　　　　　　细分 …………………… 256
　　15.1.3　主要公共设施与配套
　　　　　　服务设施控制 ………… 256
　　15.1.4　城市特色与环境景观
　　　　　　控制 …………………… 259
15.2　控制性详细规划基本编制方法与
　　　程序 ……………………… 260
　　15.2.1　前期研究 ……………… 260
　　15.2.2　控制性详细规划所需
　　　　　　基础资料 ……………… 260
15.3　控制性详细规划的成果 …… 260
　　15.3.1　控制性详细规划的
　　　　　　深度要求 ……………… 260
　　15.3.2　控制性详细规划成果
　　　　　　表达 …………………… 261
应用案例 ……………………………… 263
本章小结 ……………………………… 265
思考题 ………………………………… 265

第16章　控制性详细规划的控制体系 ……………………… 266

16.1　规划控制指标体系的内容 … 267
　　16.1.1　土地使用 ……………… 268

16.1.2 设施配套 …………… 269
　　16.1.3 建筑建造 …………… 269
　　16.1.4 城市设计引导 ……… 269
　　16.1.5 行为活动控制 ……… 269
16.2 规划控制指标的类型与控制
　　方式 ………………………… 270
　　16.2.1 规划控制指标的类型 … 270
　　16.2.2 控规指标确定的方法 … 270
　　16.2.3 控制性详细规划控制的
　　　　　弹性与混合性 ……… 272
　　16.2.4 规划控制的方式 …… 274
应用案例 …………………………… 275
本章小结 …………………………… 277
思考题 ……………………………… 277

第17章 控规层面中的城市设计问题 ………………………… 278

17.1 控制性详细规划与城市设计的
　　关系 ………………………… 279

　　17.1.1 控规中的城市设计
　　　　　因素 ………………… 279
　　17.1.2 城市设计中的控制性
　　　　　因素 ………………… 280
　　17.1.3 控规与城市设计的内容
　　　　　联系 ………………… 280
17.2 控制性详细规划层面中的城市
　　设计内容 …………………… 281
17.3 控制性详细规划的法定图则的
　　编制 ………………………… 284
　　17.3.1 现行控制性详细规划
　　　　　编制中存在的问题 … 284
　　17.3.2 控规图则＋城市设计的
　　　　　编制方法 …………… 284
应用案例 …………………………… 287
本章小结 …………………………… 289
思考题 ……………………………… 289

参考文献 ………………………………… 290

第1章
城市详细规划原理概述

【教学目标与要求】
- 概念及基本原理

【掌握】城市规划的层次；详细规划的主要内容、任务及成果要求；城市居住用地分类；居住区发展历程中的重要理论；当代居住区类型和发展趋势；控制性详细规划的含义和特征、任务与作用。

【理解】城市规划的审批层次；城市居住用地的分布与选择；居住区发展演变历程及相关理论；控制性详细规划产生的背景与发展历程，新时期对控制性详细规划的新要求及其未来发展趋势。

- 设计方法

【掌握】通过学习城市详细规划的相关理论起源及发展，初步掌握详细规划设计的内容；同时掌握居住区规划设计和控制性详细规划的最新设计理论与方法。

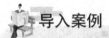
导入案例

新上海城乡规划条例：未来沪城市规划设 4 个层次

新《上海市城乡规划条例》将于 2011 年 1 月 1 日起施行，取代原先的《上海市城市规划条例》。从"城市"到"城乡"，体现了规划上的城乡统筹与协调布局。新条例统一了城乡规划体系，原先各区县的规划今后原则上将由市政府统一审批。昨天，上海市规划和国土资源管理局召开了《上海市城乡规划条例》实施宣传贯彻大会，上海市人大常委会法制工作委员会副主任吴勤民对《城乡规划条例》的内容做了解读。

1. 全市规划设 4 个层次

为了与 2008 年 1 月 1 日正式施行的《中华人民共和国城乡规划法》相衔接，改变原有城乡二元结构为基础的城镇、城乡两个规划体系和两套规划管理制度的状况，本市对《城市规划条例》作了修改。

新规划梳理了本市规划体系，将全市规划设置为 4 个层次：总体规划层次、分区规划层次、单元规划层次和详细规划层次。强调城乡统筹规划与协调布局，改变了原有以城乡二元结构为基础的城镇、乡村两个规划体系和两套规划管理制度的状况。同时，根据市、区两级分级管理制度，加强了市区两级规划部门的联动协调，中心城控制性详细规划和新城、新市镇控制性详细规划由区、县人民政府会同市规划行政管理部门组织编制，经市人民政府批准后，报市人民代表大会常务委员会备案。

2. 公众参与城乡规划

新条例提高了城乡规划的科学性和严肃性。明确了规划的法律地位，经依法批准的城乡规划，是城乡建设和规划管理的依据，未经法定程序不得修改。任何单位和个人都应当遵守经依法批准并公布的城乡规划。而且，在城乡规划的制定、修改和实施过程中，要求必须充分征求公众和专家的意见，并规定了公众参与、实施评估、必要性论证等必经程序，同时实行规划委员会审议制度。

3. 规划将接受3方面监督

新条例对规划工作设定了人大监督、行政监督、社会监督3个方面的监督。

人大监督方面，规定市和区县政府应当每年就规划的制定、实施、修改以及监督检查情况向同级人大及其常委会作专项报告。行政监督方面，强调了市政府、市规划行政管理部门对区县政府、区县规划管理部门、乡镇政府的监督检查。社会监督方面，强调了规划信息公开，如规划编制的成果草案在报送审批之前要向社会公示，并规定任何单位和个人享有举报、控告违反城乡规划行为的权利，以及政府部门予以核查、处理和答复的义务。

资料来源：http://www.cnstock.com/index/gdbb/201012/1054400.htm

城市是社会经济发展到一定阶段的产物，城市规划工作的基本内容是依据城市的经济社会发展目标和环境保护的要求，根据区域规划等上层次的空间规划的要求，在充分研究城市的自然、经济、社会和技术发展条件的基础上，制定城市发展战略，预测城市发展规模，选择城市用地的布局和发展方向，按照工程技术和环境的要求，综合安排城市各项工程设施，并提出近期控制引导措施。由新上海城乡规划条例可看出，城乡规划在具体实施过程中，由总体规划到详细规划，可根据具体城市的具体情况分为多个层次。

1.1 城市规划的层次及详细规划的主要内容

城市——是以非农产业和非农业人口聚集为主要特征的居民点，在我国是指按国家行政建制设立的市和镇。

城市的产生，一直被认为是人类文明的象征，英语中文明（civilization）一词就来源于拉丁语"市民的生活"（civtas），在几千年的人类文明史中，人类社会经历了漫长的农业经济时代，工业经济时代仅有300年的历史。但是城市的大规模发展却是标准的工业经济产物。现代城市规划的发展在最初主要是针对工业城市的发展及期望解决由此而产生的种种问题，因此，现代城市规划理论也就是在认识工业城市的问题的同时，提出相应的解决途径，并由此而构筑了现代城市规划的基本框架。

城市规划是对一定时期内城市的经济和社会发展、土地利用、空间布局以及各项建设的综合部署、具体安排和实施管理。

城市规划的任务是政府调控城市空间资源、指导城乡发展与建设、维护社会公平、保障公共安全和公众利益的重要公共政策之一。

中国现阶段城市规划的基本任务：修复和保护人居环境，尤其是城乡空间环境的生态系统，为城乡经济、社会和文化协调、稳定的发展服务，保障和创造城市居民安全、健康、舒适的空间环境和公正的社会环境。

1.1.1 城市规划的层次

编制城市规划一般分总体规划和详细规划两个阶段,大中城市可在总体规划基础上编制分区规划。城市总体规划应当与国土规划、区域规划、江河流域规划、土地利用总体规划相协调。根据实际需要,在编制城市总体规划前,可由城市人民政府组织制定城市规划纲要,对总体规划需确定的主要目标、方向和内容提出原则性意见,作为总体规划依据。

城市总体规划包括——城市的性质、发展目标、发展方向和发展规模,城市主要建设标准和定额指标,城市建设用地布局、功能分区和各项建设的总体部署,城市综合交通体系和河湖、绿地系统规划,各项专业规划,近期建设规划等。设市城市和县级以上人民政府所在地镇的总体规划,应当包括市或县的行政区域的城镇体系规划。

城市详细规划包括——城市详细规划应当在城市总体规划或分区规划基础上,对城市近期建设区域内各项建设做出具体规划。

规划地段各项建设的具体用地范围、建筑密度和高度等控制指标,总平面布置、工程管线综合规划和竖向规划,如图1.1所示。

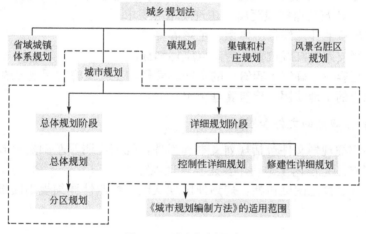

图1.1 城市规划层次

1.1.2 控制性详细规划的主要内容

1. 详细规划的主要任务

详细规划是以总体规划或者分区规划为依据,详细规定建设用地的各项控制指标和其他规划管理要求,或者直接对建设做出具体的安排和规划设计。

详细规划分为控制性详细规划和修建性详细规划。

根据城市规划的深化和管理的需要,一般应当编制控制性详细规划,以控制建设用地性质、使用强度和空间环境,作为城市规划管理的依据,并指导修建性详细规划的编制。

2. 控制性详细规划的主要任务

控制性详细规划作为总体规划、分区规划和修建性详细规划之间的环节,既深化、细化了总体规划、分区规划，又对修建性详细规划设计起控制指导作用，确保了规划体系的完善和连续。

控制性详细规划填补了形体示意规划的缺陷。控制性详细规划将抽象的规划原理和复杂的规划要素进行简化和图解化，最大程度上实现了规划的可操作性。

控制性详细规划是规划与管理，规划与实施连接的重要环节，更是规划管理的必要手段和主要依据。

3. 控制性详细规划的主要内容

控制性详细规划的编制内容是在总体规划和分区规划的指导下，主要对地块的用地使用控制和环境容量控制，建筑建造控制和城市设计引导，市政公共设施和公共设施的配套，以及交通活动控制和环境保护规定为主要内容针对不同地块、不同建设项目和不同开发过程。应用指标量化、条文规定、图则标定等方式对各控制要素进行定性、定量和定位的控制。其具体内容如下所述。

（1）详细规定所规划范围内各类不同使用性质用地的界线，规定各类用地内适建、不适建或者有条件地允许建设的建筑类型。

（2）规定各地块建筑高度、建筑密度、容积率、绿地率等控制指标；规定交通出入口方位、停车泊位、建筑后退红线距离、建筑间距等要求。

（3）提出各地块的建筑体量、体型、色彩等要求。

（4）确定各级支路的红线位置、控制点坐标和标高。

（5）根据规划容量，确定工程管线的走向、管径和工程设施的用地界线。

（6）制定相应的土地使用与建筑管理规定。

4. 控制性详细规划的文件和图纸

（1）控制性详细规划文件包括规划文本和附件，规划说明及基础资料收入附件。规划文本中应当包括规划范围内土地使用及建筑管理规定。

（2）控制性详细规划图纸包括：规划地区现状图、控制性详细规划图纸。图纸比例为1/1000～1/2000。

1.1.3　修建性详细规划的主要内容

对于当前要进行建设的地区，应当编制修建性详细规划，用以指导各项建筑和工程设施的设计和施工。读者在学习阶段及未来工作中所涉及的修建性详细规划多为居住小区规划设计。

1. 修建性详细规划的主要内容

修建性详细规划就是对城市的地块建设进行总体策划，并作出具体的安排和设计，以指导各项建筑和工程设施的设计与实施的规划，其科学性、合理性、经济性是开发项目是否可行的关键因素之一。其主要内容如下所述。

（1）建设条件分析及综合技术经济论证。

（2）做出建筑、道路和绿地等的空间布局和景观规划设计，布置总平面图。

（3）道路交通规划设计。

(4) 绿地系统规划设计。
(5) 工程管线规划设计。
(6) 竖向规划设计。
(7) 估算工程量、拆迁量和总造价，分析投资效益。

2. 修建性详细规划的文件和图纸

(1) 修建性详细规划文件为规划设计说明书。
(2) 修建性详细规划图纸包括：规划地区现状图、规划总平面图、各项专业规划图、竖向规划图、反映规划设计意图的透视图。图纸比例为1/500～1/2000。

1.1.4 城市规划的调整和修改及审批

1. 城市总体规划的调整和修改

城市人民政府可以根据城市经济和社会发展需要，对城市总体规划进行局部调整，报同级人民代表大会常务委员会和原批准机关备案；但涉及城市性质、规模、发展方向和总体布局重大变更的，须经同级人民代表大会或者常务委员会审查同意后报原批准机关审批。

2. 城市规划的审批

城市规划实行分级审批——城市规划编制完成后，一般应由上级城市规划行政主管部门组织鉴定。

直辖市的城市总体规划，由直辖市人民政府报国务院审批。省和自治区人民政府所在地城市、城市人口在100万以上的城市及国务院指定的其他城市的总体规划，由省、自治区人民政府审查同意后，报国务院审批。

以上规定以外的设市城市和县级人民政府所在地镇的总体规划，报省、自治区、直辖市人民政府审批，其中市管辖的县级人民政府所在地镇的总体规划，报市人民政府审批。

前款规定以外的其他建制镇的总体规划，报县级人民政府批准。

城市人民政府和县级人民政府在向上级人民政府报请审批城市总体规划前，须经同级人民代表大会或者常务委员会审查同意。

城市分区规划由城市人民政府审批。

城市详细规划由城市人民政府审批；编制分区规划的城市的详细规划，除重要的详细规划由城市人民政府审批外，由城市人民政府城市规划行政主管部门审批。

1.2 居住区规划原理概述

1.2.1 城市中居住用地的设置

按照《雅典宪章》所分，城市四大基本功能为居住、工作、游憩与交通，其中居住是城市的第一活动。《马丘比丘宪章》则认为"人的相互活动与交往是城市存在的基本根据"。城市居住用地主要内容包括家庭内的(睡眠、起居、饮食、团聚、会客、家务、学习、工作、休息等)和外出的(上班、上学、购物、医疗、饮食、邮电、游憩、访客、文体活动、寻求各种服务等)两大部分。

1. 城市居住用地分类

按照我国《城市用地分类与规划建设用地标准》(GB 50137—2011)规定，居住用地(R)包括住宅和相应服务设施的用地。按层数、布局、市政公用设施、环境质量等综合因素，分为3个中类用地。

一类居住用地(R1)，设施齐全、布局完整、环境良好，以低层住宅为主的用地。

二类居住用地(R2)，设施较齐全、布局较完整、环境良好，以多、中、高层住宅为主的用地。

三类居住用地(R3)，设施较欠缺、环境较差，以需要加以改造的简陋住宅为主的用地，包括危房、棚户区、临时住宅等用地。

各类居住用地中各包括2个小类用地，分别为住宅用地和服务设施用地。

城市人均居住用地面积，按建筑气候区划，Ⅰ、Ⅱ、Ⅵ、Ⅶ气候区为 $28.0 \sim 38.0 m^2$/人，Ⅲ、Ⅳ、Ⅴ气候区为 $23.0 \sim 36.0 m^2$/人。居住用地在城市建设用地中所占比例为 $25.0\% \sim 40.0\%$。

2. 城市居住用地的分布与选择

1) 居住用地的规划任务

在城市总体规划阶段，根据现状情况和国家的有关方针政策，权衡需要与可能，确定居住用地的各项技术经济指标；正确选择城市居住用地和分布居住区，使之与城市其他功能部分具有合理的相互关系；规划居住用地的组织结构；布置道路系统和绿地系统；选择各级中心的位置；规划配套的公共服务设施和市政公用设施，并在用地规模上有合理的比例关系。

2) 城市居住用地分布的类型

(1) 集中布置。城市规模不大，有足够用地，用地范围内没有天然或人为的障碍。可节省城市建设投资，简便地组织城市交通，经济合理地设置各种生活福利设施。

(2) 分散布置。城市用地受自然条件限制、因工业布点要求、或因农田分布等，不宜集中修建时，可分散布置。可适应地形，节约用地，少占或不占良田；便于工业、居住成组团布置，缩短上下班距离；可充分利用河流及现有公路组织交通。

(3) 轴向布置。以中心为核心，大型对外交通发展。

3. 城市居住用地的选择应考虑下列要求

(1) 自然条件良好。工程地址与水文地质条件良好，地势高，自然通风良好，风景优美。尽可能利用贫瘠地，不占和少占高产良田。

(2) 环境卫生条件良好。在污染源的上风、上游，并考虑非常时期的防空、地面疏散避难、防汛的需要。

(3) 协调居住——工作——消费关系，交通时耗最少。尽可能接近工业区和工作场所，居住区内部应有合理的功能结构，并与城市多功能部分组成有机整体。

(4) 适宜的规模和用地形状，便于组织其他的生活设施。

(5) 城市外围选择居住用地，考虑新区和旧区的关系。尽可能依托旧城，注意保护文物古迹，尽量利用原有设施，逐步改造，以逐步完善新城。

(6) 结合房地产需求。在开发居住用地的时候，应在考虑城市居民对居住用地的需求、价位的承受能力的同时，考虑到开发商的利益需求，尽量平衡二者关系。

(7) 留有发展余地。用地面积适当，有利于集中紧凑地布置；或采取组团式布局，取得相对平衡，但要留有发展余地。

图1.2为汕头市中心城区住房建设规划(2006—2010年)。该规划住宅用地供应指导思想为：规划期内，在建设资源节约型社会及和谐社会思想的指导下，应当重点保证廉租房、经济适用房等政策性住房和中小套型普通商品住房的用地供应；应当坚持土地新增供

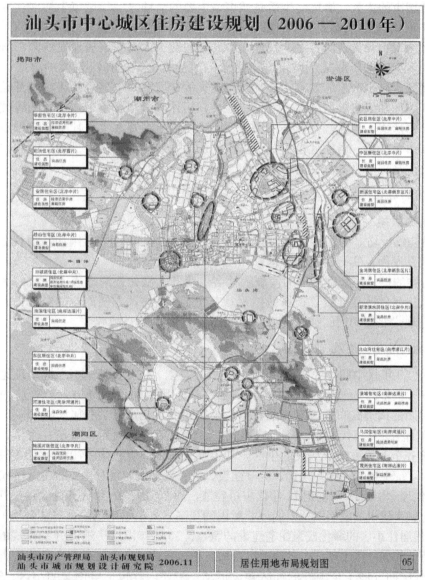

图1.2　汕头市中心城区住房建设规划图(2006—2010年)

资料来源：http://www.ydtz.com/

应与存量挖潜相结合，坚持新区建设与旧城、旧村改造相结合；应当根据近期城市空间拓展战略，合理确定住宅用地新增及盘整的空间时序，以提高土地供应的综合效益，促进中心城区土地资源的节约、集约利用和房地产市场的健康、良性发展。

规划期内，中心城区通过旧城、旧村改造及部分三类工业用地、老港区等用地功能置换改造而增加的住宅用地，主要分布于小公园、海滨路西段、梅溪河东岸、达濠城等区域，以及中心城区范围内部分低效益工业厂区、部分区位邻近"十一五"城市建设重点发展区域的城中村。

1.2.2 居住区发展的演变历程及相关理论

居民是城市的主人，居民的生活是城市最主要的活动之一。城市生活居住体系包括两个层次：住宅（家庭生活单元）、居住区（社区、多个家庭的组合、社交活动）。

居住区的根本含义，简言之，就是人类的聚居地。人类的聚居地发展则与城市的发展息息相关。人类的聚居形式从城市产生之前的原始社会，选择小规模的巢居、穴居相靠近；发展到城市初步产生的奴隶社会，此时人类的聚居形式也随着阶级产生开始分级，形成奴隶主聚居区和奴隶聚居区；进入封建社会，居住质量和居住用地开始随着城市的发展而形成不同的形式；居住区真正进入快速发展阶段则是在资本主义社会产生以后，人类进入了快速城市化阶段，居住区也开始了真正的迅速发展，开始在满足基本的居住条件的基础上更加关注精神享受等方面的需求。

1. 中国的居住区发展

古代历史回顾

（1）最初的街坊。中国古代的城市中的居住区称为"闾里"。例如，唐代长安有108坊，坊门朝开夕闭，实行封闭式管理，如图1.3所示。

（2）街坊的扩大。顺着交通的发展，社会生活的大型化逐渐形成了开放的大社会，正是由于交通工具的改变导致了街坊的扩大。宋代形成街坊，方便商业的经营；元代形成里弄，也就是现代北京胡同的前身，如图1.4所示。

2. 近现代居住区发展

20世纪50年代中期，我国受苏联规划理论影响，引入了居住小区规划理论，形成了"居住区——居住小区——组团"的模式。居住区采用街坊的规划方式。街坊内以住宅为主，采用封闭的周边式布置，有的配置少量公共建筑，儿童上学和居民购物一般需穿越街坊道路。20世纪60年代采用一条街的形式，沿街两旁各种商店、餐馆、旅馆、剧场等商业文化设施齐全。虽方便了居民的生活，却也带来居住环境恶化。70年代后期住宅建设规模迅速扩大，统一规划、统一设计、统一建设、统一管理成为当时主要的建设模式。我国20世纪50年代理念引入，20世纪70年代零星建造，到20世纪80年代开始大规模建造，随着国家经济与城市建设的发展以及人们环境意识的提高，人们越来越注重居住环境的发展，20世纪80年代居住小区的绿化成为住宅建设的重点。1992年以后房地产开发模式的出现，以商品房为特征的居住区出现了，各房地产公司纷纷以居住区环境景观作为自己的卖点。在20世纪80年代中期开展了全国性的社区建设运动，主要内容包括争创文明小区、安全小区、建设社区基本服务等，同时强化了居民的参与意识和自我发展意识。我国于1994年制定的

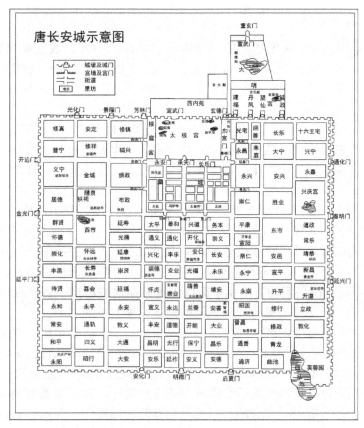

图 1.3　唐长安"里坊"复原图
资料来源：本书编写组.

图 1.4　宋"清明上河图"局部展示宋代街坊形态
资料来源：http://hi.baidu.com/

关于《中国 21 世纪议程》提出，中国人类住区发展的目标是：建设规划布局合理，配套设施齐全，有利工作，方便生活，住区环境清洁、优美、安静，居住条件舒适的人类住区。同时环境与发展成为当今世界的主题，建设生态住区环境成为人们新的关注焦点。

在我国，随着经济的发展，改革开放的深入，人们生活水平的提高，居住环境条件日趋改善，人们对居住环境质量的需求已经从简单绿化、景观美化到有较高生态效益、较高质量、关注健康等具有认同感、归属感的城市家园。

2. 外国的居住区发展

20世纪40年代，为了从根本上解决城市恶劣的居住条件，城市规划思想开始产生。而新的居住区思想也应运而生，其中最著名的，对后世影响最大的有邻里单位、居住小区、社区理论。

1) 邻里单位

人类进入20世纪，由于大工业生产的集中，有了分区的要求。生产中的废气、废水、废物、噪声等干扰迫使居住区从工业区中分离出去，而商业、金融、贸易、行政管理等又有了各自的活动范围，可是城市化运动带来了人口密集、住房拥挤、环境恶化；机动车发展速度增加，导致交通阻塞、车祸较多；居住方式不适应，导致临街住宅不安宁等弊病，迫使许多社会学家和城市学家寻找对策。1929年美国建筑师西萨·佩里（Clarence A. Perry）根据霍华德"田园城市"的设想，提出了邻里单位的理论，但是其得以实施还是在第二次世界大战以后，首先是在伦敦外围的卫星城中。著名的哈罗新城由4个居住区组成，每个居住区划分为2～4个邻里单位，全城共有13个邻里单位，以后世界各地相继仿效。20世纪70年代美国兴建的哥伦比亚新城仍然遵循这些原则，各个社区下分成若干邻里。巴黎周围的5个新城都是吸收邻里单位的基本原则发展起来的。

思想要求在较大的范围内统一规划居住区，使每一个"邻里单位"成为组成居住区的"细胞"。一个邻里单位应该按照一个小学所服务的面积来组成。从任何方向的距离都不超过0.8～1.2km。大约包括1000个住户，5000居民左右。四界为主要交通道路，不使儿童穿越。邻里单位内设置日常生活所必需的商业服务设施，并保证充分的绿化和景观。建筑自由布置，各类住宅都须有充分的日照通风和庭院，如图1.5所示。建国初期，在我国居住区规划中也曾应用了邻里单位的经验，如上海的曹杨新村等，如图1.6所示。

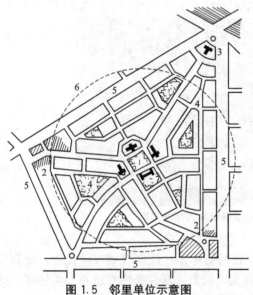

图1.5 邻里单位示意图
1—邻里中心；2—商业和公寓；3—商店或教堂；
4—绿地（占1/10的用地）；5—大街；
6—1半径/2英里（0.8045km）
资料来源：张京祥. 西方城市规划思想史纲[M].
南京：东南大学出版社，2005.

图1.6 上海曹杨新村平面图
资料来源：朱建达. 当代国内外居住区规划实例选编[M]. 北京：中国建筑工业出版社，1996.

2) 居住小区

1956年苏联提出居住小区和新村的组织形式。小区要形成完整的区域社会,是以交通干道、自然的界域形成界定的完整地段,统一规划、统一建设,有较完善的公共服务设施。

目前的居住区一般分为3个级别,分别是:城市居住区、居住小区和居住组团。

(1) 城市居住区。一般称居住区,泛指不同居住人口规模的居住生活聚居地和特指被城市干道或自然分界线所围合,并与居住人口规模(30000~50000人)相对应,配建有一整套较完善的、能满足该区居民物质与文化生活所需的公共服务设施的居住生活聚居地。

(2) 居住小区。一般称小区,是被居住区级道路或自然分界线所围合,并与居住人口规模(7000~15000人)相对应,配建有一套能满足该区居民基本的物质与文化生活所需的公共服务设施的居住生活聚居地。

(3) 居住组团。一般称组团,指一般被小区道路分隔,并与居住人口规模(1000~3000人)相对应,配建有居民所需的基层公共服务设施的居住生活聚居地。

3) 扩大小区、居住综合体和居住综合区

现代城市生活方式的不断发展,导致居住区的组织形式也在不断变化。现代城市交通的发展要求进一步加大干道的间距;城市规模的不断扩大和工作与居住地点分布的不合理造成城市交通越来越紧张和拥挤;城市的居住区改建的艰巨性以及居住小区规划与建设实践中逐渐暴露出来的问题(如小区内自给自足的公共服务设施在经济上的低效益,居民对使用公共服务设施缺乏选择的可能性等),都要求居住区的组织形式应具有更大的灵活性。扩大小区、居住综合体和各种性质的居住综合区的组织形式应运而生。

所谓扩大小区,就是在干道间的用地内(一般约100~150 hm^2)不明确划分居住小区的一种组织形式。其公共服务设施(主要是商业服务设施)结合公交站点布置在扩大小区边缘,即相邻的扩大小区之间,这样居民使用公共服务设施可有选择的余地。如苏联在20世纪70年代建造的陶里亚蒂新城和英国的第三代新城密尔顿·凯恩斯(Milton Keynes)都做了很好的探索。

所谓居住综合体,是指将居住建筑与为居民生活服务的公共服务设施组成一体的综合大楼或建筑组合体。这种居住综合体早在20世纪40年代末50年代初法国建筑大师勒·柯布西耶设计的马赛公寓中已得到了体现,如图1.7所示。

苏联在20世纪70年代中期作为试点的齐廖摩什卡新生活大楼比马赛公寓的规模更大,服务设施的内容也更丰富。新生活大楼可住2000人,大楼内设有远比小区更为齐全的公共服务设施。新生活大楼的设计不仅为居民生活提供了方便,而且还试图通过这种居住组织形式促进人们的相互关心和新道德、新风尚的形成。这种居住综合体对节约用地和提高土地的利用效益是十分有利的。

图1.7 马赛公寓
资料来源:http://photo.zhulong.com/

所谓居住综合区，是指居住和工作环境布置在一起的一种居住组织形式。是居住与无害工业结合的综合区，含有居住与文化、商业服务、行政办公等功能。居住综合区不仅使居民的生活和工作方便，而且还节省了上下班时间，减轻了城市交通压力。同时由于不同性质的建筑综合布置，丰富了城市空间景观。

4) 社区理论

20世纪60年代后，城市规划领域中对城市的社会问题的认识逐步提高，居住区规划设计不再局限于住宅和设施等物质环境，社区规划的概念逐步取代了小区规划的提法，规划师的责任重心更趋多元化，给社区中弱者更多关怀。

(1) 社区的概念。社区(community)一词源于拉丁语，它是由德国著名活动家唐尼斯于1887年在《礼俗社会与法理社会》一书中提出来的。他首先将社区作为一个社会学的范畴来研究，并认为"富有人情味，有共同价值观点，关系密切的聚居于某一区域的社会共同体"就是社区。

社会学中的社区是一个十分宽泛的概念，几乎无法赋之以一个明确的定义。每一个社会学者在研究社区时，都会对自己的研究对象进行一定的限定。但从学术界对社区的多种定义中，基本可以找出一些具有共识的地方，即地域、共同联系和社会互动。并且社区可以认为由地域、人口、区位、结构和社会心理这5个基本要素构成。《中国大百科全书》中对社区的定义为：通常指以一定地理区域为基础的社会群体。它至少包括以下特征：有一定的地理区域，有一定数量的人口，居民之间有共同的意识和利益，并有着较密切的社会交往。社区与一般的社会群体不同，一般的社会群体通常都不以一定的地域为特征。

社区不是一个场所，而是一个场所导向性过程，社区是居民们在特定的场所内的共同兴趣、目的驱使下的相互关联的行动，它容易使社区成员产生地方意识和乡土观念，富有生活气息，使人们产生安全、保障、舒适以及对生活乐观憧憬的内心情感，而家庭支撑性机械(学校、医院、服务设施等)、社会关系、集体活动共同的场所是社区的主要因素，社区是一种领域概念，是领地基础上的社会组织。

(2) 社区的基本特性。

① 一个地方性的生态场所：即一定的社会生活组织、能满足一定量的需求，并能适应改变。

② 一个相互作用的机构：表达了居民兴趣和需求的内容。

③ 解决问题的纽带。

(3) 社区发展体系。

① 社区的主体——社区成员的发展。

② 社区共同意识的培育——有关社区互动的社区道德规范及控制的力量。

③ 社区组织管理机制的完善——维系社区内各类组织与成员关系的权利结构和管理机制。

④ 物质环境与设施的改善——社区的自然资源、公共服务设施、道路交通、住宅建筑等硬件环境。

1.2.3 当代居住区类型和发展趋势

1. 不同区位的居住区

居住区起源于人类的聚居，具有社会性和物质性两大特点，城市就是在聚居的基础上衍生的。城市拥有较高的建筑与人口密度，聚合了工艺、技术、信息以及各种社会文化关系，集中体现了人类文明的各类成就；后者则为城市提供土地、人口与自然资源等方面的支持，在这样的背景下产生了城乡差异。从生态学的角度看，这是城市与乡村的不同生态位造成的，从地理学的角度看，城乡差异会在区位上明显地反映出来，居住区的差异也相应存在。按照区位的分布规律对居住区进行分类，从表面看似乎只是简单的地点差别，其实这种差别远不是一个在哪里的问题，它牵连到了社会、文化、经济与生态等各个层面的深层结构。

1）农村型居住区

农村型居住区主要分布在非城市区域，与广袤的田野及大自然相伴，也就是人们通常理解的"村庄"。从城市立场来看，农村型居住区是文明等级相对较低的聚居类型；按照人类的发展轨迹，农村型居住区处于较早的文明阶段，是城市型居住区的祖先；依据空气质量与环境清洁度来判断的话，大多数的农村型居住区都比城市型居住区好得多，但是在发展中国家这种情况存在着恶化的趋势。由于农村不能像城市那样提供较为健全的污染治理系统，一旦农村作为城市的低端工业生产基地的话，其污染就变得越来越严重了。这是我国农村令人担忧的现况，相应的，农村型居住区良好的生态环境质量也随之下降了。农村型居住区与城市发展的关系是错综复杂的，有些农村型居住区会随着城市的膨胀而居于城市边缘或者内部，变为"城边村"或者"城中村"，转化为独特的城市型居住区。

2）城市/城镇型居住区

城市型居住区是人类文明发展的重要产物，城市型居住区也因此成为世界上汇聚人口最多、最庞杂的人类居住区。城市型居住区的土地利用强度远远高于农村型居住区，这是全球化资本主义市场经济与生产方式所催生的，主要源于开发商对利润的追求与承受的土地价格等压力。土地利用的高强度与人口的高密度相互影响，形成具有巨大消耗力与生产力的（商品与人口）市场，与产业化的城市历程相辅相成。密集与高强度也造成了城市与自然的隔离，所以城市型居住区的环境质量常常低于农村型居住区。虽然一些中高档居住区会牺牲一些容积率刻意营造漂亮的人工化自然景观，但是，以目前大多数城市中建筑（用地）与自然的图底关系来看，城市型居住区环境质量较差的根本原因是结构性而不是要素性的。

由于人口、资源的大量密集与持续流动，城市型居住区的人口组成、社会结构、社区关系与文化背景等都比农村复杂很多，触及宗教、人种、社会平等、文明起源、贫富差距等一系列深层问题，这决定于城市的复杂性。

3）郊区型居住区

工业化之后，厚重的城墙已经挡不住机械化武器，所以城市抛弃了城墙，乡村与城市的空间关系也由此显现出相互交错的关系，这个领域被称为城市边缘，也可以理解为城市郊区。分布其间的居住区称为郊区型居住区。郊区型居住区一般会位于比较优越的自然环境，土地使用强度一般较低，居住建筑以联排和独立别墅为主。对车行道路系统有强烈的依赖。车行道路系统将该类居住区与城市（核心区）连接了起来，也将获得良好自然环境的人与城市的便利连接了起来。这最初的好想法循着大众化的轨迹给城市施加了巨大的通勤交通压力，也在促使着城市的空心化运动。当越来越多的人居住到郊区以后，郊区的自然环境质量也随之下降。一系列的城市问题由此而起，其中包括了城市空间结构的散漫化、城市运作成本的上涨与城市土地的低效使用等。在当代，如同城市型居住区，大多数的郊区型居住区也是工业化生产的批发产品。如果出现土地使用强度较高的郊区型居住区，这意味着住区所在地域很有可能将被扩张的城市吞并，所以郊区型居住区也像某些农村型居住区一样可能对城市进行相对位移而成为以后的城市型居住区。

2. 不同地形地貌的居住区

1) 平地居住区

顾名思义，平地居住区指的是主要修建在平地上的居住区，大多是平原、盆地或者高原坝子等地区民族的文明结果。平地居住区的交通组织一般比较流畅便捷，用地地形的制约少，也便于规划设计师进行个性化的创造。通常情况下，如果地质条件不是很差的话，建造难度也相应较小。假若不考虑外围环境的影响，景观条件的分配相当均匀，这也意味着景观的完全敞开是不太可能的，人工造景的行为就比较普遍了，所以世界上园林发育比较高水准的地区多分布于平地地域。很多水草肥美的平原地域是城市发展的主要根据地，因此，城市居住区设计也大多以平地居住区为主。

2) 山地居住区

山地居住区指的是主要修建在山地区域的居住区。一般而言，山地的生态环境比平地更为敏感和脆弱，地质条件相对而言也更不稳定，容易引起滑坡、泥石流等自然灾害，耕地、开阔地较少，人地关系紧张，地形与地貌的频繁变化更进一步增加了建造的难度。山地还造成了自然景观条件分配上的不均匀现象较为普遍：某些地方视野开阔，景观条件上佳，而另一些地方则视野闭塞，空气流通条件也不好；有些北向山坡终年难见阳光，地气阴湿，不宜居住，而另一些南向坡则阳光充沛，适宜建宅。因此山地居住区，建设应特别尊重山形地势，讲求因势利导，圆融顺变，住区内、外部空间体验非常丰富，因循地形变化，甚至创造出令人惊奇的视觉和使用效果。

3) 滨水居住区

滨水居住区就是沿着水域岸线修建的居住区。依着水位的季节性起落，滨水居住区与水的空间距离有远有近，有疏有密，并且受到所属地域的风土、植被、地形地貌与社会文化等各方面的影响。例如南太平洋新几内亚的海边居住区就已经越过了"滨水"，而直接到了"水上"，以底部完全架空方式应对潮起潮落；而重庆江边的居住区则结合山形、架于水滨。总的来说，滨水居住区的建造都会把水系作为主要的景观方向，住宅布局会考虑到视野上对水景的享受。其实不仅仅是享受，更是利用。近年来，城市重新认识到水系的重要，水系逐渐受到保护和治理，房地产开发也越来越重视滨水环境的地产经济价值，一些高档楼盘拥有良好的滨水景观。但是，相应的问题也凸现出来，就是连续的良好滨水景观被越来越多的高档楼盘据为私家享受，而忽视了滨水作为城市公共开敞空间的重要意义，国际上比较先进的城市正采取措施在二者之间谋求较好的平衡。

3. 经历不同时间历程的居住区

历史对于城市与居住区的意义说明了时间是不可忽略的分类标准，时间容许了文化的积淀与文明的衍生。新旧之间难以建立一个所谓量化的客观标准，即认定建成多少年以上为旧居住区，此外为新居住区，因为不同的建造工艺、材料、空气污染状况、居住者的维护强度与社会居住观念的变化等都会影响居住区的演变。新旧之分更源于对比，即单独判断一个居住区的新旧不如将两个以上的居住区进行时间排序，那么新旧的判断即可产生。对于新旧的分析其实是对于过去、现在以及现在所暗示的将来的对比分析。

1) 新居住区

新居住区通常指的是刚刚建成或者建成时间较短的居住区。它们一般代表了当今社会的居住观念，并暗示了将来的发展趋势。现在来看，我国城市最为通行的是前身来自于苏联的居住小区模式，其更早的起源是美国人佩里提出的邻里单位。居住小区用地面积一般在 15 hm² 左右，包含一个小学、幼儿园及一些服务设施。营造较好的景观环境、空间和使用上都趋于内向化（如封闭式的物业管理）与单纯化（主要是较为单一的居住功能），这和中国古已有之的大院模型构成了文化上的承传关系，但是规模比前者大得多。大多数的城市市民都比较偏爱这种居住区构成模式，但是该模式却导致了城市共享性空间以及相应的社会生活（尤其是街道生活）的失落。在新城新区这一趋势特别突出，对于形成城市多元文化的融合与交流是不利的。也有其他的趋势出现，比如郊区化的大型居住区（尤其是富豪居住区）、SOHO 式的旧城绅士化居住区、较小面积的多档次公寓、功能复合的综合性居住区及一些专类化的居住区等。

2) 旧居住区

与新居住区相对，旧居住区通常指的是建成时间较长的居住区。一个居住区建好后，它就在辞新迎旧了。旧是一个不可逆转的时间过程。旧居住区常常代表着一些已经过去的东西，但是这并不意味着旧居住区总是落后与过时的。有些旧居住区可能已经被使用了成百上千年，不是死去的标本而是活着的生活场所，其间积淀的厚重文化早已超越了物质载体。不同年代、不同历史阶段的旧居住区在城市中并置共存，展现着只有时间才能堆积起来的城市文化，即便只从经济学的角度看，这些对于城市来说都是异常珍贵的发展资本。虽然其中的一部分总会逐渐地难以适应时代的变迁而渐至沦落，或者被新的方式取代，但文化却不像用过的旧物可以轻易地抛弃，新居住区也不可能完全不带有过去的痕迹。对旧居住区的研究与分析往往是把握今天、预测明天的必要途径。

4. 属于不同社会集群的居住区

城市的核心是人，这个"人"不但是个体的、更是社会的人，城市规划所针对的往往是后者。社会中的人总会依据自身的权力、生存能力、文化属性与利益趋向等在不同层面上归属于不同的社会集群，对此社会学已有广泛深入的研究，不同社会集群会对居住区产生不同的影响，其价值观念与生活方式也必然通过居住区反映出来。居住区首先是属于社会的，然后才属于不同的个人，因此按照社会集群对居住区进行分类非常必要。

1) 主流居住区

主流居住区是为社会主流建造的居住区。大量的住区房地产开发建设所针对的购买群体正是社会主流，其构成通常是社会的中坚力量及其追随者，中产阶级是其中的中流砥柱。主流的意识形态是受社会精英阶层影响和左右的，所以当下高档的精英居住区模式常成为主流居住区追逐和模仿的对象。主流也造成了居住区建设的一窝蜂现象，在特定时期会出现特定的居住区模型大行其道、一统江湖的状况，这也和商业主义以最少样品获得最大收益的批发式操作模型相吻合。

主流的健康代表着社会主体的健康，所以对大量性的居住区发展态势的调控应是国家建设部门不容忽视的工作内容，相关法规、规范也主要针对于此来制定。就我国目前的情形来看，主流居住的观念还不够健康，过度追求宽敞的户内面积、豪华装修、家有私车与西方（尤其是欧洲的）建筑风格等现象还比较普遍地存在着。

2) 边缘居住区

边缘是与主流相对的概念，在一个社会中既然存在主流也就存在边缘，为边缘人群体所占有的居住区也就是边缘居住区。边缘居住区大体分为两类：一类可称为主动型边缘居住区，主要指那些主动背离社会主流的人们集结成的居住区，包括拥有巨额财富或崇高地位的超级精英和特立独行的艺术家、思想家等。该类人在中国较为少见，以西方居多；另一类则是被动型边缘居住区，主要由缺乏足够的生活竞争力与生活条件而不得已脱离社会主流的群体集结而成，常常也被称为贫民窟，这一类居住区在我国城市中相对较多。

被动型边缘居住区的来源主要有两种：城市旧城中遗留下来的旧贫民区与城市新近发展过程中主要在城乡结合部形成的新贫民区(后者也包括城中村)。该类居住区的居民成分复杂，内部住户包括城市低收入者、低端流动人口、三无人员、孤寡老人及一些社会异端分子等。他们一般受教育水平普遍较低，生活竞争力弱，缺乏必要的道德约束机制，也基本得不到社会关怀与监控。当社会不平等现象比较严重导致被动型边缘居住区规模较大时，其中有可能凝聚起反社会力量，甚至形成帮会，威胁到政府对城市的正常管理。目前我国一些城市中也有所见，则是经济发展过快却没有妥善处理好一些重要的社会问题造成的后果。

被动型边缘居住区的建筑与空间形态自由随机，内部功能混杂且齐全，具有独特的地缘性社会支持网络与社区文化，能为居民提供自发的社会帮助，潜在减轻政府机关的负担与社会对立冲突。该类居住区中的房屋多为居民自建，以低层为主，近年来在某些城市(特别是广东地区)的城中村里，屋主为了获得更多的可出租空间而大量修建多层住宅，区内建筑密度通常很大，建筑间距则较小，卫生条件相对较差，火灾隐患大。另外，在争取更大生活空间的过程中，常常出现一些凝聚着民间智慧的奇妙的空间处理手法与体量交接方式，远远超出了正统建筑学的想象范畴。城市边缘居住区在短期内难以消除，更重要的是引导其良性发展，控制其恶性膨胀，关怀其弱势群体，使之能与主流居住区相对和谐地共存于城市中。

5. 不同经济层次的居住区

在当今社会，每个人都被纳入了城市经济运转的滚滚洪流，经济力量成为衡量个人竞争力与成功度的重要标志。城市中的人依据经济力量可以简化地分为高、中、低3个层次，相对应的居住区则分别是高档居住区、中档居住区与低档居住区。这样的分类建立的只是相对概念，不同社会历史环境与地域文化会以不同的标准评判居住区的档次。比如在人地关系宽松的美国，一个下层居民的居住面积可能比我国或日本的中高层居民的居住面积还大；又如在香港，能住上低层住宅的就是富豪，但在内陆的中小城市，高层建筑可能才是中高阶层趋之若鹜的住处。虽然如此，一定的规律性还是可循的，比如一般来说高档居住区的单位居住面积都会大于同一地区的中低档居住区，在区位、施工质量、材料性能、物业管理、服务项目配置等方面也与后者普遍存在差距，当然最重要的还是居住者身份与社会地位上的不同了。居住区的面积较大，其内居民众多，无论从开发商投资风险还是社会稳定、文化交融的角度来看，都不宜将这么大的规模设定为单一的经济层次，所以一定的居住区中往往高、中、低多档次结合，且以中档为主。

1) 高档居住区

住在高档居住区中的人们虽然不一定代表着社会的最高文化成就，却通常拥有较强的经济力量和相应的社会话语权，他们会调集充足的社会资源为本阶层获取较好的居住利益，并引导社会主流的居住方向。

一般而言，高档居住区主要分布于城市的两类地域：一是城市中心，尤其是 CBD 及其附近，二是城市边缘的郊区。前一种高档居住区的建筑以高层为主，住区总体规模较小，便于居住者享受丰富多彩的城市生活设施和管理日常的工作业务；后一种高档居住区往往是较大规模的低层别墅区，占有着美好的生态环境与自然景观，以获得宁静的居住氛围。一些超级富豪还会建造独立的庄园，乘坐直升机上下班，其住所自成领域，就已经不在居住区的统辖之内了。

高档居住区常使用高档的材料，追求较大的户内面积，崇尚建筑风格上的富丽堂皇、气派尊贵；以相对灵活的空间处理手法塑造获得较好品质的空间；聘请专业的物管机构来进行物业管理与环境整治，内部环境豪华，植被的种植、搭配等一般都经过精心的处理，颇有别具匠心之处。高档居住区的住户间往来较少，因为这类人的社会支持与交往网络比较全面，多数拥有私家轿车，对地缘性生活的依赖程度偏低，无论工作还是消闲娱乐都会在较大的空间范围内进行。

2）中档居住区

社会主流中的大多数都会居住在中档居住区中，这一类居住区的品质直接反映了社会的整体支持能力。回溯历史，人们不难发现近 20 年来我国城市居住区的质量在总体上有了明显的提高，这从一定层面上表明了我国整体经济实力的增强与全民生活水平的改善。

中档居住区的设计和建设遵循着当时社会的通行规范与标准，现在，中国主要表现为：以居住小区作为居住区的主体单元；住宅建筑采用经验性的常规户型；户型在水平方向上拼合成标准层，然后垂直向复制等。从 20 世纪七八十年代至今，中档居住区的常规户型从小厅、小居室、多房间、总面积较小演变为大厅、小居室、少房间、总面积较大，反映了生活水平提高、家庭成员减少、追求自我价值等社会民众的总体生活趋势。目前一些面积较小、内部空间连通的住宅户型比较受年轻人的欢迎，这与他们追求时尚、自由和经济能力相对有限等特点有关。此外，近些年来精装修住宅开始出现，这是为了应对一部分工作繁忙、没有时间自己装修而希望直接入住的人的需求。以前的中档居住区单纯追求户内面积，不太关心住区景观环境，现在户外环境越来越受到重视，景观环境质量也有了很大的提高。

中档居住区是一个涵盖面很大的概念，其内部有着更加细致的档次划分，以满足不同社会人群对住区经济层次的多样性要求。

3）低档居住区

低档居住区主要为社会中的低收入者建造。开发商一般不愿意开发建设这样的住区，因为经济回报太低，所以低档居住区往往由相关政府部门或一些非营利性组织出资修建，以保持社会整体必要的公平与稳定，并对弱势群体进行关怀。也有因各种原因逐渐沦落或自发集结成的低档居住区，例如前文讨论过的边缘居住区。此外，在我国的旧城改造过程中，开发机构为了迁走原住居民而为其兴建的回迁房住区，常因降低成本以及其他社会原因而成为潜在的低档居住区。由政府和相关机构、组织建造的低档居住区在西方也被称为社会住宅区。其对承建商有一定的政策优惠，住宅的分配不完全遵循市场原理，也体现了社会福利的概念。为了节约成本，常追求低造价与高密度，户型面积一般偏小。

6. 不同功能混合型的居住区

城市是一个功能综合的复杂系统。工业革命之前，几乎所有城市都是将各种功能混杂在一起的。在早期工业城市里，污染、噪声、恶劣的操作环境、童工现象和混乱、肮脏的问题等十分突出，这促使着具有社会良知的规划师与建筑师共同探索解决之道，《雅典宪章》应运而生，直至今日仍发挥着巨大的影响作用。其核心内容之一是将城市理解为居住、工作、游憩与交通四大功能结合成的整体，并开始了城市地块的功能分区式纯化运动。然而在世界的许多地区，尤其是我国的许多城市，功能分区几乎成为不可逾越的基本规划原则，这种设计中的教条主义导致了相当严重的后果。本节对居住区的功能纯化与混合进行分类，就是为了简要分析这一问题。

1) 纯化型居住区

在纯化型居住区的内部，居住是占有数量与强度上有绝对优势的城市功能其他城市功能如所占比例非常小，多半只是一些为居住区服务的必要的中小学校、托幼机构、中小型商业、社区中心、卫生站、小型运动场、储蓄所、街道办事处、居委会等。这些公共设施不具有强大的城市吸引力。总体上看，纯化型居住区在城市中形成了一片广大的居住领域。

纯化型居住区的连绵集结会产生大量的通勤交通，使道路网的负担在不同时段差别过大，连接居住区的道路上下班时间会十分拥挤，其他时段则不能被充分使用，这间接增加了城市的运营成本。此外，居住区在上班时间只有老人和孩子留守，晚上市中心又成为空心领域，这种过于明确的规律化运动为城市犯罪提供了温床。居住区的功能纯化是必须的，如果住家周围到处是公司、商场、俱乐部、工厂……居住所需要的安宁与平和的氛围就将受到极大破坏。然而物极必反，过度纯化的居住区将会连带产生更多、更大的城市问题。

2) 混合型居住区

与纯化型居住区相对，混合型居住区内部除了足够的居住领域外还有数量较多的其他城市功能，住区的整体功能状态是混合的。古代城市内几乎都是混合型居住区，原因在于人力为主的建造模式、非机械化交通、非严重污染型产业、传统生活观念等多种方面。混合型居住区的优势是地缘情感易于培育，居住文化易于承传，节约城市土地、交通空间与时间成本，同时对削弱城市犯罪也很有帮助。因为如果居住区内有比较多的商业、办公机构等，就会有一部分居民就近购买住房或就近物色工作岗位，他们每天可以步行上下班，而不必借助交通工具，这样就节约了花在交通上的时间与金钱，也减轻了城市道路的负荷，还能促进他们对所经过的地方的了解，从而形成地缘情感。现在北京、上海等一些大都市的居民每天花在上下班交通上的平均时间多达3个小时，由此造成的疲惫和时间、精力的浪费，功能分区的工业化规划模式推卸不了责任。

混合型居住区的劣势从根本上讲，在于与工业文明的价值观相左，如建筑风格不易统一，城市机能比较混乱，不利于大规模的复制生产和快速建设等。为了保证居住的身体和心理的舒适和安全，还是需要防止过分的功能混合，保护起码的居住纯化集结，和居住区功能不太兼容的产业不应放在居住区内，重污染、高噪声、人员混杂、需要严格监控等类型的企业和部门都要和居住功能适当分离此外，功能混合的空间结构也要慎重地组织，不是随意地混在一起，哪些功能适合相互依靠、哪些功能可以彼此分开一点、哪些功能应该深入居住区内部、哪些又应当放在居住区与外界交接的区域等，都是必须在规划时足够重视和认真对待的，混合不是提供随便规划、不负责任的借口，而是要求专业人员更加仔细地观察城市，了解城市运动的规律。

7. 不同层数类型的居住区

居住区的物质空间形态主要通过建筑来体现，对其进行分析可采用多种角度，如材料运用、结构方式、装饰风格、细部手法等，其后隐含着经济、社会、文化、生态等方面的一些重要信息。建筑层数同样是比较基本的角度之一，本节对此作简要介绍。

1) 低层居住区

低层居住区是指层数在3层以下的居住区。低层建筑的造价一般比多层低，但在大都市，低层住宅里却会住着相对富有的人，这是因为土地的价值是最高的，对土地的占有力反映了人们的社会权力。一些贫穷住区的人们也住在低层住宅内，这样的低层住区往往密度很高，因为贫穷者无力建造高楼，但是能够不断填充，所以有些低层住区的容积率能和多层住区相抗衡。富人的低层居住区情况就大不一样了，建筑层数低，密度却也不高，土地利用强度明显偏低，这是用声望、权势、金钱与地位获得的土地与空间使用上的宽松。这些居住区环境优美，管理精细，多位于城郊，也有少量分布在旧城中，其中一部分是旧时遗留下来的大宅院。历史比较久远的低层住区以院落型住宅为主，近20年新建的多受到西方文化的渗透而采用花园洋房、联排别墅与独立别墅等。主要是曾经风行与本土文化了无瓜葛的欧陆式等，现在此风渐小，逐渐以多样化的现代风格为主，也有仿古或将古代样式抽象转化的。

2) 多层居住区

我国的多层居住区从20世纪六七十年代出现起，至今不断发展壮大，在现在的中国城市中分布已相当普遍。所谓多层，通常指3层以上，8层以下（近年来改为7层以下）。为了追求更多的空间或利益，建设机构一般不愿意只盖4、5层。但我国的规范规定了7层以上（含7层）必须有电梯。因此大多数多层住宅都盖成6+1层（其中+1层为阁楼式）以获取更高利益。

随着目前住区发展的多样化趋势，在一些比较高档的住区中多层住宅楼也修建电梯，这样一来就打破了6、7层的控制瓶颈。在我国的大多数多层居住区中，住宅采用单元拼接的方式集结为更大的体量，形成某种围合或空间秩序，其中一梯两户型最受欢迎。此外，为了节地，也有一梯3户至6户型的。户型的合理与舒适始终是人们最关心的方面之一，而外部空间富于变化和有着景观处理的多层居住区当下也更受购房者的欢迎，我国多层居住区的容积率一般在1.3~2，有些开发商只重视面积指标，不重视住区环境，而单纯追求高容积率，当容积率接近2时，多层居住区的外部空间就很难避免呆板和兵营式了。

3) 高层居住区

在我国，高层住宅一般分为两种：中高层与高层，100m以上的超高层也开始在特大城市，如北京、上海、深圳等地出现。规范规定，住宅建筑7层以上（含7层）必须设电梯，12层以上（含12层）至少设2部电梯，故中高层的高度多为11层或11+1层。高层住宅的层数变化范围较大，然而也有规律。15、18、21、24、27层等比较多见，主要是受土地压力、投资回报需求、建造成本的梯度变化等方面因素影响的结果。高层居住区多分布在我国的大城市，特别是地价高昂的地段，例如现在的上海市中心扩展区一带就可见大片高层居住区如雨后春笋般拔地而起。形成高层居住区的最大动力是紧张的人地关系，但是善于炒作的商业主义会将居住在高层住宅中描述为时髦和高贵的生活方式，所以在一些人地关系不那么紧张的地区也会出现高层住宅，这是一种身份外显式的心理作用的结果。

楼高了，到地面活动就不方便了，尤其对腿脚不太便利的老人更是如此，孩子们想和伙伴玩耍也比较麻烦，因此高层居住区中地面空间、场地的使用效率远远低于低层和多层居住区，这就使关注地面设施的建设对其显得尤为重要。另外，在追求较高容积率以获得利益的同时，高层居住区的设计也必须顾及居民心理和使用上的多重需求，绿化环境的营建同样不可忽视。目前已经有一些尝试建立空中交往空间的设计和建设案例，但规模和多样性远远不能和地面相比，更未形成网络化的空间结构，成功的例子还很少。

4）层数混合性居住区

由于面积较大，很多居住区都会结合使用几种层数类型的住宅楼，既增强对市场的适应力，又可以获得较为丰富的外观形象与空间肌理，还有利于形成多样化的城市景观，带给人们多样化的城市体验。针对不同的实际情况，层数混合性居住区中各种层数类型住宅楼所占的比重与相互间的空间结构因时因地而变通，目的都在于营建出具有较高质量的居住生活环境。

8. 居住类型的多元化趋势

从整体上看，商业主义打着全球化的旗帜持续整合不同的文明，以此建立更有利于目前强者的游戏规则。这一行为反过来激发了地方化的觉醒，促进了不同国家、地区、民族的各类文明坚持自我，并发展壮大。就居住文化而言，也日益在居住观念、形态、材料、技术、美学……等方面体现出多元化的趋势，人类文明应当越来越尊重个体生命的价值，而不是对其一味的压制和约束，在"统一"和"多元"持续反复的博弈过程中，多元化终将成为文明发展的大势所趋。希望多元化的居住区类型不断产生与发展，满足人们日益多样化的物质与精神生活需求。

1.3 控制性详细规划原理概述

1.3.1 控制性详细规划产生的背景与发展历程

改革开放以来，我国的城市化进程不断加快，城市建设取得了举世瞩目的成就。特别是 20 世纪 80 年代以后，中国的经济运行体制由计划经济迅速向社会主义市场经济体制转轨，促使城市建设机制发生了深刻的变革，并为城市建设带来了全新的面貌，再一次推动城市进入了一个快速的发展时期。与此同时，原有计划经济体制下的城市规划体系与市场经济的矛盾日益深化，其固有缺陷使得它越来越不能满足城市建设形势的需求，逐渐成为羁绊城市健康发展的主要矛盾之一。正是在这种社会历史背景下，为克服原有城市规划体系的缺陷，全面实现城市规划为城市建设发展服务的目标，我国于 20 世纪 80 年代末孕育而生了一个的全新的规划编制层次——控制性详细规划。这种伴随着城市土地有偿使用出现的规划形式和技术手段——控制性详细规划直接涉及城市的各个利益集团相互之间的责、权、利的关系，而规划的本质就是在城市一个大舞台上，综合平衡各方利益，协调各种关系，对上辅助决策，对下开展建设。而控制性详细规划是通过对城市土地上的建设的控制和引导，协调各种利益团体，保证公共利益。因此，控制性详细规划的科学与否，法制化的水平的高低都直接影响着城市建设，从而影响着社会公平和公共利益。

经过20多年的发展，控制性详细规划的理论与方法已逐渐走向成熟，并在规划实施中，对城市总体规划的贯彻落实、城市开发的健康发展和城市建设的有序推进，以及提高城市规划管理的科学水平等方面起到了非常重要的积极作用，基本适应了社会主义市场经济体制的要求，它已成为我国城市规划编制工作中不可缺少的一个环节。然而由于形成时间比较短，控制性详细规划在理论上仍存在一些不尽完善之处，近些年来，鉴于城市建设步伐的加快以及市场多元利益格局的逐步形成，在实践过程中各地的控制性详细规划出现了不断被调整的现象，常常遇到大量控规指标调整的申请诉求，规划工作者经常遇到这样一种情况：土地开发经营者经常要求更改控规的内容，如用地性质、容积率、建筑高度等，这些诉求导致了控制性详细规划在实施中发生的变化，譬如：公共绿地变为商业、居住用地；文化娱乐用地、办公用地变为商住用地；多层住宅用地变为高层住宅用地等。这些变化的影响有好的一面，也有不好的一面，不能一概而论，但这都与控制性详细规划所特有的特征的相背离。作为城市规划设计与城市规划管理的一个交汇点，控制性详细规划编制工作的水平高低，将直接影响到规划管理工作的好坏以及城市建设的发展，所以说这种背离的现象应尽快得到重视并解决。日前，新修订《中华人民共和国城乡规划法》已于2008年1月1日起施行，《中华人民共和国城乡规划法》对于控制性详细规划的审批和调整方面进行了重新的界定，而作为城市规划工作者应该怎样做出科学的判断与编制以适应新法的规定进而减少控规的不必要调整呢？因而本文期望通过对我国控制性详细规划编制和实践探索的梳理和研究，从控制性详细规划的控制指标入手，提高控制性详细规划控制指标的可实施性，以适应新的城乡规划法的相关规定。

1.3.2 控制性详细规划的含义和特征

1. 控制性详细规划的含义

从国外的城市规划体系和编制体系可以看出，我国控制性规划层次的规划层次都是非常现实的具有可操作意义的规划，起到对上一层次内容具体化的意义，并直接指导开发建设实践。我国的规划体系和规划编制体系中，控制性详细规划是连接城市总体规划与建设实施之间（包括修建性详细规划和具体建设设计）的具有承上启下作用的关键性编制层次。具有重要地位和不可或缺的现实意义。

在我国的城市规划编制体系中，城市总体规划在城市发展建设中更多的是起到了宏观调控、综合协调和提供依据的作用。控制性详细规划是实现总体规划意图，并对建设实施起到具体指导的作用，并成为城市规划主管部门依法行政的依据。从规划管理的实效性来说，控制性详细规划居于核心地位。在深圳的五层次规划编制体系中，相当于控制性详细规划层次的法定图则就是规划编制体系的核心。

控制性详细规划以量化指标和控制要求将城市总体规划的二维平面、定性、宏观的控制分别转化为对城市建设的三维空间、定量和微观控制，是宏观与微观、整体与局部有机衔接的关键层次。

控制性详细规划将城市建设的规划控制要点，用简练、明确、适合操作的方式表达出来，作为控制土地批租、出让的依据，正确引导开发行为，实现土地开发的综合效益最大化。它是规划与管理、规划与实施之间衔接的重要环节。

控制性详细规划将宏观城市设计、中观城市设计到微观城市设计的内容，通过具体的设计要求、设计导则以及设计标准与准则的方式体现在规划成果之中，借助其在地方法规和行政管理方面的权威地位使城市设计要求在实施建设中得以贯彻落实。在我国目前还没有形成独立的城市设计审议制度的情况下，在城市设计的发展与实施控制要求方面，控制性详细规划责无旁贷。

控制性详细规划由于直接涉及城市建设中各个方面的利益，是城市政府意图、公众利益和个体利益平衡协调的平台，体现着在城市建设中各方角色的责、权、利关系，是实现政府规划意图、保证公共利益、保护个体权利的"游戏规则"。从这一角度切入，它是我国城市建设法制化的核心环节。

2. 控制性详细规划的特征

1）通过抽象的表达方式落实规划意图

控制性详细规划通过一系列抽象的指标、图表、图则等表达方式将城市总体规划的策略性原则、结构性控制、宏观性内容，具体化、细化、深化，分解为微观层面的具体控制内容。该内容是一种建设控制、设计控制和开发建设指导，为具体的设计与实施留有余地，提供深化、细化的个性空间，而非取代具体的个性设计内容。

2）具有法律效力和立法空间

控制性详细规划已成为我国城市规划体系中的法定规划，极大提高了其权威性和严肃性，控规成果一经上报审批通过就具有法律效力。控制性详细规划是城市总体规划宏观法律效应向微观法律效应的拓展。由于我国正处在而且将有相当一段时期处在政治、经济和社会体制改革的社会转型期，具有不稳定性，这就决定了控制性详细规划现阶段不是法律也不可能是完全意义上的法律，但其中具有法律意义的部分应该以积极的方式形成法律条例，提高其在规划管理中的权威地位。

3）具有较强的综合性

综合性指控制性详细规划的控制内容在横向和纵向上具有综合性特征，即应涵盖与城市土地资源和城市空间资源相关的城市空间要素。控制性详细规划在横向上的综合性指在包括城市建设或规划管理中各专项规划内容，如土地利用规划、公共设施与市政设施规划、道路交通规划、保护规划、景观规划、城市设计及其他必要的非法定规划等内容，其在纵向上的综合性是指各控制内容在宏观、中观和微观3个层次上的综合。在控规编制时将这些内容在控制尺度上进行横向综合，相互协调并分别落实相关规划控制要求。

4）弹性和刚性相结合的控制方式

控制性详细规划的控制内容分为控制性和引导性，主要包括对城市建设项目具体的定性、定量、定位和定环境的控制和引导，这既是控制性详细规划编制的核心问题，又是控制性详细规划不同于其他规划编制层次的首要特征。规定性内容一般为刚性内容，主要规定：允许做什么、不允许做什么、必须做什么等，引导性内容一般为弹性内容，主要规定：可以做什么、最好做什么、怎么做更好等，具有一定的适应性与灵活性控规的核心意图，就是达到刚性控制与弹性引导的统一。

1.3.3 控制性详细规划的任务与作用

1. 控规在城市建设中的的任务

控制性详细规划的主要任务是：以总体规划或分区规划为依据，细分地块并规定其使用性质、各项控制指标和其他规划管理要求，强化规划的控制功能，指导修建性详细规划的编制。

2. 控规在城市建设中的作用

根据《城乡规划法》，城市规划分为总体规划和详细规划，详细规划分为控制性详细规划和修建性详细规划。控制性详细规划是连接城市总体规划与修建性详细规划的具有承上启下作用的编制层次。在我国的城市规划编制体系中，城市总体规划在城市发展建设中更多的是起到了宏观调控、综合协调和提供依据的作用。控制性详细规划实现总体规划意图，并把这种策略性和结构性的控制用简练、明确、适合操作的方式表达出来，对建设实施起到具体指导的作用。

控制性详细规划是《城乡规划法》中规定的法定规划之一，其法律地位的确立，标志着控制性详细规划已不仅是城市总体规划和修建性详细规划之间的带有某种过渡性质规划层次，而是整个城市规划管理的核心，并且应该成为判断某项开发建设活动能否成立的唯一依据。控制性详细规划在城市规划建设中的重要作用主要表现为以下几点。

1) 承上启下，强调规划延续性

控制性详细规划作为城市规划体系中的一个层次，上承总体规划表达的方针、政策和原则，以量化指标将其平面、定性、宏观的控制分别转化为对城市建设的三维定量，微观的控制。下启修建性详细规划，作为其编制依据。所以控制性详细规划具有宏观与微观、整体与局部的双重属性，既有整体控制，又有局部要求。既能继承深化落实总体规划意图，又可对城市分区及地块建设提出直接指导修建性详细规划编制的准则。

2) 提供管理依据，引导城市开发

在城市土地有偿使用和市场经济条件下，城市规划管理工作的关键，在于按照城市总体规划的宏观意图，对城市每块土地使用及其环境进行有效控制，同时引导城市建设有序健康的发展。总体规划及修建性详细规划，均难以满足规划管理既要宏观又要微观，既要整体又要局部的工作需求。控制性详细规划不仅能满足这些要求，而且，《城乡规划法》中对控规法律地位的确立，使其有章可循，更具可操作性和稳定性，在做到公开、透明的情况下，增强在城市开发建设活动中的可预测性，从而降低具体开发建设的风险性，实现规划目标。

3) 城市设计与管理的重要手段

在我国城市规划体系中，城市设计不是法定城市规划的内容，因此各个空间层次上的城市设计构思与意图，必须通过一定的途径才能得到体现。控制性详细规划将宏观城市设计、中观城市设计到微观城市设计的内容,通过具体的设计要求、设计导则以及设计标准与准则的方式体现在规划成果之中,借助其法律地位使城市设计要求在实施建设中得以贯彻落实。在我国目前还没有形成独立的城市设计审议制度的情况下,在城市设计的发展与实施控制要求方面,控制性详细规划责无旁贷。

4) 协调各利益主体的公共政策平台

《城市规划编制办法》提出,城市规划是调控空间资源、保障公众利益的重要公共政策之一,而控制性详细规划是一项以城市科学为核心的公共政策。控制性详细规划由于直接涉及城市建设活动中的各方利益,是城市政府、利益集团、个体博弈的平台,体现着在城市建设中各角色的责、权、利关系,是实现政府规划意图、保护个体和团体权利、保证公共利益的公共政策内容的具体化。

1.3.4 控制性详细规划的立法和未来发展建议

通过上文的论述,可以看出规划是以城市社会经济和建设发展条件为背景的,体现为一种适应需要的实用性学问。规划以现状为基础关注未来的变化与控制,但其发展是建立在实践基础上的。我国的控制性详细规划就明显具有这样一种特征。

1. 新时期对控制性详细规划的新要求

改革开放 20 多年来,我国的市场经济体制正在逐步走向成熟,经济增长持续强劲,各项事业蓬勃发展,空前繁荣,城市建设也发生了翻天覆地的变化。

经过 20 多年的改革开放,应该改革和容易改革的方面(比如经济体制改革)已经基本成型,只不过是一个继续深化和完善的过程,而不易改革的方面(比如政治体制改革)越来越迫切。国家经济方面也出现了投资过大,效益不高等问题,政府开始担心"经济过热",需要进行"软着陆",以为今后的持续良性发展打下基础。考核政府业绩的指标也不仅仅只看 GDP,而更加关注结构整合与体制改革。城市建设方面开始严格杜绝"形象工程"等低效投资……在这样的大背景下,我国的城市建设将真实地进入一个由关注"量"到关注"质"的转变。这其中必然设计到管理的科学性、规范性等要求。

控制性详细规划作为城市规划与城市实际建设的核心纽带,是城市建设控制管理依法行政的基础和依据,必须适应这一发展要求,更加强调管理层面的法制化和技术层面的科学性。这就是新时期对控制性详细规划提出的新的要求,为控制性详细规划的发展指明了方向。从控制性详细规划的发展实践中,也充分的体现了这一发展趋势。

我国的宪法自 1982 年正式颁布以来,先后经历了 3 次修改:第一次是 1988 年,允许私有经营在合法的范围内进行;第二次是 1993 年,将中国特色的社会主义和改革开放写入宪法;第三次是 1999 年,将邓小平理论融入宪法;现在正在进行第四次修改,主要是将"三个代表"写入宪法和保障合法私有财产的权利。从这种发展趋势来看,面对城市中众多土地使用权业主,控制性详细规划的改革与发展将更具有现实意义,并且任务艰巨。

2. 控规的法制化发展趋势

1) 法制严肃性

法律的严肃性是控制性详细规划发展的重要趋势。其内涵应包括法律地位的提高,法制程序的保障，通过修改与完善保持其合理性，以及监督反馈机制的完善。限于笔者所学专业的限制以及面对问题的庞大与复杂性，仅能简单的做如下阐述。

(1) 法律地位。控制性详细规划的法律地位的提高主要是将其现在所处的部门规章的地位上升为地方法规。首先就是要从《城乡规划法》入手，明确控制性详细规划的法定地位，不仅仅是编制层次上的确定，更是从编制组织和审批权限上应给予明确阐述。现行的《城乡规划法》中将控制性详细规划与修建性详细规划并列的做法明显削弱了控制性详细规划的法律地位。另外，控规审批是市人民政府而不是市人大或由人大授权的机构（比如规划委员会），这就决定了控规仅仅是部门规章而不是地方法规的地位。既然是部门规章，就可能由部门左右而失去了法律严肃性。

另一方面，哪怕是具有法律地位，如深圳法定图则就是由市人大授权的规划委员会制定并审批的，但规划委员会的专家组成员中，政府部门的席位接近半数（并且其表决方式是举手表决，没有隐蔽性），政府很容易左右决策。在这种条件下，法定图则难以在法律地位上根本性地超越控制性详细规划。

要根本解决这一问题牵扯到复杂的政治体制问题，简单地通过一些制度、法律、授权等方面的努力很难根本解决问题。但控规的编制、审批和决策要从政府决定的情况下摆脱出来，真正实现立法与执法分开这一发展趋势是不可逆转的。今后随着我国政治体制改革的深入也许会得到圆满的解决。

(2) 法制程序。合法性的保证来自于法制程序，程序合法是合法性的基础条件。也就是说法制的程序比法律本身更重要。控制性详细规划的编制、审批、执行、监督等均应该在一个严密合法的程序下进行。

编制和审批程序保证了控制性详细规划的合理性以及合法性；执行程序保证了控规实施过程的合法性；监督程序提供检验前两种行为和程序是否合法的途径。目前我国城市建设管理中控制性详细规划的编制、审批以及执行程序已经基本形成，而在监督程序的设计上还仅仅是尝试和探索阶段，存在着种种问题，这就需要从法制层面上对监督机制提供程序上的保证，这也是控规法制程序保障的一个重要发展方向。

法制程序是否合理和真正发挥应有作用关键是程序设计的合理性和实效性。就控制性详细规划编制、审批程序来说应该是由市政府组织、具有相当资质的规划设计单位编制、由市人民代表大会或其授权机构审批，关键是编制与审批权利的分开；对于执行程序来说，控规应由市政府或其授权的规划行政主管部门按照严格的部门规章执行；就控规监督程序来说，应该体现自上而下的上下级监督和自下而上的公众监督，在控规的编制、审批以及执行阶段都应该有这种监督程序作为其过程的必须程序。

(3) 修正与完善。法律的严肃性还应体现在法律本身的合理性与适应性上。作为城市规划中一个重要阶段的控制性详细规划，是以上一层次总体规划为依据，结合城市建设的现状特征和自身发展要求编制的，为适应市场经济条件下城市建设服务，体现出一种未来特征。因此其本身就经常面临着合理性与适应性的挑战。因此，控制性详细规划不应作为一种终极式的一成不变的规划，而应该是在实施建设过程中不断地修正与完善的规划。这是保证控制性详细规划科学性和法律严肃性的基础，也是未来我国控规法制化发展的一个基本方向。

控规的修正与调整是客观存在的现实。首先，控规所依据的城市总体规划就有一个控制期限的概念，它是在不断的适应社会经济发展要求按期进行调整与修编的过程，其变化必然引发控规的相应变化。其次，城市发展历史悠久，而且是一个发展延续的过程，不但有现状建成区也有开发建设新区。新区建设的条件和情况在市场经济的作用下，也处于不断变化之中。城市建成区中更是一个不断进行建设改造、土地置换的更新过程。控制性详细规划必须面对这一客观存在，通过不断完善自身而适应发展需要。

控规的修正与调整应该在规划的前瞻性和科学性的基础上限制在一定的程度内，保持法律的延续性的同时还应该具有相对的稳定性，否则将失去却控制意义。另外最为关键的是，控规的修正与调整也必须纳入申请、编制、审批、执行与监督的法定程序之中，通过法定程序保证其调整的合理性和科学性，避免陷入随意调整的泥潭。

2）管理规范性

我国的控制性详细规划是实施城市规划控制管理依法行政的依据，因此在管理的规范性上应该以它为基础，形成完善的行政管理体制。

（1）管理体制。控制性详细规划是以城市土地有偿使用为基础的，是针对城市地块提出的在建设开发时需要充足的控制要求。规划行政主管部门应以控规为依据实施对城市建设开发行为的控制。这样的一种依存关系一方面需要控规的编制成果适应规划管理的需要，而另一方面，规划管理体制也应该基于规划控制来建立。

控规中的城市地块通过城市土地有偿使用出让给开发建设单位之后，土地产权地块成为控制性详细规划的客体。而城市中的土地由国土部门管理，建设由规划部门管理，这样的条块分割的管理体制给管理工作的顺畅执行设置了许多不应有的阻碍。控规所面对的城市地块在国土部门不一定对应产权单位，虽然国土部门在出让土地时需要有规划部门的选址意见书，但两个部门在土地统计、分类标准、管理手段、资料存档上都有所不同，急需进行必要的衔接与统一。这样的衔接与统一不但有利于规划管理工作的开展，而且也有利于城市现状统计的统一以便规划编制工作的展开。目前，我国只有深圳根据自身条件实行了规划国土部门的统一，这一做法将成为未来控规管理体制的主要发展方向之一。

由于规划具有相当的综合性，控制性详细规划更是在微观控制层面综合了城市中各类专项规划以及设计要求的综合成果以实施控制，因此，规划行政部门必须具有相当高的综合能力和协调能力，在目前各个部门条块分割，平行架构的情况下，这种综合协调能力十分有限。从这一角度来看，的确需要一个在各个部门之上的规划行政主管部门（如规划委员会），这也许是解决问题的一条出路。

（2）依法行政与自由裁量。从法制角度来说，城市规划主管部门的基本定位应该是法律的执行机构，其基本职能就是依法行政，即按照控制性详细规划严格执行，不应该存在自由裁量权的问题。因此，城市规划主管部门的依法行政应该是实施控制的主体，体现为一种"刚性"原则的通则式，这样才具有一贯性和公平公正性。同时，也避免了工作人员随意修改规划的腐败现象。另一方面，对于开发个体而言，只要符合规划要求，其开发申请就必须得到同意，仅需要核实而无需再在程序上的许可，这样就提高了工作效率。

城市中的建设情况千变万化，市场条件晴雨难测，自由裁量权具有很好的适应性、灵活性和应变性，也是必不可少的，但自由裁量不应该全部赋予规划主管部门，即使有也应该限定在一定的权力范围内。真正意义的自由裁量应该限定在城市中的一些特别地段，并且应该由在规划部门之上的机构比如规划委员会来执行。至于适应城市建设的弹性与灵活性方面,应该主要通过控规调整与修正的方式来解决。

这样对待自由裁量才真正适应控规法制化发展的需要,当然这要建立在控规编制中,科学地确定规定性指标和指导性指标的基础上。

(3) 编制责任。控规的法律严肃性还应该涉及规划编制单位的责任上,以往规划编制单位往往脱离在法律追究的范围之外,出现规划技术问题时,规划编制单位不担负任何责任。因此,现在规划好做,也经常出现规划编制的粗制滥造、不负责的现象。规划编制必须承担一定的责任,尤其是在规划法制化不断完善的过程中,规划稽查制度应该逐步发展起来,对经常出现规划技术错误的单位和个人要给以相应的处罚,这也是保证控规法律严肃性的一个重要方面。

3) 监督与反馈

前文所论述的提高控规法律地位的根本目的是保证其法律严肃性,不受到不合法途径的干预。目前在我国政治体制改革没有完善的情况下,解决这一问题比较有效的手段是通过监督机制的保障。

(1) 国家机关监督。对于控制性详细规划而言,国家机关监督可包括上级机关自上而下的监督,横向监督和自下而上的下级监督,同时包括内部监督。理论上讲这样的监督全面且彻底,但实际运行中,国家机关的监督作用却远没有发挥,基本处在名存实亡的状态。这主要是因为没有单独对应的督察机关和定期的督察制度有关。

今后在控规发展过程中,由人民检察院或独立的督察机关采取长期随时的或阶段性定期的督察工作,将可能是一种发展趋势。

(2) 公众参与。作为以保证公共利益为基本目的,体现公平、公正原则的控制性详细规划。公众参与将是其中的重要环节,代表着我国控规发展的法制化和民主化方向。

正在修编的《城乡规划法》第十六条规定:"……组织编制详细规划的机关,应当就详细规划方案征求有关单位和公众的意见。组织编制城市重要地区的详细规划,可以举行有公众代表参加的听证会。报请审批总体规划和详细规划,应包括征求意见的结果。"虽然《城乡规划法》的修编工作目前还没有最终完成,但这至少体现了一种发展趋势,即在控制性详细规划中将采取广泛而深入的公众参与。

公众参与的深度和广度需要渗透到控规的编制、审批、执行、调整过程中,各个阶段都应该有公众参与的环节,而这种环节需要通过法定的程序予以保证。这是公众参与的发展必然趋势。

公众参与的保证还需要一定的公开性保证,以往我国的控规基本上是规划部门内部掌握的技术文件,这与法制要求极不相符。控制性详细规划应该全面的对社会公开,因为公众乃至开发建设客体有权知道自己在城市建设中权利、责任和义务,公开的内容不应该仅仅限于规定性的部分,也应该包括引导性的部分。公开的方式也不应该仅仅是阶段性的公示,而应该包括出版发行的形式以及随时索取的内容在内。这样做,一方面有利于实施通则式的高效管理,另一方面也是广泛公众参与的基础。

(3) 反馈机制。反馈机制的建立是监督是否真正有效的保证,即对于监督意见、公众参与意见进行相应的解答与答复,还应该包括必要时的上诉、听证会和仲裁等环节。也就是说,不论参与监督的意见是否得到认可和采纳,必须给出一个结果,包括采取这种结果的必要理由,以避免这种监督流于形式。以控制性详细规划为依据实施规划控制管理,涉及各方利益，必须不断完善反馈机制，才能保证其真正的公平性、公正性。同时，这样做的意义还在于有利于不断地提高行政监督意识和公众的参与意识，以及公众参与热情。这是未来控规发展中一个不可忽视的环节。

应用案例

深圳市城市规划体系结构分析

深圳城市规划体系自上而下的层次分别为：全市域总体规划、次区域规划、分区规划、法定图则、详细蓝图。

总体规划立足于制定全市性宏观目标和规划策略；次区域规划作为总体规划的深化与完善，建立地域性协调策略和规划行动纲领；分区规划则重点指向城市建设控制，对总体规划和次区域规划制定的策略和纲领进行技术性落实；法定图则作为深圳城市规划控制实施的重点，为市场条件下的开发和管理共同的技术约束和行为规则；详细蓝图在法定图则的前提下对地块或小区进行更为具体的操作性控制和引导。

这一规划体系在结构上借鉴了香港城市规划的经验，但在内容上却是以国内现行规划体系作为其建构的基本前提。

与《城市规划法》所规定的规划阶段比较，深圳全市总体规划和次区域规划实质上都属于总体规划范畴；分区规划与《城市规划法》的分区规划内容基本一致；法定图则与控制性详细规划在层次上相同，但其具体内容和表达方式有较大差别；详细蓝图类似修建性详细规划层次，但主要作为规划管理的内部工作图则，较为偏重于对城市设计和工程规划的控制和引导。

次区域规划层次的增加，缘于深圳城市规划的客观需要。由于深圳经过近20年的高速发展，经济和城市建设已不仅仅局限于特区，特区外围的宝安、龙岗地区均已进入城市化进程。为了促进宝安、龙岗地区与特区的协调发展，要求深圳城市总体规划将规划区范围扩展到整个市域。但特区内外经济发展的水平差异较大，建设形态不一，尤其特区外发展的不均衡性表现更为明显，因此要在一个规划层次上按照传统总体规划的要求解决全市2020平方公里发展水平不同、发展形态各异的区域内的所有问题是非常困难的。故此深圳城市规划体系采用总体规划和次区域规划两个层次来控制城市的总体发展。其中总体规划重点研究制定城市发展的整体性策略和规划结构，次区域规划则针对各地区的具体发展水平，对全市总体规划进行深化和完善。

另外，通过次区域规划层次的设立，可以简化对总体规划进行局部调整和修订的程序。目前国内大城市总体规划普遍存在由于审批周期过长而造成的规划滞后现象。在市场条件下，城市建设的变化因素大大增加，需要经常性对城市规划进行检讨和调整，城市总体规划由于受到审批层次和审批周期的限制难以及时地因应市场的变化，而次区域规划的审批程序相对简单，因此可以通过次区域规划的修订和调整对城市建设过程中所出现的新的问题和变化作出敏捷的判断和适当的回应。

在5层次规划体系中，法定图则是较为核心的一个环节，通过地方规划立法，法定图则将成为城市规划日常性管理的基本工具。而位于法定图则之前的各层次规划从概括意义上来说均属于策略性和结构性的控制，从总体规划到分区规划层层深入、相互衔接,最终落实到法定图则的控制体系中,并通过法定图则对城市建设活动进行直接规范和管理。

资料来源:司马晓,周敏,陈荣. 深圳五层次规划体系——一种严谨的规划结构的探索 [J]. 城市规划,1998(3),27-28.

本 章 小 结

本章主要学习的内容是城市规划的层次、详细规划的主要任务、内容和成果要求、城市规划中居住用地的分类、选择方式及要求、古今中外的居住区发展历程及其中的主要理论以及居住区的多种分类方式、控制性详细规划的含义与特征、任务与作用及其未来发展趋势。这些内容作为城市详细规划的引导内容,有助于学生对于从专业的角度对城市规划有进一步地了解和认识,并通过对城市详细规划概念上进行的宏观学习,为下一步深入学习打好基础。

城市规划一般分总体规划和详细规划两个大的阶段。

详细规划是以总体规划或者分区规划为依据,详细规定建设用地的各项控制指标和其他规划管理要求,或者直接对建设做出具体的安排和规划设计。详细规划分为控制性详细规划和修建性详细规划。

居住用地(R)住宅和相应服务设施的用地。

居住区发展过程中的主要理论有:邻里单位、居住区理论及社区理论。

居住区可根据不同区位、不同地形地貌、不同时间历程、不同社会集群、不同经济层次、不同功能混合型、不同层数类型等方式进行分类。

控制性详细规划的主要任务是:以总体规划或分区规划为依据,细分地块并规定其使用性质、各项控制指标和其他规划管理要求,强化规划的控制功能,指导修建性详细规划的编制。

控制性详细规划是连接城市总体规划与修建性详细规划的,具有承上启下作用的编制层次。在我国的城市规划编制体系中,城市总体规划在城市发展建设中更多的是起到了宏观调控、综合协调和提供依据的作用。控制性详细规划实现总体规划意图,并把这种策略性和结构性的控制用简练、明确、适合操作的方式表达出来,对建设实施起到具体指导的作用。

本章重点掌握的内容,是城市规划的层次、城市详细规划的任务、内容和成果要求、城市居住用地的分类内容、重要的居住区发展理论及居住区分类方法、控制性详细规划的含义、任务与作用。

思 考 题

1. 城市规划有哪些层次?
2. 控制性详细规划的任务与主要内容是什么?

3. 修建性详细规划的主要内容是什么？
4. 城市规划有哪些审批层次？
5. 城市居住用地的选择有哪些要求？
6. 外国居住区发展的主要理论有哪些？
7. 居住区的不同分类方式及其相应分类有哪些？
8. 控制性详细规划的含义是什么？有哪些特征？
9. 控制性详细规划的任务与作用是什么？
10. 如何理解控制性详细规划未来发展？

第 2 章
居住区规划的内容与编制方法

【教学目标与要求】
- 概念及基本原理

【掌握】居住区规划设计的任务；居住区规划的内容；规划成果表达要求。
【理解】居住区规划的基本要求
- 设计方法

【掌握】居住区设计现场问卷调研分析方法、居住区规划设计公众参与方法。

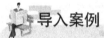导入案例

提升城市居住区抗震防灾能力的规划对策研究

1. 居住区规划编制及法规体系的抗震防灾控制力研究

我国城市抗震减灾规划一般为城市总体规划层面，而对城市居住区、小区一般只作原则性要求。由于缺少详细规划阶段的居住区抗震减灾专项规划和相关强制性要求，因此传统的居住区、小区详细规划的编制主要是依靠《城市居住区规划设计规范》以及相关规划（道路、绿地）和建筑（抗震、防火）法规来进行抗震减灾空间控制。因此可以说，我国目前的城市抗震减灾专项法规体系和规划编制体系对城市居住区详细规划层面的抗震减灾能力控制力不足。

2. 居住区土地利用和开放空间结构

居住区内小区抗震有效疏散和避难空间的缺乏可以通过优化居住区开放空间结构的方式得到改善。如提高居住区级公共绿地比重；均衡小区（街坊）内的公共开放空间布局以满足居民就近疏散的需求；提高居住区路网密度、避免"超级街区"的出现、增加封闭小区的出入口（包括步行出入口）以提高居住小区空间的应急疏散能力和城市的应急救援能力。

3. 重要公共设施规划

居住区抗震防灾的关键公共服务设施，如消防站、医院等。居住区内重要公共设施的规划设计要进行防灾"脆弱性分析"，除了需要关注选址避开可能引发次生灾害的不利因素以外，还要考虑交通条件、场地条件的要求。如中小学校规划需考虑接送等候的家长、车辆对居住区交通产生的拥堵，在这些时段发生地震灾害将对人员疏散和外部救援带来极大的难度。因此在居住区中小学规划设计中应采取如下策略。

（1）适当提高中小学用地面积标准，加大建筑后退道路的距离，设置专用的家长等候区和临时停车场，减少交通干扰。

（2）有条件的地区中小学宜设置在居住区独立地段，设置多个方向的出口和应急通道，以提高中小学校的应急疏散能力。

（3）居住区公园、中小学校、商业设施、社区医疗、老年公寓等宜集中设置，以减少周围建筑倒塌等不利因素影响并综合提供充足的开放空间用于疏散、避难。

资料来源：卜雪旸，曾坚. 城市居住区规划中的抗震防灾问题研究［J］. 建筑学报，2009(1)，83-85.

居住区规划中考虑抗震防灾内容，并作为强制性要求是适应气候变化和应对自然灾害的基本要求。为此，提高城市居住区的抗震防灾能力，制定居住区层面的抗震减灾设计标准，完善《城市居住区规划设计规范》的控制标准、指标体系，编制居住区详细规划层面的抗震防灾规划。这些内容是当前居住区规划的不足之处，因此，在居住区规划设计任务要求和成果中应完善相应的内容，以提高居住区的抗震防灾能力。

2.1 居住区规划设计的任务与要求

2.1.1 居住区规划设计的任务

居住区规划设计的任务概括地说是对居民日常生活中在物质与精神方面的要求，做出合乎其生活活动规律的安排与布置，形成功能齐全、设施配套、服务完善、环境宜人和谐舒适、安全方便的居住生活环境。居住区规划设计是对居民居住生活物质环境的规划设计，但究其物质环境产生的根源是居民的生活需求和精神需求，因此，规划设计一个居住区，必须要考虑本居住区的居民是以哪种群体为主的、是否有特殊的宗教信仰和生活习俗、生活需求主要有哪些、生活活动规律怎样等，当居住者的生活行为和需求密切相关的内容。

2.1.2 居住区规划的基本要求

1. 使用要求

为居民创造一个生活方便的居住环境，这是居住区规划设计最基本的要求。居民的使用要求是多方面的，例如，为适应住户家庭不同的人口组成和气候特点，选择合适的住宅类型；为满足居民生活的多种需要，必须合理确定公共服务设施的数量、规模及其分布方式，合理地组织居民室外活动、休息场地、绿地和居住区的内外交通等。

2. 防灾要求

1) 防火

为了保证一旦发生火灾时居民的安全，防止火灾的蔓延，建筑物之间要保持一定的防火间距。防火间距的大小主要随建筑物的耐火等级以及建筑物外墙门窗、洞口等情况而异。

2) 防地震

在地震区，为了把灾害控制到最低程度、在进行居住区规划时、必须考虑以下几点。

（1）居住区用地的选择，应尽量避免布置在沼泽地区、不稳定的填土堆石地段、地质构造复杂的地区(如断层、风化岩层、裂缝等)以及其他地震、崩坍、陷落危险的地区。

(2) 应考虑适当的安全疏散用地，便于居民避难和搭建临时避震房屋。安全疏散用地可结合公共绿化用地、学校等公共建筑的室外场地、城市道路的绿化带等统一考虑。有条件时，可适当提高绿化用地的指标。除了室外的疏散用地外，还可利用地下室或半地下室作为避震疏散之用。

(3) 居住区内的道路应平缓畅通，便于疏散，并布置在房屋倒坍范围之外。据有的城市所作的观察，房屋倒坍范围，其最远点与房屋的距离大体上不超过房屋高度的一半。

(4) 居住区内各类建筑除考虑建筑设防烈度要求外，房屋体型应尽可能简单。同时，还必须采用合理的层数、间距和建筑密度。

3. 经济要求

居住区的规划与建设应与国民经济发展的水平、居民的生活水平相适应。确定住宅的标准、公共建筑的规模、项目等均需考虑当时当地的建设投资及居民的经济状况。降低居住区建筑的造价和节约城市用地是居住区规划设计的一个重要任务。居住区规划的经济合理性主要通过对居住区的各项技术经济指标和综合造价等方面的分析来表述。为了满足居住区规划和建设的经济要求，除了用一定的指标数据进行控制外，还必须善于运用各种规划布局手法，为居住区修建的经济性创造条件。

4. 卫生要求

为居民创造一个卫生、安静的居住环境。要求居住区有良好的日照、通风等条件，以及防止噪声的干扰和空气的污染等。防止来自有害工业的污染，从居住区本身来说，主要通过正确选择居住区用地。居住区内部可能引起空气污染的有：锅炉房的烟雾、炉灶的煤烟、垃圾及车辆交通引起的噪声、灰尘等。为防止和减少这些污染源对居住区的污染。除了在规划设计上采取一些必要的措施外，最基本的解决办法是改善采暖方式和改革燃料的品种，有条件的应尽可能采用集中采暖的方式。

5. 美观要求

要为居民创造一个优美的居住环境。居住区是城市中建设量最多的项目，因此它的规划与建设对城市的面貌起着很大的影响。在一些老城市，旧居住区的改建已成为改变城市面貌的一个重要方面。一个优美的居住环境的形成不仅取决于住宅和公共服务设施的设计，更重要的取决于建筑群体的组合，建筑群体与环境的结合。现代居住区的规划，由于建筑工业化的发展，已完全改变了从前那种把住宅孤立地作为单个的建筑来进行设计和建设的传统观念，而是把居住区作为一个有机的整体进行设计。城市的居住区应反映出生动活泼、欣欣向荣的面貌，具有明朗、大方、整洁、优美的居住环境，既要有地方特色，又要体现时代精神。

2.2 居住区规划的内容与成果

2.2.1 居住区规划的内容

居住区规划设计的任务根据居住区类型的不同其内容也不同，一般包括如下一些内容。

(1) 选择和确定规划场地的位置、范围。

(2) 根据规划用地在城市的区位，研究居住区的规划定位。

(3) 根据居住区的规划定位和用地规模确定居住区的人口规模及户数，估算各类用地的大小。

(4) 拟定配建的公共设施和允许建设的生产性建筑的项目方式等。

(5) 拟定居住建筑的类型、数量、层数及布置方式等。

(6) 拟定居住区的道路交通系统的构成，各级道路的宽度、位置与数量，机动车与非机动车的停泊数量和停泊方式。

(7) 拟定绿地、户外休息与活动设施的类型、数量、分布和布置方式等。

(8) 利用居住区的自然、人文等要素，拟定景观环境规划。

(9) 拟定有关市政工程设施规划方案。

(10) 拟定各项技术经济指标和造价估算。

2.2.2 规划成果表达要求

1. 居住区规划说明书的基本内容

(1) 规划背景。规划编制目标、编制要求（规划设计条件）、城市背景介绍、地块周边环境分析。

(2) 现状分析。现状用地、道路、建筑、景观特征和地域文化等分析。

(3) 规划设计原则与指导思想。根据规划项目特点确定规划的基本原则及指导思想，使规划设计即符合国家、地方建设方针，同时因地制宜，具有特色。

(4) 规划设计构思。介绍居住区规划设计的主要构思。

(5) 规划设计方案。详细说明规划方案的用地及建筑空间布局、绿化及景观设计、公共设施规划与设计、道路交通及人流活动空间组织、市政设施设计等。

(6) 日照分析说明。说明住宅、学校和托幼所等建筑进行日照分析情况。

(7) 场地竖向设计。竖向设计的基本原则、主要特点。

(8) 规划实施：建设分期建议、工程量估算。

(9) 主要技术经济指标。用地面积、建筑面积、容积率、建筑密度、绿地率、建筑高度、住宅建筑总面积、停车位数量、居住人口。

2. 居住区规划应当具备的基本图纸

(1) 位置图：标明规划场地在城市中的位置、周边地区用地、道路及设施情况。

(2) 现状图（1∶500～1∶2000）：标明现状建筑性质、层数、建筑质量和现有道路位置、宽度、城市绿地及植被状况。

(3) 场地分析图（1∶500～1∶2000）：标明地形的高度、坡度及坡向、场地的视线分析；标明场地最高点、不利于开发建设的区域、主要景观点、观景界面、视廊等。

(4) 规划总平面图（1∶500～1∶2000）：明确表示建筑、道路、停车场、广场、人行道、绿地及水面；明确各建筑基地平面，以不同方式区别表示保留建筑和新建筑，标明建筑名称、层数；标明周边道路名称，明确停车位布置方式；明确绿化植被规划设计等。

（5）道路交通规划设计图（1∶500～1∶2000）：反映道路分级系统，表示各级道路的名称、红线位置、道路横断面设计、道路控制点的坐标、标高、道路坡向、坡度、坡长。

3. 居住区规划设计基础资料

居住区规划设计必须考虑一定时期国家经济发展水平和人民的文化、经济生活状况，以及气象、地形、地质及现状等因素，这些都是规划设计的重要依据。

1）政策法规性资料

政策法规性资料包括城乡规划法、居住区规划设计规范；道路交通、住宅建筑、公共建筑、绿化以及工程管线设计的规范；城市总体规划、分区规划、控制性详细规划对本居住区的规划要求，以及本居住区规划设计等。

2）自然及人文地理资料

（1）地形图。

区域位置地形图：比例尺1∶5000或1∶10000。

建筑基地地形图：比例尺1∶500或1∶1000。

（2）气象。

风相：年、季节季风、风速、风玫瑰图。

气温：绝对最高、最低和最热月、最冷月的平均气温。

降水：年平均降雨量、最大降雨量、积雪最大厚度、土壤冻结最大深度。

日照：日照百分率、年雾日数。

空气湿度：气压、空气污染度、地区小气候等。

3）工程地质

地质构造、地质灾害、土壤特征及允许承载力。

4）水源

城市给水管网供水情况；与城市管网连接点管径、坐标、标高、管道材料、最低压力。

5）排水

排入河湖：排入点的坐标、标高。排入城市排水管：与排水管网连接点管径、坐标、标高、坡度、管道材料和允许排入量。

6）道路交通

（1）邻接车行道等级、路面宽度和结构形式。

（2）接线点坐标、标高和到达接线点的距离。

（3）公交车站位置、距离。

7）电力、电信、燃气

（1）电源位置、引入供电线的方向和距离。

（2）路敷设方式、有无高压线经过。

（3）电信接口位置。

（4）燃气接口位置、引入的方向和距离。

应 用 案 例

低碳理念下的居住区规划

1. 选址和规划布局的科学化

在一开始的居住区选址和规划布局中，不仅要考虑该地段地理位置的优劣，将来的发展潜力等因素，更要注意所选地段原有生态植被、地形地貌等的保护和利用，并结合地形条件，减少土方的开挖。除此以外，低碳居住区的选址与用地还得遵循以下几点：①居住区的用地规模不能太大。大地块的开发建设在诸如整体交通组织、绿化等方面有一定的优势，但也存在很大问题。小区具有明确的界限和出入口进行封闭管理，使公共交通被挡在社区之外，这为居民出行带来了很大不便。大地块在一定程度上鼓励了私人小汽车的出行而减少了步行和自行车出行，导致交通拥堵，增加了能源的消耗与尾气的排放。②居住区用地功能不能太单一。单一的用地功能，与大地块共同产生了"巨型居住社区"。住区内部的主要功能为居住，较少考虑用地的混合和在一定区域内提供足够的就业岗位，导致城市中大量的钟摆交通与长距离通勤，使得建筑上的先进技术节约的能源又被交通上的能源消耗所抵消，并进一步导致城市交通的拥堵，增加交通的能源消耗。③居住区不宜在郊区大量低密度建设。由于城市郊区地价相对较低，开发强度也较城市中心低，进而出现低层低密度的别墅型住宅区。低密度的住宅开发形成较疏的公共交通网络必然会导致公共交通出行比例的较低、私人小汽车使用比例高等问题。美国学者在对旧金山湾区的情况分析后得出结论，在居住密度达到一定程度时，机动车交通出行量开始下降，同时公交和步行的比率上升。

2. 建筑组合的低碳化

1）满足自然通风

自然通风是利用自然资源来改变室内环境状态的一种纯"天然"的建筑环境调节手段，合理的自然通风组织可有效调节建筑室内的气流效果、温度分布，对改变室内热环境的满意度可以起到明显的效果。在建筑单体的规划布局时，居住区的位置应选择良好的环境和地形，要避免因地形等条件造成的空气滞留或风速过大。在居住区内部可通过道路、绿化、水面等空间将风引入，并使其与夏季主导风向一致。通过建筑组合，也可以提高通风效果。将建筑错列布置，可以增大建筑的迎风面，这样可以使更多的住户达到自然通风。将高低建筑结合布置，较低建筑布置在迎风面，可以避免高层的屏风作用。将长短建筑结合布置，院落开口迎向主导风向，把风通过建筑组合引进院落。建筑疏密布置风道断面小，使风速变大，也可改善东西向建筑通风。

2）满足日照

要满足住宅的日照，合理的朝向布局也很关键。夏季除屋顶外，西向最强，南向较弱，但冬季有充足的日照，因此南向是获取日照的最佳朝向。在居住区总体设计中必须考虑到具体条件的不同而做出最合理的布局。除此以外，增加北向房间的采光节能也很重要。北向虽采光照度低，但光照均匀度好，通过在南向墙面设置高反射率的镜面材料将光线引入北向，可使其底层住宅获得北向的反射日光，改善北面房间的采光照度，节约照明用电。

3. 低碳住区的住宅选型

住宅的形态和节能之间有很大的关系。节能住宅的形态不仅要求体型系数小，同时还需要冬季太阳辐射得热多和对避寒风有力。然而满足这三方面需求所需要的住宅形态也是不一致的。它还受住宅朝向以及风环境的影响。也就是说，每个地区的住宅选型都要符合当地的气候条件，南方的住宅应多注重遮阳通风，北方则更应考虑保暖的需求。

4. 低碳住区交通系统规划

私家车是二氧化碳排放的主体，所以减少私家车的使用，提供方便快捷的公共交通系统，是减少二氧化碳的关键。为了减少二氧化碳的排放量，在住区的道路设计时，应优化住区交通网络，提高土地利用率。住区与外界交通方便，住区附近公交系统便利。住区周围至少应有一条公共交通线路，并且最近公交站点距离住区出入口步行时间少于5min（约400m），使居民出行优先选择公交系统。住区内交通规划应环境优美有利于步行，吸引居民在住区内多采用步行系统。

资料来源：刘立均，王婷. 低碳理念下的居住区规划初探 [J]. 山西建筑，2010(10)：18-19.

本 章 小 结

本章主要学习的内容是熟悉居住区规划设计的任务、规划的基本要求、居住区规划的内容和成果要求。这些内容是学习居住区规划原理和规划设计所必要的基本知识，也是为居住区规划设计的前提条件以及为分析和解决实际工程问题时讨论的最基本的内容。居住区规划设计的任务对居民日常生活中在物质与精神方面的要求，做出合乎其生活活动规律的安排与布置，形成功能齐全、设施配套、服务完善、环境宜人和谐舒适、安全方便的居住生活环境。居住区规划的基本要求则从使用、防灾、经济、卫生、美观5个方面，对住区规划设计是考虑的因素提出了具体的规划要求，以使居住区规划设计更科学、合理。规划成果则从居住区规划说明书的基本内容、居住区规划应当具备的基本图纸、基础资料等3个部分，说明了居住区规划具体成果内容要求。

思 考 题

1. 居住区规划设计的主要任务是什么？如何根据具体场地要求制订规划任务？
2. 居住区规划要注意的基本要求有哪几个方面？
3. 居住区规划设计成果有哪些？

第3章 居住区规划的结构、形态与选址

【教学目标与要求】
● 概念及基本原理
【掌握】居住区规划布局常见的几种形态；居住区选址的要求；依托道路和景观进行规划结构划分和组团布局的方法。
【理解】居住区规划结构的几种基本形式；居住规划结构等级划分。
● 设计方法
【掌握】居住区布局基本方法；居住区选址规划的要求和方法。

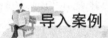 导入案例

城市居民居住区位选择

随着住房制度的改革，我国城市内部住宅空间结构发生了巨大变化。本案例以北京万科青青家园为例，研究影响居住微观区位选择的因子和机制。万科青青家园位于北京市朝阳区京沈高速路旁，距国贸仅14km，离东四环7km，交通方便。小区紧邻北京环城绿化带，东侧规划有绿色主题公园。

1. 居民社会属性分异度

随着房地产市场的不断发育，居民的个人属性特征与住宅区位选择的相关性会越来越明显，即形成各种以居民属性特征为主要分异因素的居住区。用分异度指数对青青家园居民的社会属性特征与居住地选择的相互关系进行分析。

根据2003年北京市城镇居民家庭收入状况，将万科青青家园居民分为两类，即年收入低于5万元的中低收入家庭和年收入高于5万元的富裕型和富有家庭。根据问卷调查分析，以收入水平为标准的分异度指数达到42.7，表明万科青青家园的居民收入构成具有高度的同一性，即以富裕型和富有型家庭为主。

2. 工作地影响微观居住区位的选择

居民在选择住宅区位时，通常以工作地为中心，以最大通勤时间距离为半径，考虑可选择空间内的住宅，因此，最大通勤时间距离是居民住宅区位选择的最大空间阈值。由此可见，居民的工作地对居住地选择的空间范围具有制约作用。

3. 消费观念与居住地选择

消费观念是指在文化价值观、个性特征、社会阶层和参照群体等诸多因素的综合作用下，一个人表现出来的各种行为、兴趣和看法。消费观念对产品和品牌的选择具有重要的影响。对于消费者，由于收入水平、职业特点的差异，他们在消费观念、审美标准、消费模式上也存在明显差异，同一阶层的消费者在消费观念、态度和行为方式等方

面则具有一定程度的同质性。

住房这种特殊商品,可以作为社会象征或符号传递着购房者的社会地位或经济收入水平高低等信息。在对青青家园实地调查中也发现,大多数居民就是因为看中了青青家园独特的外观特征和个性化的设计,能体现他们的经济实力和社会地位。

资料来源:刘旺,张文忠. 城市居民居住区位选择微观机制的实证研究——以万科青青家园为例 [J]. 经济地理. 2006(9):802-805.

从城市空间角度而言,伴随着快速的城市化进程和住宅产业的快速发展,中国大城市的居住区空间结构也发生了重大变化,居住区的空间区位变化成为最显著的特征之一,不仅住区空间的外延不断拓展、内部不断重构,还表现出居住区的郊区化以及居住空间分异等一系列典型现象。因此,科学合理地确定居住区选址,才能为具体的居住区规划提供居住基地,创造宜人的居住环境。本章将通过居住区的规划结构、形态和选址等知识点的深入学习,掌握其知识内容。

3.1 居住区规划的结构与形态

3.1.1 居住区规划结构的基本形式

居住区规划结构形式较多,但基本结构有如图 3.1 所示。

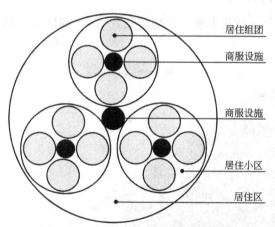

图 3.1 居住区规划结构的基本形式
资料来源:本书编写组.

1. 以居住小区为规划单元来组织居住区

居住小区是指被城市道路或自然分界线所围合,并与一定的居住人口规模相对应,配建有一套满足居民基本的物质与文化生活所需公共服务设施的居住生活聚居地。以居住小区为规划单元来组织居住区,能保证居民生活便利、安全和带来宁静的生活空间,同时还有利于城市道路的分工和交通的组织,并减少城市道路密度。

居住小区的规模主要是根据公共服务设施配套的经济合理性、居民使用的安全和方便、城市道路交通以及自然地形条件、住宅层数和人口密度等综合因素考虑的。一般而言,居住小区的规模以一个小学的最小服务人口规模为人口规模的下限,而以小区公共服务设施的最大服务半径为其用地规模的上限,居住小区的直接组成单元为住宅组团院落。通常情况下,居住小区的人口规模为 10000~15000 人、3000~5000 户,用地面积为 10~65hm^2。

2. 以居住组团为规划单元来组织居住区

居住组团式指被小区级或居住区级道路分隔,并与一定的居住人口规模相对应,配建有居民所需要的基层公共服务设施的居住生活聚居地。这种组织方式一般不划分明确的小区用地范围，居住区直接由若干住宅组团组成，也可以说是一种扩大的小区形式。

居住组团的人口规模为1000～3000人、300～1000户，用地面积为1～9 hm² 左右。组团内一般设有居委会、卫生站、青少年和老年活动室、服务站、小商店、托儿所、儿童或成年人活动休息场地，小块公共绿地以及停车场库等，这些公共设施的项目和内容基本上都是为本组团居民服务的，具有一定的便利性。其他的一些基层公共服务设施则根据不同的特点按服务半径在居住区范围内统一考虑、均衡配置、灵活布局。

3. 以住宅组团和居住小区为基本单元来组织居住区

居住区泛指不同居住人口规模的居住生活聚居地和特指城市干道或自然分界线所围合，并与相应居住人口规模相对应，配建有一整套较完善的、能满足该区居民物质与文化生活所需要的公共服务设施的居住生活聚居地。

居住区由若干个居住小区构成，每个小区由2～3个住宅组团组成。居住组团的人口规模为30000～50000人、10000～16000户，用地面积为51～230hm²。

3.1.2 居住区规划结构的等级

依据居住区规划结构的基本类型，居住区分成3个等级结构。

1. 二级结构

居住区二级结构由居住区—居住小区组成（以居住小区为规划基本单元来组织居住区）。

居住区—居住组团两个等级（以居住组团为规划基本单元来组织居住区），如图3.2和图3.3所示。

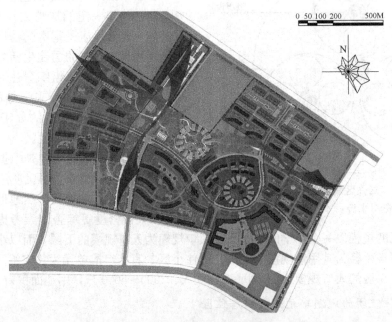

图3.2 居住小区形态结构分析
资料来源：哈尔滨工业大学城市设计研究所

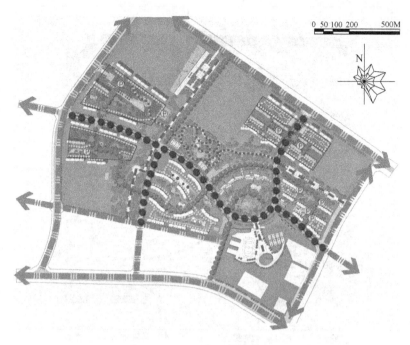

图 3.3 居住小区交通形态分析
资料来源：哈尔滨工业大学城市设计研究所

2. 三级结构

三级结构由居住区—居住小区—居住组团（以居住组团和居住小区为规划基本单元来组团居住区）组成。

3. 独立组团结构

由单独的组团构成。

三级结构和二级结构模式下形成的居住结构，主要是依托多年来国家推行的"城市住宅建设试点小区"和"小康住宅示范小区"等策略。目前常见的模式，如"中心式"的规划规划结构形态，由小区道路将用地均衡划分成多个组团或住宅院落，组团（或院落）规模均匀，共同围合成一个公共绿地或中心水景（图 3.4）。同时也有通过景观轴线将居住区入口、景观设施、绿地、景观构筑物等组织起来（图 3.5）；也有根据地形地貌，沿居住区主要道路设置大小不同的数个节点，作为对景、绿地和建筑小品群空间，从而创造出地域性强的空间形态和优美的居住环境。

3.1.3 居住区布局形态

居住区布局形态是规划结构的具体表现，其规划的核心是为了满足居住者的使用需求而进行规划，规划布局形态以人为本，符合居民生活习惯和居住者的行为轨迹，体现了小区的便利性和宜居性。

居住区规划结构的布局形态主要有以下几种形式。

图 3.4 勤得利小区规划总平面图
资料来源：本书编写组.

图 3.5 某小区规划总平面
资料来源：中国广东佛山万科地产公司.

1."中心式"布局形态

将居住空间占主导地位的特定空间要素组合排列,体现出居住区的公共核心空间,同时通过便利的环路网,将小区各个组团连接起来,形成了一个向心的布局结构形态(图3.6)。

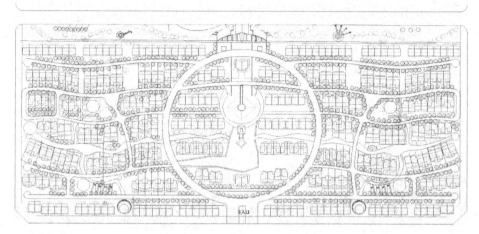

图3.6 某社区规划总平面图
资料来源:本书编写组.

"中心式"布局一般选用中心绿地或水体景观为小区核心,同时围绕小区中心规划公共服务设施,形成住区最活跃和景观性最好的住区中心。同时,各个组团围绕中心分布,该规划模式可以按居住分区逐步实施,各组团既相互独立又互相联系,具有较强的灵活性。因此,"中心式"布局模式是目前规划设计方案中比较常见的布局形态。

2."围合式"布局形态

住宅沿规划基地外围周边布置,形成一定数量的次要空间,并共同围绕一个主导空间,构成后的空间没有向心性。这种布局方式所形成的中央主导空间一般尺度较大,统领次要空间。围合式布局可形成宽敞的绿地和舒展的绿化空间,小区的日照、通风和视觉环境相对较好,可以更好地组织和丰富居民的邻里交往及活动项目。但"围合式"布局容易造成建筑密度较大,因此要控制好住宅的层数和住宅间距(图3.7)。

3."轴线式"布局形态

轴线设计手法作为控制城市空间的重要方法,在居住区规划中,可以通过空间景观轴线组织道路、绿地、水体等规划要素,具有强烈的凝聚力和空间导向性。通过景观轴线的引导,轴线可以通过转折、曲化等设计手法,结合景观构筑物及小品,绿化等处理方式,使各个景观功能区串联起来。同时轴线两侧的空间对称或不对称布局,通过轴线上的几个主、次节点控制空间的层次和尺度,使整个居住区呈现出层次递进、起落有致的空间景观特色(图3.8)。

4."隐喻式"布局形态

"隐喻式"布局是将某种事物的原型、景观概况、提炼、抽象成建筑与环境的形态语言,使人产生视觉和心理上的某种联想与领悟,从而增强环境的感染力,构成"意在像外"的升华境界(图3.9)。

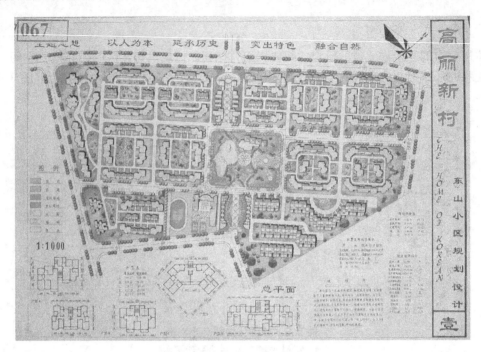

图 3.7 某围合式小区规划
资料来源：本书编写组.

图 3.8 轴线式布局
资料来源：本书编写组.

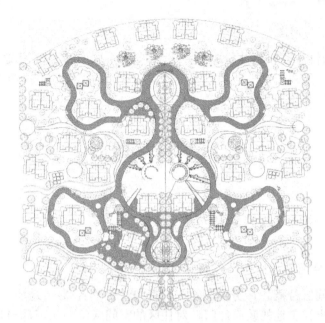

图 3.9 鹤岗市"健康家园"小区
资料来源：本书编写组.

图 3.10 采用高层集约式布局规划
资料来源：本书编写组.

5. "集约式"布局形态

"集约式"布局将注重和公共设施集中紧凑布置，同时尽量开发地下空间，使地上、地下空间垂直贯通，形成居住生活功能完善，空间流通的集约式整体布局空间。这种布局方式适用于旧区改造和用地紧张的地区（图 3.10）。

3.2 居住区的选址

3.2.1 居住区空间区位的概念和发展趋势

1. 城市居住区空间区位概念的形成

城市居住区空间区位概念在房地产界一直都关注一个名词："地段"。无论是房地产开发商、居民，还是出让土地的政府部门，对住区的空间区位的认识都与日俱增。自从我国进入市场经济以来，伴随着城市化的不断推进和规划行为的介入，城市住区开发空间也进入了土地资源竞争的"地段时代"，全面进入凸显区位内涵价值的"城市居住区板块时代"，也成为开发商销售、居民购房的最重要因素。

根据市场开发和居民购房情况，对居住区空间区位关注的主要因素，一般包括住宅的适用性、周边的公共服务设施的便利性、道路交通的可达性、居住安全性、环境质量、文化氛围、市场升值潜力的预期等几个方面。

2. 居住区空间区位的发展趋势

1）集聚与分散并存的发展趋势

（1）集聚趋势。我国大部分城市往往都是在旧城区的基础上发展起来的，旧城仍然是城市中心所在，尽管存在交通拥堵基础设施落后等问题，但中心区对市民仍具有很强的吸引力。尤其近年来，中心城区旧城改造项目逐渐增多，更是增加了中心区住区空间的集聚趋势。

（2）分散趋势。由于交通可达性、基础设施以及就业岗位仍主要分布在城市中心区等条件限制，郊区化住宅的住区空间区位选择基本都在近郊，所以造成城市主城区不断向外扩张，从而很快将郊区化住宅融入主城区空间中。同时，由于郊区土地价格低（图 3.11 和图 3.12），一些市场投资的土地经营商，往往投资一些规划前景较好的土地，然后进行开发，这种开发形成一定规模后会吸引更多的投资者进入。这种住区空间逐步走向分散，而且随着开发规模的扩大，该区域逐渐成为城市的"新城镇"，这种情况被房地产界称为"大盘时代"。

2）空间重构与分异现象并存

在当前，城市居住区空间本身发生了巨大变化，住区空间形态也随着改变。伴随着城市居住空间重构的过程，住区空间分异现象也开发凸显，并且日益明朗化，同时住区类型与人口都显示出区位化分布的特征。

（1）居住空间重构。居住空间重构主要是在主城区基础上进行居住空间的重组和建构，

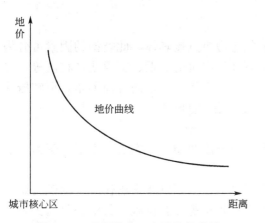

图 3.11 理想状态下土地价格曲线

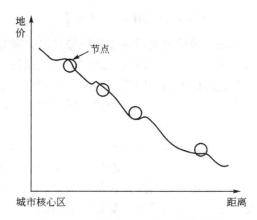

图 3.12 现实状态下土地价格曲线

资料来源：刘芳. 区位决定成败：城市住区空间区位决策与选择 [M]. 北京：中国电力出版社. 2007.

包括传统街区的复兴、"单位大院"住区的重新组织、新型楼盘的建设、城市流动人口聚集区的形成以及城市郊区住宅的开发建设。

（2）居住空间分异。居住区空间分异主要倾向于按家庭收入状况彼此独立分布，其中最突出的表现就是完全封闭式管理的郊区别墅和城市中心的所谓高档住宅区等高收入阶层住区的出现。与高档住区形成鲜明对比的则是城市边缘的简居住宅和城市中心区棚户区，以及近郊区的流动人口聚居区。城市居住空间分异与城市居住空间、城市居住区位均有密切的相关性，首先它是在城市居住空间这个大范围下发展的，其次，只有当城市内不同属性的居民对相应居住区位做出了具体选择时，才进一步推动城市居住空间分异的形成。

3.2.2 居住区空间区位选择

1. 居住区位选择的宏观影响

我国住房制度变革大致经历 3 个阶段：第一阶段，改革开放前，以"国家配给制"为特征，这期间，城镇居民个人无权自由选择或购买住房，房屋属于国家所有，由国家统一分配；第二阶段，改革开放后的 20 年，以"单位配给制"为特征，建房和购房的主体是集团，按照个人级别或参加工作时间的长短进行分配；第三阶段，现阶段，以"住房商品化"为特征，购房主体由集团转变为个人，即居民个体消费成为房地产市场积极因素，且居民对居住区位选择的行为由被动接受逐步成为主动选择，同时房地产开发也由政府行为转变为市场行为，开发商成为房地产开发的主体，而政府由直接开发和管理住宅区向宏观规划、间接引导和有限开发、建设转变。

城市规划是城市政府干预和调控城市居住区位的行政和法律手段又一重要手段。城市规划是为实现一定时期内城市发展的目标和各项建设而预先进行的综合部署和具体安排的行动步骤，并不断付诸实施的过程。其对居住区位的影响一方面在于城市的总体规划和详细规划，在房地产开发商进行住宅建造区位选择时，起到一定制约作用；另一方面，现在越来越多的城市居民在选择居住区位时，偏向结合城市规划，向城市规划中重点建设区域，或者有发展前景的居住区位迁移。

2. 居住区位选择的微观因素

城市居民在进行居住区位选择时，微观因素的考虑更直接具体，此类型的因素可分为两个方面：一是居住区位的因素，如地理位置的好坏、房价的高低、交通便捷程度等；另一个是选择者自身因素，如收入的高低、家庭人口的多少等。比较两方面因素，可知居住区位因素，是向外的，即对于所有城市居民其因素都是无差异的。

1) 居住环境

在选择居住区位时所考虑的居住环境，大致可以分成两类：一类是以生活配套为主的生活环境，一类是以生态居住为主的生态环境。

生活环境是与居民日常生活最息息相关的择居因素，主要以考察居住区生活配套是否完备为主，生活配套主要包括了购物、教育、医疗、娱乐等配套设施，其中满足居民日常购物需求是居住区位选择的一个基本条件，另外，随着人们对教育的重视程度的增加，教育配套也越来越成为城市居民在进行居住区位选择时必需满足条件之一。

生态环境主要指居住区周围的自然环境和生态环境的和谐程度，以及是否接近有利于人类休闲健康和休闲活动的自然景观，如湖泊、河流、社会公益设施等。

2) 交通条件

居住区与外界联系的便捷程度，也是影响居住区位的重要因素之一，而交通即是这一联系的纽带。交通便捷度，一方面，指到达地与居住地距离的远近；另一方面，指交通工具的可获得性：居住区周围道路数量、公共交通线路的数量，以及道路通畅程度、交通工具的速度等。而交通便捷度主要从时间和费用上影响着居民对住宅区位的选择：通勤的时间和费用。因此，一般位于交通枢纽点附近或者是主要交通干道附近的居住区更受人们的青睐。

3) 地理位置

位置，这是最重要的区位选择方面，主要指对城市具体区位位置的选择。地理条件，包括居住区位自然地貌、地形、气候等因素，一般来说，地形选择以平地选择，其生活是最便利。从气候对住宅区位的影响来看，对住宅区位影响较大的主要是日照和风向。

应 用 案 例

居住区选址对解决城市气候问题的应对策略

城市气候学研究表明，居住区建设会改变当地空气质量与热岛强度分布状况。因此，居住区规划选址及其开发范围确定必须同时考虑建设功能对气候条件的要求及建成区对区域气候的影响。

第一，针对整个辖区进行的土地气候条件评估能够充分反映各地块气候条件差异，因此它将为居住区选址、开发范围划定以及各功能设施选址提供重要依据。在土地气候条件评估工作中，气候数据的收集、分析与图像处理等工作步骤不仅应涉及气温、降水、日照等基础性数据资料，而且还应包括逆温天气的主导风向与主要风强、昼夜新鲜空气的流动情况、基于气候学原理必须得以保护的开放空间等内容。

德国鲁尔区是最早进行土地气候条件评估的地区。1980年代鲁尔区区域联合会就为区域内的多数城市编制了"气候功能图",这为对气候条件要求较高的功能设施选址与搬迁(如医院、养老院、幼儿园与学校等)提供了帮助。近年来,德国各大城市或区域都积极开展气候条件评估,并将其作为城市结构调整与居住区选址的重要依据。例如,在"柏林环境图集"、"斯图加特区域气候图集"中,气候条件评估均被作为城市气候研究成果而提交给规划部门。

第二,针对整个辖区进行的城市通风道规划能够翔实地反映区域通风状况,因此它能够为自然保护区划定提供有力帮助、避免居住区选址不当引发的区域气候恶化。为了将郊区新鲜凉爽的空气引入城市中心并激发城市内部的局地环流,城市通风道规划必须精确定位补偿气流轨迹以及对城市气候有调节作用的开放空间。只要居住区建设用地不占用城市通风道及对区域通风至关重要的开放空间,建设活动就不会对区域气候产生明显的负面影响。在斯图加特"山地区域框架规划"中,城市通风道规划就被作为部分居住区建设范围修订的有力依据:一些居住区建设用地范围得以缩小,11个待建项目规划被迫修改。由于近地面气流状况受到地形的严重影响,因此在无条件进行城市通风道规划的情况下,居住区选址必须充分考虑地形因素。自然状况下,冷空气通道通常位于凹地与山峡,因此居住区适合被布置于日照时间更长、污染物更易驱散的山坡或高地。卡尔斯鲁厄、海德堡、莫斯巴赫等地区均在山坡开发了居住区。有研究指出,高血压、心脏病、扁桃体炎症、植物神经紊乱、支气管炎和哮喘等病患在这些区域都有望得以好转。但靠近逆温线的位置是有害气体的主要积聚区,因此山地居住区必须高于早晚逆温上线,且居住区密度和规模均不宜过大。另外,降低房屋供暖能耗有利于缓解空气污染问题,因此供暖能耗与地形的关系也应该在规划中给予充分考虑。

资料来源:刘姝宇,徐雷.德国居住区规划中针对城市气候问题的应对策略[J].建筑学报,2010(8),20-23.

本 章 小 结

本章主要内容是居住区规划的结构与形态、居住区的选址3个核心内容。这些内容是学习充分掌握居住区规划结构的基本形式,居住区规划结构的等级,居住区布局形态以及居住区空间区位选址内容的关键知识点,是居住区规划最核心内容之一,也是具体规划设计重要知识链接点。

居住区规划基本结构包括3种形式,包括以居住小区为规划单元来组织居住区、以居住组团为规划单元来组织居住区、以住宅组团和居住小区为基本单元来组织居住区。这3种基本结构分别从居住小区、居住组团和住宅组团3个层次组织居住区时,规划要求的人口规模和户数规定,以及相应的住区配套设施要求。

依据居住区规划结构的基本类型,规划结构分成3个等级,由从居住区-居住小区两个等级组成,另一种是从居住区直接跨入到居住组团,最后是独立组团结构。

居住区布局形态多样,但基本可以概括为中心式布局、围合式布局、轴线式布局、隐喻式布局、集约式布局,几种布局形态并不是独立的,有些情况下,一种或两种形态共同出现在一个方案中。

中国大城市居住区的空间区位呈现出集聚与分散并存,空间重构与分异现象并存现象。文章分析了居住区位选择的宏观影响和微观因素。从未来城市居住空间发展趋势来看，居住区选址是关系到城市总体布局形态、城市交通和生态环境等重要方面，是城市空间发展的核心内容之一。

思 考 题

1. 居住区规划结构基本形式有哪几种？并举例说明。
2. 分析中心式布局、围合式布局、轴线式布局、隐喻式布局等几种居住区布局模式的优缺点。
3. 从城市总体布局角度分析影响居住区选址的因素。

第4章 住宅用地规划

【教学目标与要求】
- 概念及基本原理

【掌握】居住区住宅建筑的类型及特点；居住区规划的基本原理与方法；居住区住宅建筑的群体组合及空间布局方式。

【理解】各类住宅的形态和平面组合形式；居住区空间组合实例评析。

- 设计方法

【掌握】住宅平面组合和空间布局方法；低碳社区空间布局空间分析方法。

导入案例

做好住宅规划的分析与思考

住宅建设领域将安居乐业作为建筑和谐社会理想的基本要求已形成共识，居住区是城市基本用地，住宅用地占建设用地总量过半。当前中国城市每年共建住宅和公共建筑 8～9 亿 m^2，其中住宅 5～6 亿 m^2。因此，建设部指出"节能省地型"住宅是指在保证住宅功能舒适度的前提下，要坚持开发与节约并举，把节约放到首位。在规划、设计、建造、使用、维护全寿命过程中，尽量减少能源、土地、水和材料等资源的消耗，实现资源节约和循环利用的住宅。

1. 省地

省地，也是节能、控资的核心问题。常规的思维和国际上常见的做法是向外围扩展；快速成长条件下近年城市化扩展已对此提出预警，专家研究向外扩展城镇新区如果规模过小，由政府负担的外部成本将为大城市的 6～8 倍。因此，不能走单纯的向郊区新城扩展的路子。

正确的发展模式是新建与旧区改建、整治相结合；二者结合才能有效控制新建和单纯向外扩展总量、政府投入和大规模郊迁带来的种种矛盾。规划上要从旧区和新建两个层面去研究落实，旧区保护、改善、整治已实施几年，初见成效。关键是做好新住区的规划建设。

新区规划建设成功的关键是尽快形成可居住性和吸引力。人们最关注的除房型外，是交通、配套环境。总体规划上要求集中依托旧镇，有一定设施、交通基础；新住区规划要求紧凑，分期成规模配套完整；一期开发配套设施项目不多功能不能少，要综合开发，将来可调整成多项单一功能的组成部分。有人提出新区低密度就是高标准的看法，不符合当前用地实际，新区一般不宜或不应再开发别墅，因为不利于新区及早初步建成。

2. 节能

住宅单体设计节能,以及住区可再生能源均在探索中。规划上,新旧区结合规划住宅开发压缩开发总量,设计上户型小型化都有利于节能节资。这里要强调妥善规划交通,达到节能效果。新建大型住区最有效的交通模式是轨道交通,但要求大量稳定客流,要求新区尽快形成规模,有轨交通建成也耗资费时,在此之前,市郊交通出行困难,配套服务待形成,郊迁阻力会很大。因此需要研究实施BRT作为过渡及补充。新区虽然以中小户型为主,小户组合成大户,可能也有车;因此,要妥善处理静态交通——停车问题,如利用多层、小高层住宅做地下、半地下车库,不停车还能让业主综合利用,绿化生态也不受影响。

资料来源:黄富厢,唐懿. 做好住宅规划的分析与思考[J]. 城市规划,2005(12):65-68.

住宅用地规划的科学与否,直接关系到城市省地和节能。因为,住宅用地是居住区规划中不仅占地最大,而且住宅用地的规划设计对居住生活质量、居住区以至城市面貌、住宅产业发展都有着直接的重要影响。住宅用地规划设计应综合考虑多种因素,其中主要内容包括:住宅选型、住宅的合理间距与朝向、住宅群体组合、空间环境及住宅密度等。

4.1 住宅建筑类型及特点

从规划设计的实践看,住宅的类型很多。特别是在我国,由于人口压力比较大和居民收入的差距较大,不同类型的住宅都存在一定的市场。

4.1.1 低层住宅的类型

在我国目前条件下,主要的低层类型大致可以分为独立式住宅、双拼式住宅和联排式住宅3种类型。随着城市建设的不断发展,2000年以来,又出现了Townhouse,Cityhouse等新的住宅形式。

1. 独立式住宅

独立式住宅是完全独立的建筑,一般层数为2~3层,建筑四周临空,都设有花园,且建筑四面采光和获得风景,有独立的入口,居住水平比较高。独院式住宅房间比较多,有些有地下或半地下室,用作车库、仓库等。低层一般为起居室、餐室、厨房和卫生间等用房,二层为卧室与卫生间,并有阳台、屋顶活动平台等。独立式住宅的建筑面积差别较大,从200m^2左右到数千米都有,环境条件也千差万别,既有成群建设的低端产品,又有单独建立在风景区内的占地面积较大的高端产品。然而,城市别墅住宅是长期居住的住宅产品,一般具有相对较高的密度,环境质量与风景区中的别墅产品不可同日而语(图4.1)。

2. 双拼式住宅

双拼式住宅为两套住宅拼联,较独栋住宅节约用地,住宅三面临空,环境条件不如独栋住宅。但住户间的相互干扰很小,总体居住条件还是很好的(图4.2)。

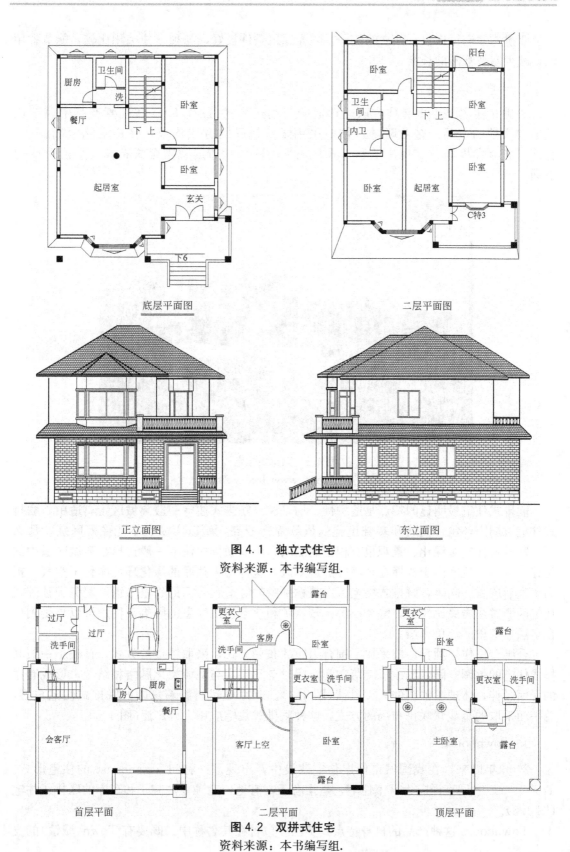

图 4.1 独立式住宅
资料来源：本书编写组.

图 4.2 双拼式住宅
资料来源：本书编写组.

双拼式住宅每户也有独立的院子,采光通风条件较好,与独立住宅相比较,能节省用地,减少室外管网的长度。

3. 联排式住宅

联排式住宅是由多套住宅联立形成的连续式住宅(图 4.3)。在别墅产品中属于比较节约土地的产品。多数联排式住宅采用线状拼联的方式构成,住户南北两端临空,有前后花园和停车位。也有的联排式住宅采用联片状布局或围合式布局,形成个性的空间。

图 4.3 联排式住宅
资料来源:www.baidu.com

联排式住宅最明显的特点是适中性、均好性。联排式住宅一般离城区距离适中,联排式住宅对周围环境、交通和基础设施的依赖程度较高,所以离城区不能像郊区别墅那么远。联排式住宅对绿化、景观也有相当的需求,所以联排式住宅一般选择在离城区适中的位置。联排式住宅由于选择在环境好的近郊区,这种得天独厚的绿化环境净化了空气,提高了生活质量。同时,联排式住宅可以兼顾别墅的舒适和公寓的邻里亲情,避免了独院式住宅区的常住居民比较少,整个小区比较空旷和缺乏生活气息的弊端,住户可以享受到住在多层住宅里的邻里亲情。

合肥合庄住宅项目,就采取了围合组团的布局方式,采取错接的方式,打破了一般联排式住宅的单调空间,形成了院落空间,同时空间层次与地域文化脉络相结合,形成有序的平面延伸,体现了鲜明的人文风情(图 4.4)。北京亚运村新新家园的联排式住宅户型,总平面采取的是线状联排布局的方式,这种联排式住宅应用十分广泛(图 4.5)。

4. Townhouse

2000 年以来,在我国城市低层住宅建设中,出现了一种叫 Townhouse 的住宅形式。Townhouse 一词直译应为城镇住宅,是指有天,有地,有独立的院子和车库的联排式住宅(图 4.6)。

Townhouse 这种产品的自身特点其实已经包含在其名称中,既要有 Town(城镇)的支持，又要有 House(独立住宅)的低密度品质。

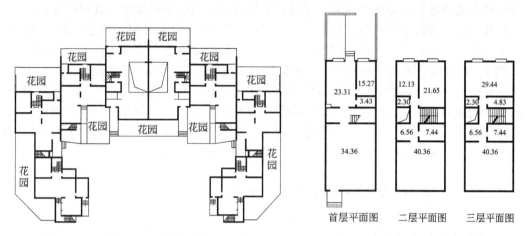

图 4.4　合肥合庄一组联排别墅平面图图　　　　图 4.5　北京某联排别墅平面图

资料来源：陈鹭. 城市居住区园林环境研究［M］. 北京：中国林业出版社，2007.

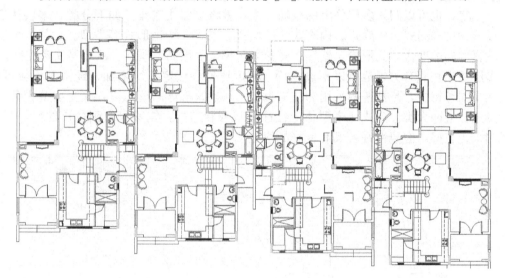

图 4.6　Townhouse 住宅平面图

资料来源：本书编写组.

Townhouse 在形式上比较接近 3 至 4 层的低层住宅与别墅。Townhouse 在一个垂直层面上只有一户，每户都有私家花园，Townhouse 还被称为经济别墅，虽不浪漫，却说到了本质。即 Townhouse 是个中庸的产品，比别墅经济，而且又满足了人们脚踏一片土地，头顶一方蓝天的需要。Townhouse 社区由于产品类型相对单一，建筑覆盖率也较高，因此合理的规划对社区外部空间环境的改善大有益处。要求街道空间、中央绿化、组团庭院的空间形态应丰富多彩，创造出舒服宜人的社区环境氛围。

5. Cityhouse

最近，在我国部分城市还出现了一种住宅，名为 Cityhouse，纵向 4 层，一、二层一户，三、四层一户，上部住户的出入在三层。布局与设计同跃层式小住宅相近。各户街门对外互相独立，一、二层住户走楼前，三、四层住户走楼后，有独立的出入口，可以想象成两个独立式住宅竖向叠加在一起。这种形式的住宅也是采用联排的方式进行组合。

按住宅设计规范规定，低层住宅为一至三层。Cityhouse 是 4 层，且上户的入户口在 3 层。此类住宅更接近 Townhouse 社区，属于低层高密度住宅，容积率一般可以在 0.6～1.1 之间。在土地资源紧张的国情下，此类住宅对房地产的开发具有很实际的参考价值。

低层住宅是尊重人性，以人为主体的居住模式，它有利于建立邻里关系，加强社区的认同感及凝聚力。由于这种建筑模式的建筑与室外空间在尺度及形态上的亲和性，它有利于将建筑与景观融合在一起，从而创造丰富的过渡空间，从私密、半私密再到公共空间，形成多层次的人际交往空间，从而获得高质量的生活场所。

4.1.2 多层住宅的主要类型和平面组合形式

1. 多层住宅的主要类型

多层住宅的种类比较多，一般是指 4～6 层的住宅，将第 6 层的住宅做成跃层的 6 跃 7 的 7 层住宅，也可以归入多层住宅的范畴。朱蔼敏将多层住宅作了如下分类：多层住宅主要可以分为楼梯间式、外廊式、内廊式、跃层式、点式、特种形式等类型。此外，由于水平和垂直方向的变化，又形成了错接、转角、阶梯、变层高、错层、跃层等住宅类型。

多层住宅按照有关规范可以不设电梯，密度比低层住宅有所增加，经济上比较可行，因此在我国城市中，是被普遍采用的住宅类型。从建筑群体的形态看，又主要分为条式住宅和点式住宅两大类。条式住宅群体上往往呈行列状布局，能够争取到住户的良好朝向，通风和采光较好，健康性好且具有良好的均好性（图 4.7）。

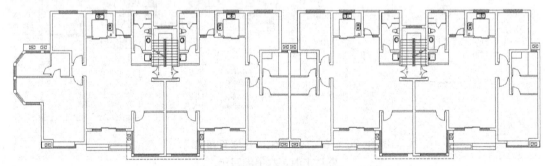

图 4.7 典型条式多层住宅平面组合
资料来源：本书编写组.

点式住宅平面形状接近正方形，一般由一个楼梯间联系多套住宅，通常四面临空，较条式住宅增加了采光面。这样的住宅在多层时称为点式住宅，在高层时称为塔式住宅（图 4.8）。点式住宅的优点是四面开窗，采光良好；缺点是朝向的均好性相对较差，且住户之间的相互干扰严重，特别是视线上的干扰严重。在群体布局上，点式住宅相对条式住宅而言，比较灵活，利于形成比较大而完整的园林空间，形成的空间形态也比较多变。在居住建筑群体布局上，既有单纯采用条式住宅的，只有单纯采用点式住宅的，还有把两者结合起来的。点式住宅与条式住宅结合形成的点板结合住宅，在群体空间上能够发挥两者的特点，利于形成良好的外部空间，采用得比较广泛（图 4.9）。

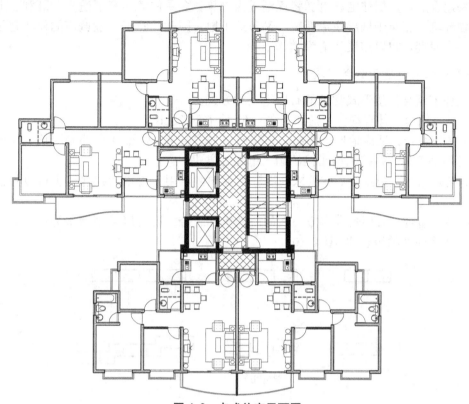

图 4.8 点式住宅平面图
资料来源：本书编写组.

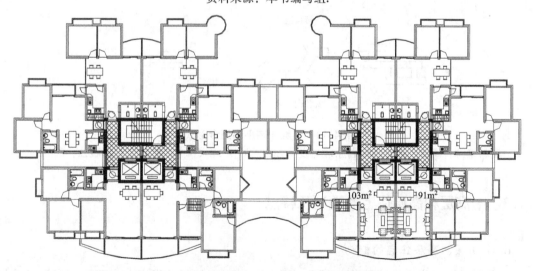

图 4.9 点式和板式相结合的住宅组合平面
资料来源：本书编写组.

目前，多层住宅出现了一种设立电梯的趋向。多层住宅的高端产品，纷纷设立电梯，以改善居住的条件，提高舒适的程度。在发达国家，一般 6 层的住宅项目，都是设电梯的，很多 3~4 层的住宅，也设置电梯。因此，可以预料，在今后的一个时期，随着我国经济的快速发展，多层住宅设电梯将逐渐成为趋势。多层住宅的密度适中，既利于形成良好的居住环境，相对于低层住宅而言，又节约土地。因此，我国一般城市的住宅建设，在相当长一个时期，将以多层住宅为主体。

2. 多层住宅的平面组合形式

多层住宅组合拼接形式常见的有以下几种方式。

(1) 平直组合：体形简洁、施工方便，但不宜拼接过长。

(2) 错位组合：适应地形、朝向、道路或规划的要求，但要注意外墙周长及用地的经济性。可用平直单元错接或加错接的插入单元等方式。

(3) 转角组合：根据规划的要求，要注意朝向，可用平直单元拼接，也可以加插入单元或采用转角单元。

(4) 多向组合：可用具有多方向性的一种单元组合；还可以采用套型为单位，利用交通联系组成多向性的组合体(图 4.10)。

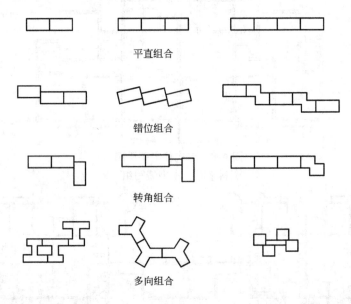

图 4.10　多层住宅平面组合形式

资料来源：胡纹. 居住区规划原理与设计方法 [M]. 北京：中国建筑工业出版社，2007.

4.1.3　中高层和高层住宅的类型及特点

1. 中高层、高层住宅的概念

住宅按我国《住宅设计规范》(GB—50096)，2003 年版的规定，中高层、高层是指层数在 7 层及以上的住宅类型的总体。是相对于低层、多层住宅而言的住宅类型。

中高层住宅建筑，业内也常称为"小高层"，它是指层数为 7 至 9 层的住宅，一种介于多层住宅和高层住宅之间的住宅。而真正意义上的高层住宅则是指 10 层及 10 层以上的住宅。

2. 中高层、高层住宅设计的特点

中高层和高层住宅设计并不是简单地将多层住宅进行垂直叠加，它作为一种住宅类型，在设计方面有许多值得注意的问题。

1）高层住宅的垂直交通问题

中高层、高层住宅在空间布局上的特点，是以电梯取代步行成为日常的垂直交通工具，电梯与楼梯的组合成为高层住宅建筑空间交通组织的核心，它们的组合形式在一定程度上影响着住宅的平面布局和空间组合。

2）高层住宅的结构选型问题

由于住宅高度的增加，建筑的荷载大大增加，外部条件的制约因素更多、更明显。高层住宅结构体系的安全至关重要，高层住宅建筑平面布局会受到结构因素的制约。

3）高层住宅的消防与疏散问题

由于住宅向高空发展，对建筑的消防与安全疏散、建筑设备等方面的要求更加严格，与多层住宅有很大的差别。

4）高层住宅的经济问题

高层住宅一次性投资大，维修、管理费用高，经济因素对住宅建筑产生一定影响。

5）高层住宅的社会问题

高层住宅建设带来了城市居住区高密度的居住状况，如何协调居住环境与社会问题，关心居住者的心理健康，构建和谐、安全的住宅空间，也是高层住宅设计重视的问题。

6）高层住宅的适应性问题

高层住宅结构复杂、设施多、造价高，与多层住宅建筑相比，建筑的耐久年限较长，因此，中高层住宅的户型设计要有更强的适应性和前瞻性。

7）高层住宅的其他问题

高层住宅建筑的节能问题、外部造型设计也是高层住宅设计中需要给予重视的问题。

4.2 高层住宅形态

高层住宅，从楼层上可以分为中高层住宅、高层住宅和超高层住宅。从住宅楼栋的平面形式上，大致可以分为塔式高层住宅、板式高层住宅和板塔混合式 3 种。

4.2.1 塔式高层住宅

1. 塔式高层的特点

塔式高层住宅是以共用楼梯、电梯为核心，布置多套住宅的高层住宅。塔式住宅通常是建筑的面宽与进深近似，建筑是否偏转角度布置不会改变其对阳光的遮挡作用。塔式高层住宅在小区中的位置一般相对独立，空间围合感不强，对冬季寒风缺乏阻挡作用。

塔式高层是以一组较集中的垂直交通枢纽中心布局，各户型围绕此核心布局，不与其他单元拼接，独立而自成体系，也称为"独立单元式高层住宅"或点式高层住宅。它四面临空，可开窗的外墙较多，采光、通风一般。其平面布置灵活，外形处理的自由度也较大，易于与周围的环境相协调。每栋建筑的占地面积少，便于利用零星土地。与板式高层住宅相比，塔式高层住宅的优点是采光面多，平面内部空间组织较紧凑。

2. 塔式高层住宅的设计与应用

塔式高层住宅在住宅规划中能适应不同场地的变化。对其他住宅的日照、采光、通风的影响较小，更有利于提高居住区的建筑密度。为了争取服务更多住户，以及更多住户的功能空间获得采光和通风，因地区差异而形成不同的轮廓，南方地区夏季炎热，往往采用十字、井字形平面，以其凹口解决通风问题；而北方则更强调日照，要求每户都有较好的朝向。塔式高层住宅呈现出的丰富体型，在平面上构成各种不同的轮廓。塔式高层住宅平面形式多样，通常有 T 形、Y 形、X 形、H 形、井字形、蝶形、圆形等，在住宅小区规划的组群布局中更能发挥其灵活性及舒适性，更能创造生动的街景，有效地改善居住区和城市的天际线(图 4.11)。

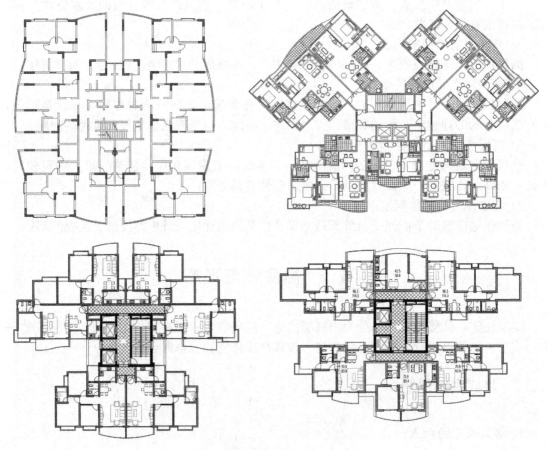

图 4.11　塔式高层住宅平面图
资料来源：本书编写组.

在我国北方寒冷和严寒地区，由于自然气候的因素和居民的传统习惯，更需要阳光和采暖，因此住宅建设也更重视朝向，一般都希望住宅能享受到充足的阳光。在一般塔式高层住宅中，只有大约 1/3 的住宅是朝南的，向东或向西的住户只能享受半天的日照，而且向西的住户夏季还要饱受西晒之苦，有的住户甚至完全享受不到阳光照射。我国地域广大,南北方纬度差约 50 余度,在我国南方气候比较炎热和潮湿,住宅则更需要通风。而北方的住宅更注重功能房间对良好日照的获取。因此在住宅设计中,要充分考虑区域气候差别和营造舒适的场地小气候,构建良好的居住景观,优选生态节能的塔式高层住宅形式。

近几年市场开发的中高档住宅区中出现了独立单元式小高层,层数在 7～11 层之间,一梯服务 2～4 户,平面面宽舒展,进深较浅,户型内部空间均能获得充足的日照、采光和通风(图 4.12)。

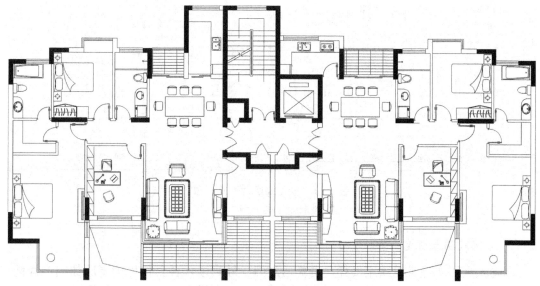

图 4.12 小高层住宅平面图
资料来源:本书编写组.

4.2.2 板式高层住宅

板式高层住宅从外形上区别于塔式住宅的高层住宅类型,具有采光面大、通风条件好、区位适应性强等优点。在平面上是若干单元拼接组合,其外部空间界面的连续性强,对空间的围合效果较好。板式高层住宅的朝向对屋内的气流变化有很大影响,当布置在用地边界时在冬季可以有效阻挡寒风侵袭。但板式高层建筑背面易产生大面积的室外阴影,对住区的日照影响比较大。板式高层住宅依据平面形态,可分为单元式高层住宅和通廊式高层住宅。

1. 单元式高层住宅

单元式高层住宅是指由多个住宅单元组合而成,每个单元均设有楼梯、电梯的高层住宅。

这种形式的特点是:楼梯与电梯相邻或相近布置,各户以楼梯、电梯为核心布置。12 层以下的单元住宅中每个单元内多数设有一部电梯,每个单元服务 2～4 户,组合单元式高层住宅平面一般比较紧凑,通风采光良好,公共交通面积相对较小,户间干扰小。

在满足住宅功能房间通风采光的前提下,能相互间拼接或与其他形式的单元组合成连排式住宅,即组合单元式高层住宅,也称为单元板式高层住宅。设计中住宅的进深不宜过大,否则户间存在采光及视线干扰问题。单元式高层住宅的组织拼接形式很多,常见的形式有：矩形拼接、T形拼接、十字形拼接、工字形拼接、Z形拼接、弧线形拼接、异形拼接等（图4.13）。

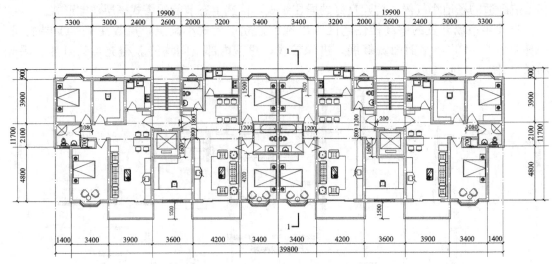

图4.13 单元式组合板式高层
资料来源：本书编写组.

2. 通廊式高层住宅

通廊式高层住宅是以共用楼梯、电梯通过内、外廊进入各套住房的高层住宅。其优点是提高电梯的服务户数。一般分为内廊式高层住宅、外廊式高层住宅和跃廊式高层住宅（表4-1）。

表4-1 板式高层与塔式高层住宅比较

住宅类型	优　点	缺　点
点式（塔式）高层住宅	住区容积率高、电梯利用率高	通风、采光条件较差，舒适度较低
板式（单元式）高层住宅	通风、采光条件较好，舒适度较高	住区容积率相对较低，电梯利用率低

内廊式高层住宅：高层住宅各户布置在长内廊两侧，利用内廊作为疏散通道。这种住宅类型，电梯的服务户数较多，走廊长，进深较大，有利于节约用地。缺点是各户只有一个朝向，而且由于两排房屋并列相对，无法打开门窗产生穿堂风，采光和通风条件都大大低于外廊式住宅；由于走廊内设，没有天然采光，因此过于黑暗，这种居住类型在现阶段多用于一些低标准公寓式住宅中。

根据高层住宅平面内廊的形式将内廊式住宅分为长内廊与短内廊两种，长内廊视住户多少，可设一部或两部楼（电）梯于内廊中部或两端；短内廊仅在一端设楼（电）梯。常见的形式有：一字形内廊、L形内廊、U形内廊、Y形内廊、X形内廊等（图4.14）。

中国创新90中型小套型住宅设计获奖方案中，高层高密度南北板式集合体系尝试将住宅的外墙设计成锯齿形，设置了许多天井，在改善日照和通风的同时，通过内天井解决了长内廊的采光和通风问题，被称为"生态型长内廊式住宅"（图4.15）。

第4章 住宅用地规划

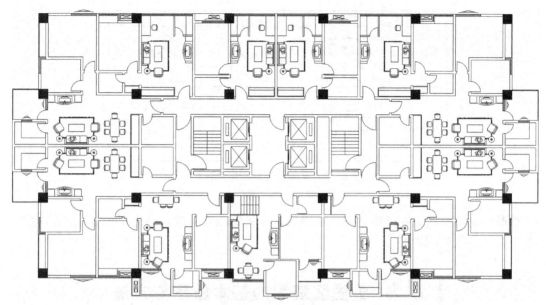

图 4.14 内廊式高层住宅
资料来源：本书编写组.

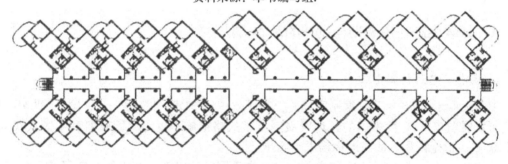

图 4.15 新型长内廊式高层住宅
资料来源：孙祥恕. 21世纪高品质高层住宅[M]. 武汉：华中科技大学出版社，2007.

在中国建设的高层住宅区，容积率一般都在3左右，有的甚至达到6～7(图4.16)。在密度比较高的大城市、特大城市，高层住宅被大量兴建。高层住宅的缺点是由于住宅建筑本身体量过大，给居住区环境带来压力，人在高层住宅群的院落环境中活动的时候，已经完全没有亲切的尺度，高楼大厦的混凝土森林成了住宅区中的主宰。同时高层住宅所形成的巨大阴影面积，也是与园林环境结合不理想的表现，同时高层组合形式也多样(图4.17)。

尽管高层住宅能够比较快地解决城市居民的居住面积提高问题，但是高层住宅正在引起的由于密度过高带来的城市环境恶化、

图 4.16 哈尔滨天鹅湾高层楼盘鸟瞰图
资料来源：哈尔滨规划局

63

布局方式	总图示意	布局方式	总图示意
行列式布局		散点式布局	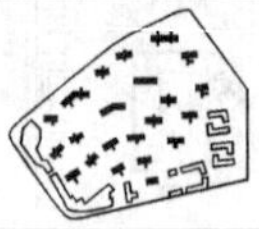
周边式布局		综合式布局	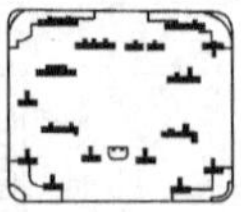

图 4.17　高层住宅平面组合形式
资料来源：本书编写组.

交通状况恶化等负面影响已经显现。从通风、采光等因素考虑，中高层板式住宅的健康性相对于其他高层住宅较好。

4.3　居住区规划的基本原理与方法

4.3.1　低碳生态住宅规划与设计的基本方法

1. 生态住宅的相关要求

中国政府于1993年3月编制完成并公布了《中国21世纪议程——中国21世纪人口、环境与发展白皮书》，为中国的长远发展制定了战略措施，也为中国政府和中国人民对履行全球《21世纪议程》的庄严承诺做出贡献。

具体到建筑领域，在2001年之前，已经有不同的政府部门和组织制定了若干的规范、要求，力图引导建筑的发展方向。但是由于令出多门、各自为政，总的来说还是处于一种支离破碎的状态。2001年5月27日建设部通过了《绿色生态住宅小区建设要点与技术导则》（以下简称《导则》）的评审，结束了这种不正常的现象。《导则》主管部门是中华人民共和国建设部；主编单位是建设部住宅产业化促进中心。它在我国首次明确提出了"绿色生态小区"的概念、内涵和技术原则。

《导则》对绿色生态住宅小区做了以下总体性、原则性的要求，现摘要如下。

（1）绿色生态住宅小区（以下简称为生态小区）建设应符合国家关于生态环境建设的总体方针、政策，并符合地方总体规划与建设要求。

（2）生态小区建设应充分体现节能原则。并应根据当地的自然条件。采用适宜的建筑节能措施使生态小区的建筑节能达到国家规定的标准。

（3）生态小区建设应充分考虑绿色能源（如太阳能、风能、地热能、废热资源等）的使用，绿色能源的使用率应达到一定的水平。使用常规能源时应进行能源系统优化。

（4）生态小区建设应充分考虑节地原则。应合理规划住宅、少建、道路、公共绿地等项目的用地，以提高土地使用效率；提倡采用先进的建筑体系，以提高住宅的有效使用面积和耐久年限；在国家规定的范围内限期淘汰黏土实心砖等建筑材料。

(5) 生态小区建设应充分体现节约资源原则，尤其要注重节水技术与水资源循环利用技术。应尽量使用可重复利用材料、可循环利用材料和再生材料(3R 材料)。充分节约各种不可再生资源和国家短缺资源。

(6) 生态小区建设应自始至终贯彻生态环境保护原则。应充分考虑小区建设及其运行过程中的生态环境保护问题尤其应尽量保护好开发地点原有的植被、文化古迹与人文景观，并应对生态小区进行全寿命周期管理，以促进我国的城市生态环境建设。

(7) 在生态小区的建设中应注重推广使用适度超前、优化集成的技术体系和产品体系，尤其是采用有关节能、节水的绿色环保技术和产品。

(8) 生态小区建设必须实行严格的质量控制，并达到国家的工程验收标准提高工程的优良品率，创优质工程。

(9) 生态小区建设应以人为本，应将住宅建设紧密地与环境及人类的生活本身融为一体营造和谐的居住环境与人文环境。

(10) 生态小区建设应达到"商品住宅性能评定方法和指标体系"（试行）中 3A 级商品住宅环境性能指标及有关的性能指标要求。

参照以上条例，具体从以下 9 个方面考虑：①能源系统；②水环境系统；③大气环境系统；④声环境系统；⑤光环境系统；⑥热环境系统；⑦绿化环境系统；⑧废弃物管理与处置系统；⑨绿色建筑材料系统。其目的在于引导住区建设过程中，积极采用适用、先进和集成技术，使能源、资源得到高效、合理的利用，并有效地保护生态环境，达到节能、节水、节地、治污的目的（图 4.18）。

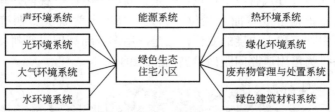

图 4.18　绿色生态住宅区九大生态系统
资料来源：本书编写组.

2. 低碳生态住宅规划与设计的基本方法

1) 低碳生态居住区规划方法

"城市生态住区"是以生态学及城市生态学的基本原理为指导，进行规划、建设、运营、管理的城市人类住区。它是人类社会发展到生态文明阶段的产物，是生态理念在发达城市中的集中体现和象征。城市生态住区建设伴随着生态城市建设而发展起来，是构成城市生态系统物质要素的重要部分，是住区和社区生态规划的融合。因此需要将生态规划的思想和方法纳入到住区规划设计体系中，真正实现一种高效、低耗、无废、无污染的生态平衡的居住环境。在生态城市的规划与建设中，提高城市生态系统的功能，协调城市住区生态关系，使人类在城市空间的利用方式、程度等与自然生态系统的发展相适应。国内外城市生态、城市规划等相关领域学者提出城市生态住区建设目标是建成新型现代化生态文明住区，并使之形成安全、健康、舒适、高质量、高效率的生活居住区。

住宅群体组合的范围，可以大到居住区，小至住宅组团。从建筑的生态设计角度分析，充分从建筑的空间布局及形态即群体间形成的建筑外环境的角度进行规划和设计。首先要明确一个重要的规划指标——容积率的确定。在生态设计思想指导下，容积率不仅取决于各项政策法规关于土地开发强度、城市人口分布等规定，同时还要考虑到特定区域内的生态容量。使容积率规定范围内的建筑容量、形态、人口密度等因素所造成的物质、能量的吸收与消耗能在一定范围内得以平衡。局部层面上不仅保证了居住生活质量的要求，而且也兼顾到宏观层面上的生态平衡，做到真正意义上的可持续发展。具体将从住宅群体组合中所涉及的要素：建筑布局与户外空间（包括绿化系统等）、道路、水处理系统、垃圾处理系统等逐项加以说明。

（1）住宅建筑群体布局与户外空间。建筑是住宅群体组合中最基本、最重要的要素，住宅群体组合首先便是建筑物的组合。建筑物包括大量性的主体建筑即住宅以及少量的公共建筑。建筑的组合涉及的生态因素包括气候、地理环境条件、节约能源等，而其宗旨始终围绕人与自然和谐发展这个核心。

气候与地理条件是从生态思想出发的群体组合所首先遵循的原则。光与风是气候条件中两项基本要素，阳光于人类的健康及心理都是有利的，争取建筑良好的朝向及间距也早为人们的设计所采纳。然而过多的阳光照射在夏季里又会过热、引起眩光，在保证良好朝向的同时，也考虑夏季的遮阳措施，这一点将在单体设计中具体分析。

利用群体组合形成适应气候条件的布局，值得深入系统地分析。采用低层、多层、高层的建筑形式，利用联排、并列等方式形成点状、线型，包围的面体等组合布局，调整采光与通风效果。例如蜀都新城总体布局表现为南面布置层数较低的住宅，向北层数逐渐加高。这类混合行列式布置方式有以下特点：一是，高层住宅以一梯两户单元式为主，几个单元相互拼接，有意识地形成弯曲和错位；二是，高度上为解决日照遮挡问题和活跃形象，往往采取较自由跌落和大幅度的变化；三是，用多层和高层进行拼接，整体上南低北高，街坊的最后一排为借用道路间距而最高（图 4.19）。

图 4.19　成都蜀都新城规划
资料来源：浙江城建设计集团.

在干热地区尽量创造阴影空间,并形成自然贯穿的通风效果,在北方地区尽量形成有光照的活动空间,并以辅助用房等隔绝冷风与噪声。结合地理环境条件,利用天然地形,建筑布局因地制宜,灵活不拘。并充分保有原有的绿化等环境条件,尽量降低密度,提高绿化率,创造与自然充分融合的住宅群体环境。

群体组合中,住宅单体的选择也尤为重要,大进深的平面形式利于节地。建筑体形系数也是一个重要因素。尤其在冬季保温要求方面,据测算,体型系数每增长 0.01,耗热量指标约增长 $0.7W/m^2$。所以应适当地加大进深与减少平面的凹凸,从而降低体型系数,减少热损失,节约能源,群体布局中对于能源供应管线设计也要充分考虑,力争简捷合理,减少过程中的能源损失。

户外空间是指建筑实体以外的空间。它包括绿地空间(包括景观水景等)及场地空间(包括人行道等)。这部分空间在形成群体环境特征及满足人们的视觉、心理、生活要求方面起到极为重要的作用。群体环境的优劣,在一般意义上成为生态住区的衡量标准。因为强调人与自然和谐的生态设计在一定程度上便是要创造建筑融于绿化、水池等自然山水中的田园风光,使人们能够亲近自然,提高生活居住质量,同时也达到对自然山水的尊重与保护。

在生态原则指导下的户外空间组织,还应强调其在调节微气候方面的重要作用。在围合或半围合的建筑群中组织下沉式广场,能提供人的交往空间,促进气流的汇聚,改善局部的风环境。园林绿化的水景,水分蒸发能降低环境温度,又增加空气湿度。建筑底层局部架空,则能增加地面活动面积和绿化面积,同时还可以减弱对风流的阻挡,有利于形成群体环境的自然通风,如图 4.20 所示。

图 4.20　小区内丰富的户外公共空间
资料来源:城设(建设)建筑师事务所有限公司.

(2)道路系统。道路线型及形式的设计,不仅要考虑到与城市道路的衔接,居民交通流向,空间组织及景观设计等因素,从生态设计思想出发的道路设计更强调在以上考虑之外,对地形条件的充分利用及与绿化的有效结合,如图 4.21 所示。

道路系统是组织空间和感受空间效果的主要路线,其自身也是人们体验群体环境的场所。

结合不同的绿化种植形式限定街道空间，力争在视觉及心理感受上达到与自然的融合。道路上来往的车辆产生的噪音及浊气也可以通过两旁的绿化进行屏蔽与净化作用。现在更有利用新型道路材料，内植绿化，形成生态道路系统，从控制车速、减轻噪音、吸附尾气的方面起作用。

道路系统中还包括停车场的设置，停车空间同样可以做到与自然生态环境的有机结合。停车场的设置完全结合地形，可做于地下，上覆土种植绿化，也可于底部架空层或于露天，地面同样可种植绿化，并采用新型材料收集雨水，使其不仅是停车空间，同时也是一个自然生态调节点。

（3）生态住区水环境系统。生态住区水环境系统是以高新技术为先导，以可持续发展为战略，体现节约资源、减少污染以及与周围生态环境相融共生的原则，为创造健康、舒适的居住环境服务。当前，回归自然的生活模式逐渐成为主流；我国正在将现有的生产模式从资源消耗型转变为资源节约型的清洁生产模式。

图 4.21 人车分行的道路系统
资料来源：www.baidu.com

由于住区的社会性、人文性，只有建立良好的生态住区水环境系统，才会有良好的社会、环境、经济效益，生态住区水环境系统是实施全球人居可持续发展战略 3 大主题、3 种模式与 3 个效益的协调一致，有力地促进可持续发展。

水的生态循环可大大提高用水效率。据专家测算，如果以城市供水量为基准值 100% 计算，采取以下方式可以将用水效率提高到 120%、180%，甚至 300%。由此可见，城市用水规划中的总量平衡是十分重要的。要提高用水效率，就必须优化组合各种可行的节水、水回用和水循环利用方案。

许多发达国家都采用复式分质供水系统，即按不同用途供给不同水质的水的方式。对于工业用水、民用冲厕等用途就可以节约大量的饮用水水源，并把废水处理后的再生水作为低质水再利用，构成优质饮用水与低质杂用水分别供给的供水系统。香港的住宅创造性地采用引用海水冲洗厕所的做法。也可以利用积存的雨水冲洗厕所或浇灌庭园植物，这些措施为人们的住宅群体组合中考虑水的要素提供了新思路。

要注意居住区雨水的收集与利用，可以在小区院落中间规划雨水渗透池，回收雨水（图 4.22）。比如景观水池也可用做蓄水池，

图 4.22 居住区中规划雨水回收渗透池
资料来源：ARUP. 北京长辛店低碳社区概念规划［J］. 城市建筑，2010(2).

通过引道收集雨水，可调节微气候，亦可用于浇灌庭院中的花草树木(图4.23)。还有采用新型蓄水材料，收集雨水，并汇集一起使用。植树种草也可涵养水分，保持水土。在条件允许的范围内，尽量设置污水回收处理系统，以便循环使用。住宅内部也可以采用带有较灵敏的温度控制装置的节能节水设备，如感应性水龙头开关，节水型抽水马桶等。

图4.23 居住区雨水回收和利用

资料来源：任继鑫. 节能理念指导下的居住区规划研究［D］. 长沙：湖南大学，2007.

（4）垃圾处理系统。住宅中的人群，日常生活产生的垃圾成为城市垃圾中的主要部分。这部分生活垃圾包括入户时装修产生的垃圾及日常生活中大量的垃圾。在考虑群体组合设计时，不可避免地要考虑垃圾的回收及处理。根据城市总体规划，设定垃圾处理站的规模及设置点。而关系到住宅群的便是必不可少的垃圾分类回收点，在日本将生活垃圾大致分为可燃垃圾、不可燃垃圾、资源垃圾、大垃圾、有害垃圾和地方政府不能处理的垃圾等，在住宅周围，不同类型垃圾设不同的回收点，之后分别采取措施，进行回收，再利用或掩埋。而居民家中也备有几个垃圾筒，便于分类收集。

2) 生态住宅设计方法

住宅的设计涉及平面布局的合理性、面积标准、空间造型、厅卧厨卫的设计等十分广泛的范围。从生态设计思想出发所进行的住宅设计所需考虑的几个方面，在满足人的健康、舒适、安全等生理、心理要求的同时，也具有良好的生态环境效益，是同时兼顾到人和自然双方利益的生态建筑艺术创作。结合住宅设计的相关要素，逐项论述具体设计方法。

（1）结合气候的设计手法。人类建造房屋的最初动机，便是用来抵御自然气候的侵害。然而随着科技手段、艺术创作能力的日渐成熟，这最初的目的也逐渐被忽略。在人类确立了可持续发展思想，引入生态设计思想之后，回归气候设计得到了充分的重视。

住宅平面布局，首先根据当地气候，决定采光门窗的大小、朝向及形式。南向采光效率高，同时结合遮阳装置等措施可以控制利用天然光源带来的辐射热。东、西向在冬季受到的阳光辐射较少，北向一直得不到充足的阳光，因此，这3个朝向的房间不宜利用阳光取暖，而且，玻璃窗开得越大越多，室内的热量散失也越快。因此，这3个朝向的房间宜少开窗、开小窗，以利于节能。东、西墙面采光可改变窗的方位和朝向，如凸窗增大进光面积，凹窗限制光通量，获得相对较佳的采光效果。天然光线的引入也能为建筑艺术造型及室内空间的塑造提供强烈的感染力，建筑形象也因不同地区对阳光的需求不同，而具有明显的地方特色，南方开敞，北方厚实。

　　自然通风带给室内新鲜的空气，增加人体舒适感，夏天还能排除房间余热，但冬季冷风亦会带来寒冷的不适感。在安排住宅的自然通风时，总体上注意高温地区使建筑迎向夏季主导风向，利用天然风压的作用，高寒地区则要避开冬季主导风向，防止冷风从门窗等处的渗透。住宅建筑的体型对建筑的风环境影响很大。对于高层建筑，风压成为建筑受力的主要方面进而影响到基础、结构的设计，从而关系到建筑建造的合理性及造价。因而，对于高层住宅，尤其是有防寒保温要求的地区的住宅，建筑物形体塑造时可优先考虑将迎风面做成顺应风向的流线型或斜线型。对于要求良好通风的干热地区，建筑可由上至下做成斜向、引导风向流向架空或开口的下部，形成良好的通风环境（图4.24）。

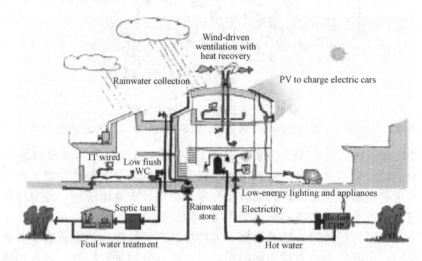

图4.24　住宅整体自然通风致凉系统
资料来源：Chris Twinn. Bed ZED. The ARUP Journal. 2003.

　　(2) 结合环境的设计方法。在住宅总体布局考虑结合地段环境基础上，深入到单体设计中就要注意住宅平面功能，形状的组织，达到使用舒适、节地节能的目的；另一方面，结合环境景观要素，达到室内外景观相互渗透的视觉、心理效果。考虑到地段环境的平面布局，首先要因地制宜，结合地段的地理地貌，或依山傍势，或顺应原有树木河流、道路，减少对环境的破坏，采取合理的建筑形体，控制体型系数，达到节地节能的目的。香港鹿山湾住宅区处于环境受保护的山地风景区，在保持建筑轮廓线在法律规定限制内，整个住宅区通过灵活的平面布局，形成蜿蜒的龙形，同高低起伏的天然地形相协调，共同创造了如画的环境景观。

　　环境景观要素是结合地段设计所要考虑的重点，无论对于地段中的天然景观要素如海景、湖景、山林、公园，还是群体组合设计中人工创造的景观如绿地、喷泉、小品、广场等，充分因借，引入到住宅内部视线范围，增加人在室内空间的视域感、提高居住者的心理愉悦感（图4.25）。面向景观可以采用通透宽敞的玻璃充分吸纳美景，亦可根据朝向等限制开小窗框景，同样能产生戏剧性的心理感受。还可以通过室外、半室外的阳台、平台空间使居住者体验室内外环境景观的转换。结合平台绿化，尤其是在高层住宅内，使人随时能够步入"自然"，感受微风与暖阳。

图 4.25 宜人的社区场所空间
资料来源：本书编写组.

3. 低碳化住区建设的途径

低碳社区建设的核心是零能源消耗系统，零能源的设计理念在于最大限度地利用自然能源，减少环境破坏与污染，实现零化石能源使用的目标，实现能源需求与废物处理基本循环利用的居住模式。

低碳社区建设的成功案例——英国的零能耗社区贝丁顿区（图 4.26 和图 4.27），又被称为"贝丁顿能源发展"计划。此计划在 2000—2002 年之间完成，自始至终贯穿着可持续发展及绿色建筑理念。贝丁顿零能源消耗社区的设计原则包括：①零能源消耗，只使用基地内生产的可再生能源及树木废弃物的再生能源；②高品质，提供高品质的公寓；③能源效率，建筑面南，使用 3 层玻璃及热绝缘装置；④水效率，雨水大都回收再利用，并尽可能使用回收水；⑤废弃物回收，设有废弃物收集设施。

图 4.26 英国的零能耗社区总平面
资料来源：Chris Twinn. Bed ZED. The ARUP Journal. 2003.

图 4.27　英国的零能耗社区鸟瞰图
资料来源：Chris Twinn. Bed ZED. The ARUP Journal. 2003.

4.3.2　住宅规划设计发展趋势

1. 生态化、低碳化发展趋势

人类营造环境，根本目的就是为人能够世世代代健康、舒适、安全地生活，然而随着工业发展与城市的发展，环境污染、能源耗尽正威胁着人类的生存和发展。20 世纪 70 年代以来，随着全球环境保护运动的日益扩大和深入，保护自然、减少污染、美化环境等问题得到人们的高度重视，生态化、低碳化住宅应运而生，成为能够面向未来的住宅。

生态住宅是充分考虑与自然界交换达到生态平衡，合理利用能源及各种资源，使住宅充满生命力并积极与环境相互作用的住宅。它不仅有利于环境保护，而且十分有益于人类的健康。从住宅产业发展方向来看，它无疑是解决经济发展与环境污染的有效解决办法，在人、住宅、生态环境之间形成一个良性循环系统。

1) 关心与尊重自然环境

对建筑场地的充分考虑；包括对建筑朝向布局，对地形地势的利用，场地气候条件的影响等；对节约能源的考虑；建筑耗能是建筑物对自然环境的主要间接危害之一，因此如何尽可能多的节能是生态建筑面临的重要问题；对再生能源的利用；在设计中应尽量考虑利用可再生能源，如太阳能、天然能源、风能以及自然通风、降湿等；尽可能利用当地技术、材料，以降低建造成本和建材固化的能量；尽可能使用无污染、易降解、可再生的环境材料。

2) 对居住者的关心

住宅建筑是人们日常起居、生活、工作的环境，建筑的品质关系到人们生活和工作的质量。生态建筑在关心环境保护的同时，仍须关心使用者。这主要表现在如下方面。

尽可能利用自然的方法创造宜人的温度、湿度环境，在尽量减少能耗的同时保证甚至提高舒适度；创造良好的声环境，给使用者一个静谧、宜人的居住、工作环境；良好的照明系统，合理的房屋进深，宜人的光环境；合理的空间布局，宜人的空间环境；对各种使用者的全面考虑，包括残疾人和老年人的无障碍设计；提高安全性，增强防灾能力；完善的通信系统，使使用者方便快捷地与外界沟通。

3）增强使用者与自然的沟通

生态建筑是使用者与自然界之间沟通的桥梁和纽带，而不应该成为隔绝人类与自然的屏障，所以它应尽可能多地将自然的因素引入到使用者周围的建筑空间，这也是生态原则的体现。因此生态住宅设计应尽可能增加自然采光系数，建立建筑物内外协调的自然采光系统；创造良好的通风对流环境，建立自然空气循环系统；建立水循环系统，尽可能将水引入人易疲劳的环境中；建立立体多层次的绿化系统，净化小环境，改善小气候；创造开敞的空间环境，使用者能更方便地接近自然环境。

2. 智能化的趋向

21世纪新住宅的功能将会扩充和转化，知识含量和技术含量将会大幅度增加。生产方式和生活方式的现代化对建筑提出了更新、更高的条件和要求；各行各业的人们追求高效率、高质量、高度安全、高度舒适的生产环境和生活空间。随着"数字化生存"时代的来临，智能化将象家用电器一样，成为住宅不可缺少的部分。智能化住宅实质上是将各种家庭自动化设备、计算机网络系统与建筑技术及艺术有机结合的产物，运用新技术使居住环境人格化、人性化，使人们的工作效率和生活质量大大提高，进一步改善了人类居住和工作的环境。可以说在21世纪，建筑智能提供的住宅将不再是冰冷无知的混凝土建筑物了，代之而起的是温暖人性化的智慧型住宅。随着信息技术的发展，现代化的住宅被赋予了思想能力。

3. 具有地域特色和创新性的趋向

传统的住宅是以睡眠、休闲、起居、饮食为主要功能的。它是家庭的载体，属于私有的空间。由于信息、通信、计算机的普及和发展，许多工作通过以机器即可高效地分析、处理、传递完成，使人们足不出户也能完成全部或部分的工作。这类居家办公的形式，给个人、家庭和社会带来极大的好处，第一可以做到事业、家庭两不误，第二让人的思想和信息在网络中穿梭，而不必让人在城市里奔波，可以大大减少城市交通、服务、能源等方面的压力，提高劳动效率，减轻环境污染。创新性的个性化住宅是未来住宅的发展趋势。它给人的启迪就是要敢于超越自我的境界，不遵循现行模式，去创造人性化的空间。

4. 立体化的趋向

1）居住空间的立体化

住宅设计的立体化就是在三维的居住空间坐标中化解多种职能矛盾，建立新的立体形态系统，其实质是居住空间的多维度综合利用，促进了土地集约化的使用。打破了原有普通居住空间的单调形式，使室内居住环境富有空间化和层次化，功能分区更加合理（图4.28）。

2）居住区环境的立体化

在城市的更新过程中，土地的利用结构趋向多功能混合。这种土地利用模式意味着城市中的建筑向地上、地面、地下三维空间

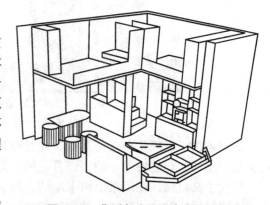

图4.28 典型复式住宅内空间透视
资料来源：严正. 高小慧. 对平面住宅的挑战——李鸿仁复式住宅剖析［J］. 城市规划，1991(5).

发展，构成一个连续的、流动的空间体系，形成所谓的"立体街区"。使土地重新回到综合利用的形态，能够增加居住、工作和游憩活动之间的联系，改善生活工作环境、提高工作效率、陶冶市民情操以及减少交通负荷，易于形成符合城市多元化要求的空间体系，创造出舒适、丰富的居住场所。

  5. 向郊区化发展的趋向

  郊区是城市外围人口与住宅密度较低的部分，是城市市区与广大农村的结合部。我国居住模式的郊区化发展是与城市人口与规模不断扩张相一致的，城市郊区相对低廉的地价是居住模式向郊区扩展的主要原因。居住区郊区化，在一定的程度上，解决了棘手的旧城改造中城市居住的问题。在郊区化的过程中，外迁居民的居住水平从物质条件上得到了提高，改善了原先拥挤、不卫生的居住状况。北京的亚运村、上海的虹桥和浦东、广州的天和、深圳的福田等成功的例证都表明了，郊区化进程为城市的发展注入了生机和活力，保持了城市旺盛的生命力。随着交通运输、信息技术的发展，住宅郊区化已经逐渐步入了稳定发展的阶段，并将还会有更广阔的发展前景。

  6. 住宅建筑设计风格的多样化趋势

  目前，国内住宅开发建设中，住宅建筑风格趋向于多样化发展，尤其近年来欧陆建筑风格住宅风靡一时，对本土住宅造成很大冲击。同时可以看到经过欧陆风格之后，国内住宅发展更加注重对地域的特征元素的挖掘和住宅可识别性的设计。例如，深圳碧海云天楼盘以传统民居作为基础，采用多层坡檐，错落有致，色调清新淡雅的岭南风格，注重楼盘自身的特征和可识别性(图 4.29)。

图 4.29　具有地域特色的岭南风格住宅
资料来源：www.image.baidu.com

  澳洲风格：以现代主义为基础，通过建筑构架、篷架的运用，丰富建筑的立面层次表达了某种海洋文化的特色。招商海月花园、碧华庭居花园等都通过这种风格(图 4.30)。

  现代主义风格：在风格上讲求简洁、朴实现代主义风格本理念，避免多余的装饰，更多地表现材质的对比，适应一种简约的社会风尚。同时通过高耸的建筑外立面和带有强烈金属质感的建筑材料堆积出居住者的炫富感，以国际流行的色调和非对称性的手法，彰显都市感和现代感(图 4.31)。

图 4.30 澳洲风格住宅

资料来源：胡征美. 深圳高层住宅社区模式研究［D］. 天津：天津大学，2004.

图 4.31 现代主义风格住宅

资料来源：本书编写组.

地中海风格住宅：原来是特指沿欧洲地中海北岸沿线的建筑，特别是西班牙、葡萄牙、法国、希腊这些国家南部沿海地区的住宅。地中海风格住宅从建筑的形态上看，采用了很多圆弧形结构，包括墙体、护栏、门窗框架，乃至屋顶上使用的简瓦。外立面颜色温润而醇和，材料粗朴而富有质感，建筑中包含众多回廊，构架和观景平台（图 4.32）。

法式建筑风格：法式住宅十分推崇优雅、高贵和浪漫，追求建筑的诗意和诗境，力求在气质上给人深度的感染。风格则偏于庄重大方，整个建筑多采用对称造型，造型各异，外墙多用石材或仿石材装饰，细节处理上运用了法式廊柱、雕花和线条（图 4.33）。

北京美林香槟小镇借鉴法国小镇的自然形态，尊重以人为本的原则，创造出现代、简约、休闲的法式风格小镇。

图 4.32　地中海风格住宅

资料来源：香港科讯国际出版有限公司. 国际风格楼盘（上册）[M]. 武汉：华中科技大学出版社，2008.

图 4.33　法式风格住宅

资料来源：本书编写组.

4.4　住宅建筑群体组合及空间布局

4.4.1　空间及其限定、层次和变化

1. 空间

空间是由三维的物质要素限定而成的。空间需要人感知其存在，它和发生在其中的生活内容在空间的形式、尺度、比例、质感等物理性要素具有某种程度上的相关性。一个空

间对某些特定的人群来说是有意义的，它是这些人群的个人生活和社会生活的一部分，意味着某种归属。

2. 外部空间构成要素

外部空间的构成要素可分为基本构成要素和辅助构成要素。

基本构成要素是指限定基本空间的建筑物、高大乔木和其他较大尺度的构筑物（如墙体、柱或柱廊、高大的自然地形等）。

辅助构成要素是指用来形成附属空间以丰富基本空间的尺度和层次的较小尺度的三维实体，如矮墙、院门、台阶、灌木和起伏的地形等。

3. 空间的限定

外部空间的形成一般具有3种基本的限定方式：围合、占领、占领间的联系。

在居住区的外部空间中，围合是采用最多的限定和形成外部空间的方式。围合的空间具有以下4个特点。

(1) 具有很强的地段感和私密性。
(2) 易于限定空间界限和提供监视。
(3) 可以减少破坏行为。
(4) 可以增进居民之间的交往和提供户外活动场所。

由此可以看到，围合空间所具有的特点均更适合居住生活的需求，它符合居住空间需要安全性、安定感、归属感和邻里交往的要求，易于提供亲切宜人的、可靠的生活空间，同时也为居住空间层次的形成创造了条件。

4. 居住区外部空间

居住区外部空间一般可分为住宅院落空间、住宅群落空间、居住区公共街区空间和居住区边缘空间四部分。其中，住宅院落空间、住宅群落空间和居住区公共街区空间是规划设计着意塑造的、供居民活动使用的积极空间；而边缘空间则是一些在某些情况下不可避免地形成的消极空间。

积极的外部空间需要能给人以心理上的安定感，并让人易于了解和把握，从而使人在其中能安心地进行活动，积极的外部空间也需要具有良好的通达性，使人易于接近和到达。因此，相对完整的、较多出入口的（不论是建筑的出入口还是通路的出入口）空间是形成积极的外部空间的基本条件。

不同的外部空间依据其不同的生活内容和规划概念，可采用不同的空间限定方式来形成。一般情况下，在住宅院落空间的构筑上较多地运用围合的空间限定方式；在住宅群落空间和由点状或塔状住宅限定的住宅院落空间的构筑中，较多地运用实体占领空间的扩张联系来进行空间限定；而实体占领的空间限定方式则较多地运用在少量高层住宅的空间限定、街区公共空间及居住区整体空间的重点部分，常见的情况是，在一个居住区的外部空间构筑中，上述3种空间限定方式往往根据具体的条件（如外部环境、住宅的层数、地形地貌等）以及规划的构思（如规划的结构等）综合加以运用（图4.34）。

空间有流动的带形空间和静止的院落空间两种基本类型。在具体的居住区规划设计中往往将这两种基本空间类型进行有机组合，营造具有变化和特征的居住区空间景观。

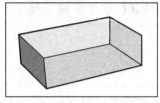 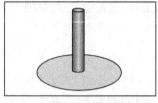 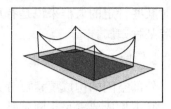

| 实体围合形成空间 | 实体占领形成空间 | 占领物围合形成空间 |

图 4.34　空间限定方式
资料来源：本书编写组.

5. 空间的围合程度

1) 平面围合（图 4.35）

围合空间形成的关键在平面。在平面上，使空间具有围合感的关键在于空间边角的封闭，不论采用哪种方式，只要将空间的边角封闭起来就易于形成图合空间。同时，在立体上，围合空间的比例则关系到空间的心理感受，过大的 D/H（建筑间距与建筑高度之比）会使人感觉不稳定甚至失去空间在平面上构筑的围合性，而过小的 D/H 会使人感到压抑。因此，营造围合空间必须对它的平面和立体关系同时进行分析。

围合空的平面围合程度可分为强围合、部分围合和弱围合 3 类，根据其围合的空间比例则也可分为全围合、界限图合和最小图合 3 种。越是完整的空间形态其围合感越强；一般来说，居住区的外部空间的 D/H 在 1~3 之间为宜。

弱围合的空间常常用在住宅群落空间和居住区街区空间中；部分围合的空间也常常用在居住区街区空间的局部地段；而界限围合、最小围合的空间比例则经常出现在诸如集中绿地、商业街区等住宅群落和居住区街区空间中。

2) 立面围合（图 4.36）

空间的立面围合主要体现在街道空间的比例尺度上。在居住区中，街道空间是一种不同于院落空间的线形空间，它与街道生活密切相关。根据街道所处的空间位置可以将它归入空间的不同层次中，不同功能或位置的街道具有不同意义的街道生活内容，因此，街道空间的比例与尺度应同样予以重视。

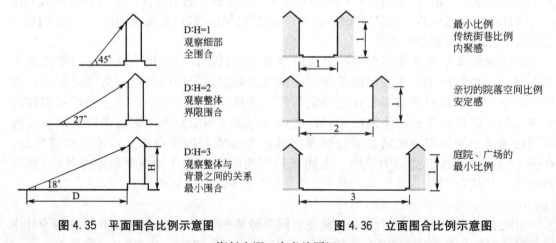

图 4.35　平面围合比例示意图　　　　图 4.36　立面围合比例示意图

资料来源：本书编写组.

一般认为,一种使人感到亲切舒适并适宜生活的街道空间的D/H为1,而D/H大于4的空间会使人感觉是一个广场或庭院。在传统的街道中,D/H为1的街道空间比例一般均属于住宅街区中的生活性街道。

3) 居住生活与空间层次的构筑

一般一个城市感觉亲切的外部空间距离为20~25m。因此可以认为,在居住区中街道的宽度一般不宜超过这个尺度。同时,一个能够观察人行为的最大距离一般是150~200m,所以,居住区中低等级的街道(或道路)其直线段一般也不宜大于这个距离。

居住区居民的生活活动一般可分为个人性活动和社会性活动两类或必要性活动和自发性活动两类。而以上两种分类是相互重叠的,如上学,既是个人性活动又是必要性活动;如交往,既是社会性活动也是自发性活动等。

社会性活动和自发性活动是居住区规划设计所期望达到的社区文明目标的重要内容。如果考察居住区各个空间层次中的生活活动就可以发现,每一空间层次都有相对固定的自发性社会活动和个人生活活动内容,如在半私密空间中的幼儿和儿童游戏活动、邻居间的交往活动;在半公共空间中的老年人健身、消闲活动,邻里交往、散步,青少年的体育活动以及家庭的休闲活动。自发性活动只有在适宜的空间环境中才会发生,而社会性活动则需要有一个相应的人群能够适宜的进行活动的空间环境,这样的一种"适宜的"空间环境的塑造除了形式、比例、尺度等设计因素外,首先要考虑与这种活动相关的适宜的空间层次的构筑。

空间的围合程度和各层次空间的衔接点的处理是构筑有层次的空间的关键。往往围合程度越强的空间暗示着空间的私密性越强,而围合程度越弱的空间则具有越强的公共性。

领域感与空间层次会给予居民个人自豪感,营造空间的层次能使空间个人化并让居民去体现他们的个性,给予居民一个清晰的、属于他的空间的领地的概念,将有助于减少破坏。

各层次空间衔接点(或称空间节点)是否经过处理在很大程度上影响着各空间层次是否真正存在及所能起到的实际作用。界定两个空间层次的空间节点必须经过处理,不论是采用何种方式,如过渡、转折或对比,目的在于暗示某种空间的性质和空间的界限,使人有"进与出"的感觉变化,从而保证各空间层次的相对完整和独立性,满足各种活动对空间的领域感、归属感和安全感的要求,使人们在其中自然、舒适和安定地生活与活动。

5. 外部空间设计手法

1) 对比与变化

在内部空间处理时,经常利用空间在大与小、高与低、开敞与封闭以及不同形状之间的显著差异进行对比,将可以破除单调而求得变化。

关于空间对比手法的运用,大概要以我国古典建筑最为普遍并最卓有成效了。这是因为我国古典建筑主要是通过群体组合而求得变化的。例如古典的园林建筑,特别是江南一带的私家庭园,由于地处市井,经营的范围受到限制,为求得小中见大的效果,一般都是本着欲扬先抑的原则,以小空间来衬托大空间,这就是利用大小不同、形状不同、开敞与封闭的程度不同,而且气氛上也各不同——有的严谨整齐,有的自然曲折,把这些空间连接在一起,无论从哪一处空间院落走进另一处空间院落,都可以借上述诸因素的对比而充满变化,从而使人有应接不暇之感。除园林建筑外,一般的宫殿、寺院、陵墓等建筑,由于气氛上要求庄严、肃穆，多采用对称的布局形式，这虽不及园林建筑活泼多变，但不排斥利用空间对比的手法来破除可能出现的单调感。例如曲阜孔庙和北京故宫，尽管规模大、轴线长、空间多、并且又都沿着一条轴线而依次串联，但由于充分利用空间的对比作用，却并不使人感到单调。

国外建筑也有类似的情况。例如著名的圣·马可广场，平面呈曲尺形，既狭长又封闭，特别是临湖的那一段不仅狭窄而且还愈收愈紧，处于其中视野极度收束，然而一旦走到尽端便顿觉开朗。

当前的一些建筑，如广州矿泉别墅、紫竹院公园南门等，也都注意到运用外部空间对比的手法来取得效果。但总的讲来，对于我国古典建筑这一传统手法的继承还是十分不够的。这可能是由于这样一种错误见解所造成的，即以为群众不习惯于又小又封闭的空间，以致连利用它来陪衬大空间的可能性都被剥夺得一干二净。须知，如果没有较小、较封闭的空间与之对比，即使是很大的空间，也将大而不见其大，依然不能给人以开朗的感觉。

2）外部空间的渗透与层次

外部空间通过分隔与联系的处理，也可以使若干空间互相渗透从而丰富空间的层次变化。如果说外部空间较内部空间有什么差别的话，那只是各自所使用的手段和方法不同而已。在室内，主要是借不同形式的隔断、楼梯、夹层、家具等来分隔房间，以使被分隔的空间互相渗透而达到增强空间层次变化的目的；而在外部空间处理中，所凭借的则是另外一些手段和方法以期达到与上述完全相同的目的。

在外部空间处理中为了获得丰富的空间层次变化，可以把上述某一种手段和方法重复地使用，例如通过一重又一重的门洞去看某一对象；也可以综合地运用上述某几种手段和方法，通过树丛、门洞、雕像的空隙……去看某一对象。这样，空间就不限于内、外两个层次，而可使3个、4个、乃至更多层次的空间互相渗透，从而造成无限深远的感觉。

由于采用框架结构，国外某些楼房，往往把底层处理成为透空的形式，这就使得人们可以透过底层从一侧空间去看另一侧空间内的景物，从而使被建筑物隔开的两侧的空间互相渗透。勒·柯布西耶就善于利用这种方法来取得效果，他设计的许多建筑就是采用这种形式。巴西建筑师尼迈耶也很推崇这种形式，其原因之一就是人的视线可穿透建筑从一侧看到另一侧，而不致因为巨大的板式建筑像一面屏障那样把人的视线完全隔绝，从而使人感到阻塞。

在群体组合中，采用自由布局的形式，往往可以采用建筑体形的交错、转折，特别是透过相邻建筑之间的空隙而看到一重又一重的空间，这也是获得空间渗透和层次变化的一种好方法。国内外有不少居住建筑群即是通过这种布局而使空间显得既深远而又富有层次感。

综合利用上述各种手段和方法，将可以大大地丰富空间的层次变化。国外有许多群体组合的例子，其空间层次变化极为丰富，给人的感觉无限深远，细分析起来不外就是综合运用上述各种手法的结果。

3）外部空间的序列组织

当两个以上的空间连接在一起，就会产生一个先后顺序的安排问题。这主要涉及当由一个空间进入另一个空间时，人的心理感受会发生什么样的变化。这就要求从连续进程的过程中来考虑建筑物群体组合的空间组织，这是一个带有全局性的问题，它关系到群体组合的整个布局。

空间的序列与空间的层次有很多相似的地方，他们都是讲一系列空间相互关联的方法。如果在一个空间中欣赏几个相互渗透的空间时，获得的是空间的层次感。而当依次由一个空间走向另一个空间，通过对不同空间的亲身体验，最终获得的是对空间序列的感受。所以空间序列的设计更注重的是考察人的空间行为，并以此为依据涉及空间的整体结构及各个空间的具体形态。

外部空间的序列组织和人流活动的关系十分密切。一般来说，外部空间的序列组织首先必须考虑主要人流必经的路线，其次还要兼顾到其他各种人流活动的可能性。只有这样，才能保证无论沿着哪一条流线活动，都能看到一连串系统的、连续的画面，从而给人留下深刻的印象。

结合功能、地形、人流活动特点，外部空间的程序组织可以分为以下几种基本类型。

（1）沿着一条轴线向纵深方向逐一展开。各主要空间沿着一条纵轴逐一展开的空间序列，人流路线的方向比较明确，头绪比较单一。这种序列视建筑群的规模大小一般可以由开始段、引导过渡段、高潮前准备段、高潮段、结尾段等不同的区段组成。人们经过这些区段，空间忽大忽小、忽宽忽窄、时而开敞时而封闭，配合着建筑体形的起伏变化，不仅可以形成强烈的节奏感，同时还能借这种节奏而使序列本身成为一种有机、统一、完整的过程。

（2）沿纵向主轴线和横向副轴线作纵、横向展开。我国传统的建筑，特别是宫殿、寺院建筑，其群体布局多按轴线对称的原则，沿一条中轴线把众多的建筑依次排列在这条轴线之上或其左右两侧，由此而产生的空间序列就是沿轴线的纵深方向逐一展开的。这种手法可以使一个规模很大的用地，主要部分空间序列极富变化，并且这种变化又都是围绕着某个主题而有条不紊展开的，于是就可以把许多个空间纳入到一条完整、统一、和谐的序列之中。

（3）沿纵向主轴线和斜向副轴线同时展开。在群体组合中一般则以轴线转折的方法来缩短每一段轴线的长度，从而避免由于轴线过长而可能出现的单调感。

（4）作迂回、循环形式的展开。除借轴线引导来组织空间序列外，还有一种形式的空间序列——迂回、循环形式的空间序列。它既不对称，又没有明确的轴线引导关系，然而单凭空间的巧妙组织和安排，却也能诱导人们大体上沿着某几个方向，经由不同的路线由一个空间走向另一个空间，直至走完整个空间序列，这种序列的特别是比较灵活：既可以沿着这条路线走，又可以沿着另外一条路线走，不论是正走或是逆转，乃至迂回循环，都无妨大局，甚至都能于不经意中获得意想不到的效果。

4.4.2 住宅群体组合考虑的因素

1. 住宅建筑群体空间组合考虑因素

在创造室外空间时，主要应考虑两个方面的问题，即内在因素与外在因素。建筑本身的功能、经济及美观的问题，基本上属于内在的因素，而自然环境(气象、湿度、降水)、市政环境(交通、水、电、暖、燃)、人文环境(风俗习惯、生活条件)、法规环境(消防、人防、绿化、环保)、城市规划(用地控制、产权界线、用地性质、容积率、建筑密度、建筑控制)、技术经济因素(经济条件、材料技术、施工技术)、周围环境(有利因素、不利因素)、场地环境(建筑物群体、场地及道路、绿化设施、建筑小品、雕塑、壁画、灯光)等方面的要求,则常是外在的因素。

在进行室外空间组合时,内在因素常表现为功能与经济、功能与美观以及经济与美观的矛盾,而这些内在矛盾的不断出现与解决,往往又是室外空间组合方案构思的重要依据。

一般这些内在因素所引起的矛盾、解决的方法可以是多种多样的,究竟选择哪种方式好,需结合外在因素的具体条件和多种因素加以综合的思考与推敲,也就是人们经常讲的要"因地制宜、因时制宜和因材制宜",方能找到较为理想的空间组合方法。

因为合理的室外空间组合,不仅能够解决室内各个空间之间的适宜的联系方式,而且还可以从总体关系中解决采光、通风、朝向、交通等方面的功能问题和独特的艺术造型效果,并可做到布局紧凑和节约用地,使其产生一定的经济效益。此外,有机的处理个体与群体、空间与体形、绿化与小品之间的关系,使建筑的空间体形与周围环境相互协调,不仅可以增强建筑本身的美观,又可丰富城市环境的艺术面貌。

住宅建筑群体空间组合应该考虑三方面的因素:①构筑适宜在其中进行各类户外生活活动的空间环境;②满足住户户内的基本生理和物理要求,满足住宅间基本的安全和心理要求;③形成良好而富有特征的景观。

与居民户内外居住生活的生理和物理条件相关的因素有日照、日照间距、自然通风、住宅朝向和噪声防治5个方面。在居住区规划设计中通过何种方式来满足这些条件,应该综合考虑长期的经济效益和环境效益,充分地利用自然条件、最大可能地减少环境负担,是居住区规划设计包括住宅建筑设计必须慎重考虑的问题。

2. 影响居民户内外居住生活的生理和物理因素

1) 住宅日照

住宅日照指居室内获得太阳的直接照射。日照标准是用来控制住宅日照是否满足户内居住条件的技术标准。日照标准是按在某一规定的时日住宅底层房间获得满窗的连续日照时间不低于某一规定的时间来规定的。国标《城市居住区规划设计规范》中根据我国不同的气候分区规定了相应的日照标准(表4-2),同时还要求一套住房中必须有一间主要居室满足日照标准。

与日照直接相关的是气温。这里所指的气温,所采用的温度值是平均值,极端的不予考虑、沿用气象温度,而不用表面温度。与室外实际的温差需要建筑及建筑布局来解决,温差越大,解决需求越大,对建筑的要求越高。越是极端的温度条件,与理想温差越大,建筑越应该抱团做。例如北方城市居住小区多采用院落围合式,就是为了从布局上改善微环境,提高室外温度。

表4-2 我国住宅建筑日照标准

建筑气候区划	Ⅰ、Ⅱ、Ⅲ、Ⅶ气候区		Ⅳ气候区		Ⅴ、Ⅵ气候区
	大城市	中小城市	大城市	中小城市	
日照标准日	大寒日				冬至日
日照时数(小时)	≥2		≥3		≥1
有效日照时间带(小时)	8~16				9~15
计算起点	底层窗台				

资料来源:中华人民共和国建设部. 城市居住区规划设计规范(GB 50180—93,2002年版)

2）日照间距

日照间距是指前后两排房屋之间，为了保证后排的住宅能在规定的时日获得所需的日照量而必须保持的距离，如图4.37所示。

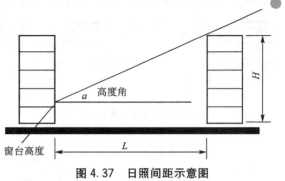

图4.37　日照间距示意图
资料来源：本书编写组.

日照间距一般采用 H∶D（即前排房屋高度与前后排住宅之间的距离之比）来表示，经常以 1∶1.0；1∶1.2；1∶0.8；1∶2.0 等形式出现，它表示的是日照间距与前排房屋高度的倍数关系。如前排房屋为6层，高度为18m，要求日照间距是1∶1.2，则该日照间距的实际距离应是21.6m。

住宅间距包括住宅前后（正面和背面）以及两侧（侧面）的距离。对低层、多层和高度小于24m的中高层住宅，其前后间距不得小于规定的日照间距，其两侧间距考虑通道和消防要求一般侧面无窗时不得小于6m，侧面有窗时不得小于8m。对高度大于24m的中高层住宅和高层住宅，其后面的间距应作日照分析后确定，其前面的间距应按照其前面住宅的高度来决定是采用规定的日照间距还是进行日照分析，其侧面间距一般要求不小于13m。

建筑间距的控制要求不仅仅是保证每家住户均能获得基本的日照量和住宅的安全要求，同时还要考虑一些户外场地的日照需要，如幼儿和儿童游戏场地、老年人活动场地和其他一些公共绿地，以及由于视线干扰引起的私密性保证问题。

任何一种建筑形式和建筑布置方式在我国大部分地区均会产生终年的阴影区。终年阴影区的产生与建筑的外形、建筑的布置有关，因此，在考虑建筑外形的设计和建筑的布局时，需要对住宅建筑群体或单体的日照情况进行分析，避免那些需要日照的户外场地处于终年的阴影区中（图4.38）。

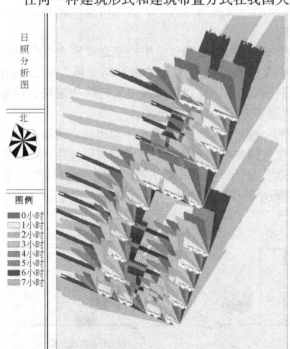

图4.38　建筑阴影区示意图
资料来源：本书编写组.

由视线干扰引起的住户私密性保证问题，有住户与住户的窗户间和住户与户外通路或场地间两个方面。住户与住户的窗户间的视线干扰主要应该通过住宅设计、住宅群体组合布局以及住宅间距的合理控制来避免，而住户与户外道路或场地间的视线干扰可以通过植物、竖向变化等视线遮挡的处理方法来解决。

3）自然通风

是指空气借助风压或热压而流动，使室内外空气得以交换。居住区的自然通风在夏季气候炎热的地区尤为重要，如我国的长江中下游地区和华南地区。

与建筑自然通风效果有关的因素有以下几个方面(图 4.39)。

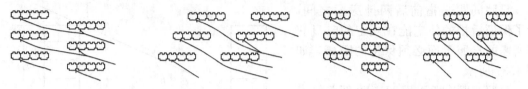

图 4.39　建筑通风示意图

资料来源：朱家瑾. 居住区规划设计［M］. 北京：中国建筑工业出版社，2000.

对于建筑本身而言，有建筑的高度、进深、长度、外形和迎风方位。

对于建筑群体而言，有建筑的间距、排列组合方式和建筑群体的迎风方位。

对于居住区规划而言，有居住区的合理选址以及居住区道路、绿地、水面的合理布局。

4) 噪声防治

居住区的噪声源主要来自3个方面：交通噪声、人群活动噪声和工业生产噪声。居住区噪声的防治可以从居住区的选址、区内外道路与交通的合理组织、区内噪声源相对集中以及通过绿化和建筑的合理布置等方面来进行。

交通噪声主要来自区内外的地面交通的噪声，当然对来自空中的交通噪声也必须在居住区选址时加以注意。对于来自区外的城市交通噪声主要采用"避"与"隔"的方法处理，而对于产生于区内的交通噪声则通过居住区自身的规划布局在交通组织和道路、停车设施布局上，采用分区或隔离的方法来降低噪声对居住环境的影响。

居住区的人群活动噪声主要来自于区内的一些公共设施，如学校、菜市场和青少年活动场地等。这些噪声强度不大，间歇而定时出现，同时在许多情况下考虑到居民使用的方便而需要将这些场地靠近住宅布置。因此，对于这些易于产生较大的人群活动噪声的设施，一般在居民使用便利的距离内，考虑安排在影响面最小的位置并尽量采取一定的隔离措施(图 4.40)。

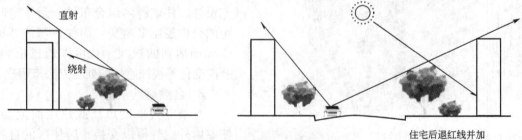

图 4.40　建筑噪声降低示意图

资料来源：本书编写组.

工业噪声主要来自于居住区外少量现存工业。居住区内部设置工业必须符合要求，其噪声主要采取防护隔离措施。

为了有效保证居住区生活环境的质量，针对居住区所处的位置分别实行不向的噪声控制标准。国际标准组织（ISO）制定的居住环境室外允许噪声标难为35~45dB。

住宅群体组合的基础是户外居住空间的构筑，以便为居民的户外生活活动提供良好的环境。从丰富居住区景观和塑造居住区景观特色的角度来说，住宅群体的组合应该考虑多样化。

4.4.3 住宅群体组合

1. 平面组合基本形式

住宅群体平面组合的基本形式有行列式、周边式、点群式、混合式和自由式5种。

（1）行列式（图4.41）。是指条形住宅或联排式住宅按一定朝向和间距成行成列的布置形式，在我国大部分地区这种布置方式能使每个住户都能获得良好则日照和通风条件。

图 4.41 行列式组合
资料来源：本书编写组.

（2）周边式（图4.42）。是指住宅沿街坊或院落周边布置形成圆台或部分围合的住宅院场地，围合部分特别适合设置幼儿和儿童游戏场地、老年人休闲场所、小型休闲绿化设施。

（3）点群式（图4.43）。是指低层独立式、多层点式和高层塔式住宅自成相对独立的群体的布置形式，一般可围绕某一公共建筑、活动场地或绿地来布置，以利于自然通风和获得更多的日照。

（4）混合式（图4.44）。一般是指上述3种形式的组合方式，常常结合基地条件用在一些较为特殊的位置。

（5）自由式。是指由不规则平面外形的住宅形成的，或住宅不规则地组合在一起的群体布置形式。

图 4.42　周边式组合
资料来源：本书编写组.

图 4.43　点群式组合
资料来源：http://www.shigong114.com/

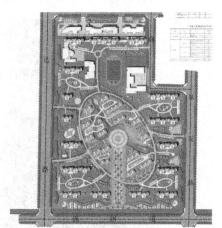

图 4.44　混合式组合
资料来源：本书编写组.

2. 组合的多样化途径

住宅群体平面组合上的多样性可以从以下几个方面考虑：①空间形状的变化；②围合程度的变化；③布置形式的变化；④住宅平面外形的变化。

如果从完整的含义来看，空间形状的变化包括了围合程度的变化、布置形式的变化和住宅平面外形的变化。如果狭义地来分析，布置形式的变化可以进一步考虑形式方面的内容，如综合采用上述行列式、周边式、点群式、混合式或自由式的布置形式，也可考虑采用这些布置形式的变体和不同的重组形式；住宅平面外形的变化可考虑除了利用不同住宅单体自身的差别外，还可以通过相同住宅单体的不向拼接形式，如长短拼接、错接、折线和曲线拼接等。

在住宅群体的立体组合上多样化，在平面组合的基础上可以利用住宅高度（层数）的不同进行组合。如低层与多层、高层的组合，台阶式住宅与非台阶式住宅的组合。总之应尽量避免组合形式呆板无趣，如图 4.45 所示。

图 4.45　呆板的组合
资料来源：http://www.hcmja.com

3. 开放空间与景观体系

居住区的开放空间体系主要由公共绿地与场地空间系统和道路空间系统组成，居住区的景观体系则主要包括住宅与住宅群体景观、公共建筑与公共建筑群体景观、绿地景观和道路景观。各个住宅群落的布局应该以构筑居住区的开放空间和景观体系为原则，构筑一个居住区开放空间的界面，以具体实现居住区整体空间与景观规划结构的意图，最终达到营造一个良好的居住环境的目的。在景观塑造方面，特殊的或变化较大的住宅群体（或群落）可以考虑安排在主要的景观位置。

4.5　住宅群体组合实例

（1）该居住组团被城市道路所分割，在组织群体时采取相同的建筑外观、形态及曲线型建筑增强围合感，使 4 个组团融为一体，减少了各自为政的危险。且在交通组织上内部完全开放给步行系统，实行了人车分行，构成较好景观形态如图 4.46 所示。

（2）该居住小区以高层建筑为主，中心组团由点群式高层建筑围合小区中心景观构成；外围组团围绕中心组团形成向心行列式布局。既保证了建筑日照间距和建筑朝向的需求，又保证了居住小区中心景观的完整性；同时构成隐喻明显的向心图形，可增强居民的归属意识，如图 4.47 所示。

（3）该小区由多层、高层住宅混合构成。整体采用行列式弧形排列布局，在充分利用地形的同时，保证每栋建筑都有较佳朝向，且通过统一的屋顶形式和墙体颜色保持了该小区多层与高层之间的整体感，如图 4.48 所示。

（4）该小区可明显看出是学生设计作业，小区由多层、高层住宅混合构成。小区整体构图简单明晰，由多个居住组团围绕南北向景观轴线及用地集合中心位置的小区级景观构成，呈左右对称构图；道路等级分级明确，组团区分清晰，且每个组团内部均设置组团级景观；美中不足为小区布图略显呆板，且中心景观处的独幢高层过于突兀，小区外围与外界道路之间缺乏有效阻隔措施，因此实际可操作性不强，如图 4.49 所示。

图 4.46　某小区鸟瞰图

资料来源：本书编写组．

图 4.47　某小区平面图

资料来源：http://image.baidu.com/

图 4.48　某小区鸟瞰图

资料来源：http://www.jmfdc.gov.cn/

图 4.49　某小区设计鸟瞰图
资料来源：http://www.nipic.com/

本 章 小 结

本章主要学习的内容是居住区住宅建筑的类型及特点；居住区规划的基本原理与方法；居住区住宅建筑的群体组合及空间布局方式。住宅用地是居住区的最主要功能用地，住宅群体的布局关系到居住区的整体美观度、舒适度。通过本章知识的学习和实例的评析，有助于学生在居住区整体构图、布局设计方面有所长进。

居住区住宅主要以低层、多层和高层及混合型为主。

居住区外部空间一般可分为住宅院落空间、住宅群落空间、居住区公共街区空间和居住区边缘空间4部分。其中，住宅院落空间、住宅群落空间和居住区公共街区空间是规划设计着意塑造的、供居民活动使用的积极空间；而边缘空间则是一些在某些情况下不可避免地形成的消极空间。因此在空间布局的比例、尺度、设计手法上应格外注意，构成丰富多变的积极空间。

住宅群体平面组合的基本形式有行列式、周边式、点群式、混合式和自由式5种。通过平面进行基本构图后，通过立面布局和开放空间丰富整体效果。

本章重点掌握的内容，是居住区建筑的类型及其特点；居住区住宅建筑的群体组合及空间布局方式；住宅空间布局设计的方法并可应用于实际设计之中。

思 考 题

1. 居住区住宅建筑类型有哪几种？其相应特点有哪些？
2. 居住区规划的基本原理与方法有哪些？
3. 如何理解居住区外部空间构成部分？
4. 住宅群体组合需考虑哪些因素？
5. 住宅群体组合的平面、立面形式有哪些？

第5章
公共服务设施及其用地规划布置

【教学目标与要求】
- 概念及基本原理

【掌握】公共服务设施的概念、构成与分类；管线综合布局原则。
【理解】居住区公共服务设施的发展趋势及应对设计。
- 设计方法

【掌握】居住区公共设施的布局方式；应对未来发展趋势的设计方法。

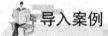 导入案例

《天津居住区公共服务设施配置标准》今实施

满足居民日益提高的物质和精神文化的需求，建设优美、和谐、宜居新家园，科学合理地配置城市居住区公共服务设施，有效利用土地资源，依据天津市城市总体规划和国家与本市相关法律、法规、政策，结合本市当前和今后的实际发展需求，对2000年版《天津市新建居住区公共服务设施定额指标》进行修订；由市城市规划设计研究院主编，市建委批准的《天津市居住区公共服务设施配置标准》，于2008年9月1日颁布实施。

新《标准》千人指标较原指标有一定的提高，重点增加了居民日常生活必需的配套设施，体现了以人为本。突出表现6个特点：一是完善了教育类设施、增加了养老设施的项目内容，按人口出生率、升学率和老人所占比例，折算为千人座位数，并考虑了外来务工人员子女的入学问题。体现了对少年儿童、老年人及外来务工人群的关心，以此确定的千人指标也更为科学合理。二是文化体育设施项目和指标的调整，倡导了人们追求健康、文化的精神，完善了居民文化活动与健身场馆设施，为全民的身体素质和文化修养的提高创造了条件。三是完善了社区服务、行政办公机构，从实际需要出发，增加了项目内容和面积指标，体现了科学性和可操作性。四是完善了居民日常生活必需的公共服务设施，如早点铺、菜市场、便民超市等，明确了服务半径，方便了居民生活。五是对居住区的停车指标进行了细化，确定了不同的分类执行标准，适应性更强。同时完善了公厕、垃圾转运站等市政设施。六是增加了弹性控制内容，将建筑面积分为控制性和指导性两类控制；而对用地面积全部采用刚性控制，按照不同性质合理的容积率确定用地面积指标，做到既满足需求又合理利用土地。

新《标准》提出，居住区公共服务设施配置按居住区、小区、组团（街坊）三级配置。公共服务设施配置采用集中与分散相结合的布置方式，统一规划，合理布局。使用性质相近或可兼容的公共服务设施，在满足使用功能和互不干扰的前提下，鼓励不同设施在水平和垂直层面的综合配置。为形成公共活动中心的地域空间感，发挥其规模集聚效益，居住区级商业性与文化性的设施宜集中配置。居住区级公建中心应配置在区位适

中、交通便捷、人流相对集中的地方，可沿居住区主要生活性干道布置。

考虑社区建设和网络化管理的要求，有条件的社区可将使用功能相近的设施组成中心。对可以与社会化服务对接的项目宜采用配置服务窗口的形式，集中配置一站式服务楼。社区主要对外开放的公共服务设施，既要根据服务人口、合理的服务半径，又要兼顾各级行政辖区和网络化管理的要求。

初中可以与高中结合配置，运动场可兼用。当结合配置时，用地面积可适当降低。居民运动场可结合居住区公园配置，居民活动场可结合小区和组团级绿地配置，但不得挤占公园和绿地中的绿化面积。鼓励学校文体设施定时对外开放，以满足全民健身和文化活动的需求。

资料来源：http://house.focus.cn/news/2008-09-01/525189.html

公共服务设施用地是居住区两大用地之一，也是区分居住区用地等级的重要评判标准。由《天津居住区公共服务设施配置标准》可以看出，城市居民从精神上和物质上对公共服务设施的要求全都日益提高，本章将对公共服务设施进行深入了解和学习。

5.1 公共服务设施的构成与分类

5.1.1 公共服务设施的概念

1. 居住区公共服务设施(也称配套公建)

是指作为城市居住区中的配建项目，其功能主要是满足除居住以外的居民相关生活需求。在以往约定俗成概念的基础上可归纳定义为：居住区公共服务设施是主要为满足居住区居民生活需要所配套建设的，与一定居住区人口规模相互对应的，为居民服务和使用的各类设施。

2. 配建水平

是指居住区配建的各级和各类公共服务设施应该与居住区的人口规模相适应，同时应该与住宅同步规划、同步建设、同时投入使用。居住区公共服务设施的配建指标主要是为了保证居民日常生活的正常和便利，其中包括公共服务设施的千人总指标、分类指标和配建水平。

3. 千人总指标

是指每千个居民拥有的各级公共服务设施的建筑面积和用地面积，它用于总体上保证居住区各级公共服务设施设置的基本要求，包括容量和空间。

5.1.2 居住区公共服务设施的构成与分类

居住区公共服务设施由多项为居民生活服务的功能设施构成，指公共服务设施、市政公用设施、停车设施、安全设施、管理设施和户外活动设施六大类。广义地说，居住区的所有物质实体均可归属为居住区的设施。

1. 公共服务设施

一般而言，居住区的公共服务设施可分为公益性设施和盈利性设施两大类。按其服务的内容，又可分为商业设施、教育设施、文化运动设施、医护设施、社区设施5类。

在某些情况下，公益性设施与盈利性设施的界线并不十分清晰，一些公益性的设施可能并不是纯公益性的，如某些特殊类型的教育设施和医护设施。

同时，一些公共服务设施也越来越趋向于功能的综合化，因此变得很难明确地将它们划归在某一个服务内容中，如社区中心可能是上述4种类型公共服务设施的综合体等，见表5-1。

表5-1 居住区公共设施分类

类型	主 要 设 施
商业设施	小型超市、菜市场、旅店、饭馆、邮电局、储蓄所等
教育设施	托儿所、幼儿园等
文化运动设施	社区会所、社区文化活动中心（活动站）、各类型运动场、社区茶室、社区棋牌室、社区健身中心等
医护设施	门诊所、卫生站、小医院（200～300床）
社区设施	社区水暖中心、社区活动（服务）中心、物业管理公司、街道办事处

资料来源：本书编写组．

1) 居住区中心（图5.1）

功能定义目前尚难明确，它应该是一种集居住区管理、居民服务、居住区活动和居住区教育为一体的综合设施。它是达到居住区发展目标和居住区系统组建的重要物质设施。

2) 托儿所（小于3周岁儿童）、幼儿园（学龄前儿童）的设置（图5.2）

图5.1 某社区中心
资料来源：http://www.126design.net/

图5.2 居住区托儿所
资料来源：http://cjmp.cnhan.com/

(1) 设于阳光充足、接近公共绿地，便于家长接送的地段。
(2) 托儿所每班 25 座、幼儿园每班 30 座。
(3) 托儿所 4 班≥1200m², 6 班≥1400m², 8 班≥1600m²。
幼儿园 4 班≥1500m², 6 班≥2000m², 8 班≥2400m²。
(4) 服务半径不宜大于 300m；层数不宜高于 3 层。
(5) 3 班以下托、幼儿所可混合设置，也可附设于其他建筑，但应有独立院落和入口，4 班以上应独立设置。
(6) 建筑宜布置于可挡寒风的建筑物背面，但主要房间应满足冬至日不小于 2h 的日照标准。
(7) 活动场地应有不小于 1/2 的活动面积在标准建筑日照阴影之外。
3) 小学(6～12 周岁儿童入学)的设置(图 5.3)

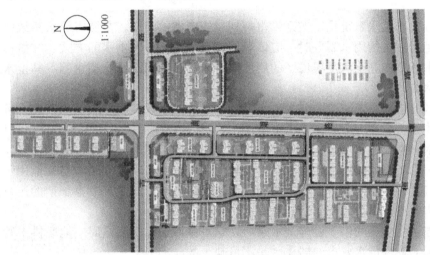

图 5.3　某居住小区功能分析图
资料来源：本书编写组.

(1) 应符合国标的规定。
(2) 学生不应穿越城市道路。
(3) 占地 12 班≥6000m²、18 班≥7000m²、24 班≥8000m²。
(4) 服务半径不宜大于 500m。
(5) 教学楼应满足冬至日不小于 2h 的日照标准。
4) 门诊所
(1) 设儿科、内科、妇幼和老年保健科。
(2) 设于交通便捷，服务距离适中的地段。
(3) 独立设置。
(4) 居住区及独立地段小区设置，一般小区不设。
(5) 建筑面积 2000～3000m²，占地面积 3000～5000m²。

公共服务设施是满足居住区居民日常生活需要的重要设施，它与居民的日常生活密切相关，虽然对各种设施的使用频率不同，但却必不可少。公共服务设施设置的数量和规模、配置的比例、布局的空间位置，决定了居民使用的便利程度，影响着居住生活的质量。

2. 市政公用设施

居住区的市政设施包括为居住区自身供应服务的各类水、电、气、供热、通信以及环卫的地面、地下工程设施。居住区市政公用设施的规划应该遵循有利于整体协调、管理维护和可持续发展的原则，节地、节能、节水、减污，改善居住地域的生态环境，满足现代生活的需求。

居住区市政设施规划考虑的主要内容是各类市政设施的配置，各类市政设施的布局和用地安排，各类市政管线的综合规划。

1) 供水系统

居住区的供水包括居民生活用水，各类公共服务设施用水、绿化用水、环境清洁用水和消防用水。

供水方式和供水系统是居住区供水规划首先考虑的问题。在城市给水系统的水量和水压能够满足居住区的用水需要时，应该采用直接内给水管网供水的方式；在城市供水系统的水量和水压不能完全满足居住区的用水需要时，可采用设置屋顶水箱、高位水池和加压水泵的供水方式。

居住区的供水系统一般由分类供水系统、分压供水系统和分质供水系统3种，宜根据需要和具体条件采用。分类供水指生活用水（包括居民生活用水和各类公共服务设施用水）与其他用水分两个系统供水；分压供水指高层建筑与多层、低层建筑分压供水；分质供水指优质饮用水、普通饮用水和低质水分3种水质进行供水，或饮用水与其他用水分2种水质进行供应。根据不同需要采用不同的供水系统组合，目的在于减少长期的运营成本，节约能源和水资源。

在居住区中主要的供水设施是水泵房，它对城市给水系统或周边地区供水管网在水压上不能满足居住区供水要求的居住区是不可缺少的。

2) 排水系统

排水系统包括污水排水系统和雨水排水系统。对居住区而言，污水排放主要是指生活污水的排放。居住区在绝大多数情况下，除旧城区，均应该采用雨污分流制，即采用污水管网和雨水管网两套排水管网。

居住区的生活污水处理可以采用3种方式：①直接排入城市污水管网，至城市污水处理厂集中处理；②在居住区中建设污水处理厂自行处理，这对规模较大的居住区、周围尚未建设城市污水管网的居住区或城市污水处理厂处理能力不够的居住区是理想的做法，每幢或几幢住宅建一个化粪池也是一种暂时性的方法；③建立中水系统，将污水处理后回用为低质用水，如环境清洁用水、绿化用水。不论哪种处理方式，居住区的污水必须经过处理达标后才能排放。

居住区的雨水通常采用就近排入城市雨水管道或水体的方式。可利用居住小区原有的自然水体作为雨洪调蓄池，并可与消防、景观用途相结合。

居住区中的排水设施主要是污水排水泵房、雨水排水泵房和污水处理站或厂，应该根据地形和城市排水管网的竖向标高设置排水泵房的位置和用地，污水处理站或厂应该选在居住区夏季主导风向的下风向并与住宅和公共建筑保持一定的卫生防护距离。

3) 供电系统

居住区的供电有建筑用电和户外照明用电两大部分，其中建筑用电中住宅用的电量最大。居住区的供配电方式一般根据城市电网的情况而定，通常按照高压深入负荷中心的原则。居住区进线电压等级采用10kV，低压配电采用放射式供电形式，高压配电采用环网形式。

居住区的电力设施有变(配)电所、开闭所和电线分支箱，宜设在负荷中心附近。高层住宅一般以高压引入，配电所设在高层建筑内，低压线路采用户外电缆分支箱。

4) 通信系统

通信现代化使居民的日常生活方式产生了许多根本性的变化。现代化的通信除包括传统的电话、电视和邮政外，还包括话音、数据、图像和视频通信合一的综合业务数字网和有线电视。居住区的入网将会具备信息服务功能、宽带多媒体功能、电子付费功能和远程办公功能。

居住区内的通信设施一般包括用户光纤终端机房，约500~1000户预留一处(15~20m^2)；公用电话亭服务半径为200m；邮政局(所)服务半径不小于500m；每个住宅单元应设住户信报箱，也可以设置由物业管理公司管理的集中收发室。

5) 燃气系统

居住区应实现管道燃气进户。居住区的燃气设施有气化站或调压站，二者均要求单独设置并与其他建筑物保持一定的安全距离，调压站的服务半径一般在500~1000m。

6) 冷热供应系统

居住区的冷热供应一般有3种：①以城市热电厂或工业余热区域锅炉房为冷热源的区域集中供应系统；②以居住区或单栋住宅为单位建立独立的分散型集中供应系统；③以用户为单位的住户独立供应系统。

居住区冷热供应设施有居住区锅炉房、热换站或太阳能集热装置等。锅炉房应该设在负荷中心并与住宅、公建保持一定的隔离。

7) 环卫设施

居住区环卫的主要工作是生活垃圾的收运。不同的垃圾收集方式影响着不同环卫系统设施的配置，一般采用在居住区内布置垃圾收集点(如垃圾箱、垃圾站)的方式。垃圾收集点的服务半径不宜超过100m，占地为6~10m^2。

8) 工程管线综合

居住区的工程管线按照不同的性能用途、不同的输送方式、不同的敷设方式有不同的分类，见表5-2。

表5-2 居住区工程管线分类

管线名称	敷设位置		输送方式
	地下	架空	
给水管	深埋	浅埋	压力
排水管	深埋		重力
电力线		浅埋	架空
电讯线		浅埋	架空

(续)

管线名称	敷设位置		输送方式
	地下	架空	
燃气管	深埋		压力
热力管(蒸汽、热水)	浅埋		压力

注：深埋是指管道覆土深度大于15m。
资料来源：本书编写组.

居住区的工程管线综合应该遵循以下原则(图5.4)。

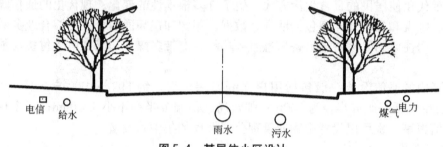

图5.4 某居住小区设计
资料来源：本书编写组.

(1) 各类管线布置应整体规划，近远结合，并预留今后可能建设的工程管线的管位。

(2) 各类管线应采用地下敷设的方式，走向应沿道路或平行主体建筑布置，并力求短捷，减少交叉。

(3) 各类管线应满足相互间水平、竖向间距和各自的埋深的要求。

(4) 当综合布置地下管线发生矛盾时，应采取的避让原则为：压力管让重力管、小管径让大管径、易弯管让不易弯管、临时管让永久管、小工程量让大工程量、新建管让已建管、检修少而方便的管让检修多而不易修的管。

管线共同沟是一种容量大、检修方便、更新增添工程量小的管线地下敷设形式，在条件许可的情况时应该推荐采用。

居住区水、电、燃气、冷热供应的标准应该根据不同地区的生活水平、气候条件等因素综合考虑。居住区的各类市政工程设施的安排应该充分考虑节约用地的原则。

3. 安全设施

居住区的安全设施根据所采用的安全系统一般较常用的有对讲系统(包括可视对讲系统)设施和视频监视系统设施。对讲系统是指住户与来访者之间通过对讲机(包括可视对讲机)进行单元门或院落门门锁开启的安全系统，它包括一对电源线和一对信号线以及安装在住户内、单元门、院落门和居住区保安管理监控室的控制系统装置。

视频监视系统是指在居住区内(可包括住宅内的公共部位)和外围设置能够监视居住区全部通道出入的摄像装置并由居住区保安管理监控室负责监控和处理。这两种保安系统均由居住区的专用线或数据通信线传送信息，并需要设置居住区的中央保安监控设施。

4. 管理设施

居住区的管理设施包括社区管理机构和物业管理机构。社区管理机构是一种由行政管理与居民业主委员会管理共同构成的综合性管理机构，主要承担对关系到居住区的各项建设与发展和住户利益事务的居民意愿、意见的征求以及讨论决策。

物业管理则是一种受居民业主委员会委托负责居住区内部所有建筑物、市政工程设施、绿地绿化、户外场地的维护、养护和维修的部门，负责居住区内环境清洁、保安以及其他服务，如日常收费等。

物业管理机构与居民日常生活关系紧密，许多物业管理公司已经发展了许多为业主服务的新项目，如家政家教、购物订票、物业租售代理、家庭装潢等，部分替代了社区的一些服务设施功能。因此，在布局上宜与社区（活动）中心结合，便于联系与运作，一般服务半径不宜超过500m。

5. 户外场地设施

居住区的户外场地设施包括户外活动场地、住宅院落以及其中的各类活动设施和配套设施。户外活动场地在居住区中有幼儿游戏场地、儿童游戏场地、青少年活动与运动场地和包括老年人健身与消闲场地在内的社会性活动场地。各类活动设施包括幼儿和儿童的游戏器具、青少年运动的运动器械和为老年人健身与消闲使用的设施。配套设施包括各类场地中必要的桌凳、亭廊、构架、废物箱、照明灯、矮墙和景观性小品如雕塑、喷水等。

绿化是户外场地必备的要素，它起着营造环境、分隔空间、构筑景观的作用，绿地布局、绿化设计是户外场地规划与设计必须考虑的内容。

户外活动场地的配置与设计应该以居民的年龄结构为基础，其分类与设计是根据不同年龄组人群的活动的生理和心理需要以及行为特征来进行的。

按照年龄组，0～2岁为婴儿，3～5岁为幼儿，6～11岁为少儿，12～17岁为青少年，18～24岁为青年，25～44岁为成年，65岁以上为老年。在老年人中还应该根据生理、心理、健康状况和活动特点划分为65～75岁、76～85岁和86岁以上3个年龄段。另外，还必须考虑残疾人的不同生理和活动特点。

幼儿游戏场地的位置应该尽可能地接近住户或住宅单元，以便家长能够及时、方便甚至在户内进行的监护，一般希望有一个相对围合的空间，而住宅院落是一个理想的位置，但要保证基本没有交通——特别是机动车交通的穿越。它的服务半径不宜大于50m，或每20～30个幼儿（或每30～60户）设一处。儿童游戏场地宜设在住宅群落空间中，可设在住宅院落的出入口附近，有可能时宜设在相对独立的空间中。若干个住宅院落组成的住宅群落（约150户，或100个儿童）设一处儿童游戏场地，服务半径不宜大于150m，相当于居住区中的一个居住组团。青少年活动与运动场地应设在居住区内相对独立的地段，约200户设一处，服务半径不大于200m。

幼儿和儿童游戏场地一般需要考虑家长监护或陪伴时使用的休息设施，同时也应该考虑到成年人或老年人在监护或陪伴时相互交往的可能，如图5.5所示。

老年人的健身与消闲场地具有多样性、综合性的特点，在不同的时间段往往会有不同的使用内容和使用对象。早晨是老年人晨练的主要时间，下午主要是老年人碰面和交流的时间，其他时间可能作为青少年或家庭户外活动（如游玩、散步、读书等）的空间，而假日更多的是居住区居民家庭户外活动的场所，有时也会是社区活动的地点。

因此，老年人的健身与消闲场地应该考虑多样化的用途，位置布局宜结合在居住区各种形式的集中绿地内，服务半径一般在200～300m左右，如图5.6所示。

图5.5 儿童活动场地
资料来源：http://www.promise.com.cn/

图5.6 老年人活动场地
资料来源：http://news.sina.com.cn/

5.2 居住区公共服务设施的发展新趋势及应对设计

随着我国计划经济体制的解体和社会主义市场经济制度的确立，城市居住区的发展进入一个崭新的时期，现行公共服务设施标准形成的基础在市场经济发展的今天已经发生了很大的变化，本节将从公共服务设施的发展趋势进行系统的探讨。

5.2.1 由居住区规划向社区规划转变

城市规划中本来并没有社区的概念，但随着规划师对人类居住环境关注的宽度与深度的发展，随着规划职业自身在理论及方法论上与相关学科的互补发展，社区的概念和理论被引借到城市规划中。在城市规划学中引入社区的概念，重点关注的是其中的物质环境设施与社区成员间的互动发展。原来的居住区规划忽略了社区居民的主观能动性，单纯从人口规模和一般性的生活需求和活动规律出发统一规划物质空间，基本是自上而下的过程。与原来单纯着重于物质空间的建设不同，社区规划则更人性化，注重社区成员的交流和社区的动态发展，强调个人参与，是自下而上与自上而下相结合的过程。

社区发展将可能导致社区组织管理模式的变革，在我国的大中型城市中已经开始了这种社区整合，社区整合将对居住区规划的基础性构架形成冲击，如居住组团的规模定位和组织形式的重构，强化规划结构中与社区规模相应的结构层次等。这必将影响到公共设施的配套层次。对公共设施的规划不仅要为人们提供完善的服务，而且还要以促进社区的健康发展为目标。关注的层面不仅仅是社区的物质环境和设施，还需考虑社区成员与社区成员，社区成员与社区物质环境设施间的互动，是一个动态的体系。涉及的方面更广，对规划工作者和社区管理者的要求更高。

5.2.2 居民需求的发展趋势

1. 生活方式休闲化——增强交往功能的综合型设施

随着城市居民收入的提高、第三产业的发展和老龄人口的增多，再加上实行双休日制度,全社会的休闲时间显著增加。调查资料显示我国大城市居民全年休闲时间总量大约为2095小时左右,而工作时间大约为1548小时左右。年休闲时间比工作时间多550个小时。居民生活休闲化的变化趋势要求在社区中有更多的休闲类公共设施,居民对这些设施所提供的服务的水平也有较高的要求。

从社区发展的角度看,高层住宅的增多,生活节奏的加快,使社区居民交往的机会越来越少。休闲类的居住区公共设施的增多对于促进社区居民之间的交往、增强社区的归属感和凝聚力具有十分积极的意义。具有一定规模的综合型休闲活动场所的设置有助于建立社区归属感,这也是弥补社区间差异,促进社区融和的重要手段。可借鉴设置的新型设施如下。

1) 会所

是指涵盖文体、休闲、商业、社区服务等多种功能进行综合的场所。会所的设置应按其动静进行划分,可综合布置健身、娱乐、商业场所,也可分开布置健身、商业、服务等动功能与文化、幼教、老年活动中心等功能位置,使动静各自相宜。

2) 邻里中心(市民会馆)

邻里中心概念产生于20世纪60年代的新加坡,意即社区服务中心,它生存发展于比较成熟的市场经济环境之中,新加坡的社区服务已经形成具有一套成熟的经营管理理念的产业。是可以为社区居民提供综合性、全方位、多功能的生活服务的综合场所。邻里中心具有以下特点。

(1) 公益性项目与商业性项目比重相近,以市场驱动公益性社区服务。

(2) 功能的高度集中,整个园区的社区服务与物业管理都高度集中,在大厦中组合几十种功能。邻里中心为社区居民提供了高质量的社区服务,这是那些零敲碎打,小规模低层次的社区服务设施无法做到的。

2. 消费习惯的变化——新的商业形态的发展

1) 连锁经营

科技的发展给生活方式带来了深刻的变革,从而影响到包括日用百货类的商业规模与布局。由于家庭居住面积增加,家庭的存储能力大大增强。购买日用主副食品和日杂用品无须天天进行,家庭购买方式由少量多次向多量少次转变,这一方面要求相应商业性设施应向较大的规模发展,另一方面各类商业性设施布置应转向以满足居民的多量少次的购买。居民购物次数的减少对商业设施的距离要求降低了,于是服务半径可以适当增大而数量则可以相应减少。

随着城市的发展,城市的商业形态和结构也在发生变化。新兴的商业形态正在取代传统商业成为社区商业经济的主导力量,尤其是各类超市的迅速发展更加引人注目,它给社区经济和居民生活带来了深刻的影响和变化。在城市社区中,超市已成为居民购物的首选场所,传统的综合食品店和综合百货店由于价格上的劣势以及购物方式落后等原因逐渐受到冷落。以连锁经济为代表的新兴商业形态代替传统商业已经是必然趋势。在城市社区中逐渐形成了综合大型超市与一般超市以及便利店结合的商业系统。除了百货业,农贸市场这种传统的商业形式也开始向连锁型商业转变。现在很多城市已经开始了"农转超"的形态转变,传统商业向连锁型商业的转变符合商业本身的经营规律,同时也有利于商业设施的合理布局。对于规划者来说,各种连锁商业合理经营规模和布局方式也成为在社区规划中重点考虑的内容。

2）电子商务

在商业领域，传统的购物方式受到电子商务的影响将可能导致商业设施面积的减少以及其功能的泛化。以日本为例，20 世纪 70 年代末，日本公司从美国引入了便利店的概念。在寸土寸金的日本，大型便利连锁店在利用高科技取得最大利润方面势如破竹，经营者可透过计算机网络随时查询销售情况。世界上大多数电子商务消费者通常的购物方式是：通过计算机上网用信用卡购物，然后坐在家中等商家送货上门。日本的便利店更是充当了电子商务的网络中心。日本人可经由网络订购书籍、录像带和各种各样小商品，等待商家把货物送至最近的便利店后，再亲临便利店付款并取走货物。为了方便没有上网设备的顾客，便利店计划在店铺安装网络终端设备。在日本，便利店更像小型的生活站，人们可以在任何一家连锁的便利店取到在网上定购的货品，这使得人们购买生活用品的出行率降低，相应商业设施的面积减小，与此同时，更显出网点布局的重要性。

3. 老龄化社会的到来——对完善的养老设施的需求

随着生活水平的提高，生育率的继续下降，人均寿命的延长，我国居民人口结构中呈现老龄化现象。第五次人口普查的最新数据显示，我国已经进入了老年社会。日益庞大的老年人群体具有特殊的生理和心理状况，对于居住服务设施提出了新的要求。如何解决好老年人的问题，到它涉及社会生活诸多方面问题。我国人口老龄化具有一个明显特征：老年化速度不断加快，而且大大超过许多发达国家老龄化程度，预测我国 2025 年 60 岁以上老人将达到 2.8 亿，将占总人口 18%；针对我国人口老龄化的趋势，相比 1993 年的居住区规范，2002 年颁布的居住区规范修订本中增加了对养老院、托老所的指标规定。

目前中国老年人是在计划经济体制下工作的一代，个人积蓄不多，退休金也很低，大多数人付不起养老院的服务费用。据国家民政部组织的调查，中国城市中有 10% 的老年人有到机构养老的愿望，而现实的需求只有 4% 左右。我国现阶段的养老服务还停留在传统家庭养老为主与一部分的社区照顾相结合的阶段。从社会发展来看，将来进一步发展到以社会养老为主，是一个必然趋势。规模和设施有限的养老院虽然能够暂时缓解老年人的社区照顾问题，但它主要针对的群体是社区中基本无自理能力的老人，服务的对象有限。社区针对老龄人口的服务应该是全方位的，应形成多层次的网络体系，对老龄人口的关怀应该贯穿于社区规划设计的各个层面。伴随着人们收入水平的提高，养老观念的变化，社区养老将向产业化发展，在我国经济发达地区，新型的社区养老形式已经开始出现。

老年社区的住宅类型包括普通居家式、公寓式、和合居式等各种住宅模式，适应不同年龄和健康条件的老人需要。住区从规划到住宅设计再到老年配套设施都应考虑无障碍设计。老年配套设施包括：医疗康复、健身娱乐、文化教育、老年购物、国际交流和家政服务等。

老年住区的建设不仅要为老年人创造了丰富多样的同龄交流环境，而且也应便于集中提供各种老年服务，提高资源的利用效率。美国的老年社区设施通常分为 4 个组成部分，分别是独立的居住单元、自立生活的集体公寓、寄宿养护设施和护理院设施。老年社区的设计，从区位的选择到社区的空间结构，社区的建筑形式和社区的道路等方面都充分考虑老年人的需求。基于这种情况，我国也应根据实际情况，采取渐进的步骤，在住宅建设上考虑建设老年社区。例如政府可根据能力，在新开发的住宅区和旧城区改造时，尽可能组建一批适合老年人居住的老年住宅或兴建老年公寓片区，或在住宅的套型组织上穿插有适合于老年人居住的套型。在这种主题型社区中公共设施的配套则更具针对性，配套设施的布局和规模境况与一般混合居住型的小区很不一样，应制定专门的指标控制和管理方式。

4. 学习终身化——对全方位社区教育的需求

伴随着市场经济的发展和经济类型的多元化以及人口的老龄化，游离于单位以外的居民增多，客观上要求基层社区进一步发挥管理、服务乃至教育、培训功能。提高居民素质是社区发展的智力保障，社区教育的对象是社区的全体居民。就当前的情况来看，社区教育主要针对的人群是：下岗失业人员，离、退休人员和城市流动人口。

从国际上看，西方发达国家已普遍形成"21世纪将是学习型社会"、"终身学习是21世纪的生存概念"的共识。美国21世纪发展的四大战略之一，就是要把美国建成学习型社会，把社区建成大课堂。因此，由政府资助的社区学院已遍布全国各地，并承担着70%以上美国公民再学习、再提高的施教任务。从国内看，教育部已确定到2005年，直辖市、计划单列市、省会城市及一部分经济发达地区要构建起终身教育体系，努力创建学习型城市的发展目标。北京、上海、天津及沿海发达城市已全面推开社区教育，并将创建学习型城市列入"十五"发展规划。因此，大力发展社区教育将是未来社区建设的重要内容。

在我国现行的居住区设计规范中还没有针对社区教育设施制定指标。我国目前的社区建制主要有两种来源：一是由过去的街办辖区直接转变而来的；二是由城市改造工程中兴建的商业住宅小区而来的。在社区中，通常是房地产公司管理硬件，社区机构进行管理，投资社区教育事业的积极性不高；目前社区关注的教育热点主要在"两头"，即老年大学和幼儿及青少年教育，全方位的社区教育机制还不成熟。

5. 服务社会化——对完善社区服务的需求

随着时代的发展，生活节奏的加快，居民对社区服务的期望值越来越高，居民希望通过社区获取更加全面的服务内容。从社会学的角度看，城市化的发展会削弱传统社会的人际关系，降低居民对社区的归属感。社区照顾或社区服务可在一定程度上进行弥补和整合。

1) 保姆公寓

如今，已有不少住宅小区推出了独立的保姆公寓。保姆公寓服务的对象主要是一些需要保姆，但又不愿保姆打扰自己的生活的家庭，"保姆公寓"形式的出现给了许多请保姆的家庭和这些家庭的保姆解决了一定的问题。如北京人济山庄推出的保姆公寓，公寓内有标准集体宿舍，生活设施齐全，洗衣间、卫生间、沐浴间及生活用品（床、柜及其他生活用品），由小区物业统一管理家政服务员。北京望京A5的小区内，也为保姆们提供了类似"保姆公寓"的住所。"保姆公寓"的出现使保姆有了个人空间，雇主的生活私密性也得到了保护。

2) 宾客公寓

为一些来访者准备的公寓类，似于小区配套宾馆的性质。

5.2.3 公共服务的产业化发展

在杨团所著的《社区公共服务论析》中指出：21世纪与20世纪的最大区别，不是物质生产或者人类生活本身发生了质的变化，而是服务的组织方式或制度选择发生了质的变化。更多的私人服务通过集体消费单位进行大、中、小规模不等的规划或者重新规划，从而作为一种制度选择被纳入公共服务产业。更多的市场经济生产者也变成了公共服务经济的生产者。

随着产业的发展，许多公共产业都将面对制度的重新选择，成为多中心的格局，现已初现端倪。以教育为例，民办学校已经成为教育产业链中重要的一环。这种行政指令的好处是保证了整个教育市场的稳定以及教育布局的相对均衡（如从学区划分上保证了所有学校的生源）。但由于不同的学校教育质量参差不齐，学龄儿童对学校的选择权被剥夺了。一旦这样的指令性壁垒被打破，涉及学龄儿童教育的所有项目都必须在全区、甚至全市的范围内统筹安排。这样会大大加剧教育设施之间的竞争，这种制度选择对社区教育设施配套有可能产生以下后果。

（1）教育设施产生按规模分级特征，大规模甚至超大规模的学校出现，学校的建设标准也将出现较大的差异。现在已经出现了一些超大规模、高标准的学校，但还没有形成一种完善的运作机制。如广州番禺区祈福英语实验学校是 1995 年花费 3 亿多元兴建的一所包括幼儿园、小学、中学的全日制民办学校，运动区、教学区、生活区三区分设。

（2）连锁型教育设施的出现，即名校入驻楼盘。这在发达地区已经比较普遍。如南京市的力学小学凤凰花园城分校，金陵中学河西分校等就属于这种办学模式。同样的情况也会延伸到其他的服务领域，如医疗、社区养老、社区服务等蕴藏着巨大商机的公共服务产业。这种产业化发展导致的重要影响是公共设施规模的扩大与从人性化角度出发的公共服务设施适度服务半径之间的矛盾。

5.2.4　信息化技术发展带来的影响

科学技术的发展直接影响到公共服务的提供方式，在公共服务产业化过程中技术因素将很大程度上决定公共服务产业的发展方向。信息化发展已经渗透到了人们日常生活的各个方面，住宅小区的智能化，信息化将是必然的发展趋势。

住宅小区的智能化包括四方面的内容：①安全防卫功能；②物业管理与服务；③信息网络与布线；④家庭智能化。作为一个智能化的小区，其建筑物本身，基础配套以及公共服务设施都应该符合智能化的要求。因此，居住区的公共设施的布局和面积将有可能受到一定的影响。首先，将出现新的设施类型，如信息设备的安装、维修以及管理需要一部分设施，同时由于管理方式和服务方式的改变，网络的交流有可能取代一些活动在空间上的聚集，从而使服务场所发生变化，如网络管理取代了一些面对面的民事或行政服务，这类设施有可能会改变其存在的形式。

信息化的发展主要是对技术的影响，它不能完全代替人的交流与活动，也不能影响服务的公共性。因此在各类公共服务中服务方式受信息化影响最多的一类服务将是个体参与性相对不重要的服务类型。如商业购买类服务、金融类服务、公共咨询类服务、社区管理类服务等，因此这类服务设施的规模和布局将会受到较大的影响。

因此，就居住区公共配套而言，城市居住区未来的发展主要呈现出以下趋势。

（1）居住区发展向社区发展过渡、公共服务产业化的发展，导致所有类型的居住区公共配套设施面临的不仅仅是居住区内部需求的问题，还需要重点考虑的是如何协调居民生活与社区发展和社会发展之间关系的问题，以及如何在社区甚至整个城市范围内有效整合资源的问题。

（2）伴随着需求的发展和公共服务产业的成熟，正在出现更多新的配套类型（如社区教育类设施、社区老人设施和社区专业化服务设施）和配套方式，各类公共配套设施的布置方式也更加灵活；技术的发展将改变一部分公共服务的服务方式，最终导致这部分设施存在方式的变化。对于居住区公共配套的管理和控制方式而言，亟待解决的问题是如何建立起一套既有针对性，又富有弹性的动态的控制体系。

5.2.5 合理化配置方式探讨

通过对现阶段居住区公共配套差异性以及发展趋势的研究，可以得出以下结论：由于居住区开发方式的改变，社区结构多样化以及各类配套设施的建设和运作模式的分化，各类设施的分布特征和发展走势已经形成了很大的差异性。与计划经济时期的单一性，均质性相比，差异性是现阶段居住区公共配套体系的最主要特征。

1. 现行机制的合理性

经济效益和社会效益是衡量居住区公共设施配置是否合理的两个重要指标。公共配套最终是为了满足居民的需求，并进一步促进社区的健康发展。居住区公共配套现行机制的主要内容包括：运作方式（包括建设和管理手段）、控制体系（主要包括相应的政策法规）。从表现形式看，首先是各类设施的使用效率如何，能否满足居民的需求；其次是现阶段控制体系（相应的规范）能否对设施的建设进行有效的指导。

2. 运作方式的合理性

在计划经济时期，公共配套设施的运作依赖于其所属的上级部门，其规模和服务质量取决于单位或政府的拨款与自身效益。同时社会经济发展水平较低，从某种意义上说，居住区公共服务项目具备的公共性（即服务功能）远远大于其市场性（即生产功能），各类设施的分布主要通过行政手段控制，这决定了其相对均质性。

但是，随着市场经济体制的发展，公共服务作为一个蕴藏着巨大商机的产业，其根本的运作模式也根据其不同的类型发生了变化。市场化发展无疑对居住区公共设施的布局产生了重要影响，一方面一部分服务内容逐渐产业化发展，其布局主要受市场选择的作用；另一方面，从居民的需求出发，一部分服务项目由于自身公共服务特征或受到社会经济发展水平的限制，不适宜市场化发展。因此，表现在物质形态上，不同类型的公共服务设施其分布规律与其服务内容的市场化程度密切相关。

我国的一些社会学学者根据我国目前社区公共服务的公共性（即服务功能），以及市场性（即生产功能）将公共服务分为4种基本类型：①保护型：公共性强市场性弱，即需要较强的外力作用来保证其服务效益；②自治型：公共性和市场性都较弱，在外力不能保证的情况下社区对服务产品的共同使用权，可以在相对较为自由的环境中自行决定其利用市场机制，通过自治的方式来保证；③运营性：公共性较弱市场性较强，可以依托市场机制实现的程度；④专业型：公共性和市场型都强，这类服务一方面依赖市场机制，一方面又具备强大的外部型。

不同服务特征和不同经营模式的公共配套设施在分布和规模上显示不同的特征。公共设施的需求差别越小，市场性越弱，其自我调节的能力越弱，对制度保障的要求也越高；反之，公共设施的需求差别越大，市场性越强，其自我调节的能力越弱，对制度保障的要求也越低。

从控制方式上看，现阶段最不合理的为社区养老设施，社区医疗卫生设施，社区便民服务设施。在控制方式合理的设施中，民政服务设施，社区基础医疗保健设施效率较低，可见，对这两类设施来说，外力控制的力度不适度，需要加强外力（法规）控制的为文体活动设施，社区商业服务类设施。

3. 现阶段合理化配置建议

根据以上分析结果，居住区公共配套设施的合理化配置应该遵循以下原则。
（1）居住区公共配套设施的运作方式，设施规模和布局应符合其服务特征。
（2）居住区公共配套设施的控制体系应能针对其现状的分布规律进行有效的控制。

在这两条原则指导下，现阶段居住区公共设施的合理化配置提出以下建议。
（1）从公共服务内在特征的角度对居住区配套设施在功能分类的基础上再分类，保护型设施由政府统一控制，控制的重点为设施的布点和适度规模；自治型设施的组织方式可采取多种方式，控制的主体可以是开发商、社区自治组织或一定的机构，政府主要起监督和引导作用；运营型设施的控制主体是市场，因此政府主要起宏观调控作用；专业型设施的布局应由政府统一控制，但对其规模的控制应符合市场需求。
（2）建立符合差异特征的居住区公共配套设施建设的指导体系。在目前的发展阶段，应建立分级控制设施类型：社区文体设施，停车设施。应注重进行上一级规划控制的设施类型：商业服务类设施（在居住区层次的规定应以上一级规划为依据，国家不作严格的统一规定）。

应 用 案 例

居住区公共服务设施的不同分类方式

1. 按公共服务设施的使用性质分类

教育——包括托儿所、幼儿园、小学、中学等。

医疗卫生——包括医院、诊所、卫生站等。

商业服务——包括食品、菜场、服装、棉布、鞋帽、家具、五金、交电、眼镜、钟表、书店、饮食店、食堂、理发、浴室、照相、洗染、缝纫、综合修理、服务站、集贸市场等。

文化体育——包括影剧院、俱乐部、图书馆、游泳池、体育场、青少年活动站、老年人活动室、会所等。

金融邮电——包括银行、储蓄所、邮电局、邮政所等。

行政管理——包括商业管理、街道办事处、居民委员会、派出所、物业管理等。

市政公用——包括公共厕所、变电所、消防站、垃圾站、水泵房、煤气调压站等。

其他——包括社区内和街道的工业、手工业等。

随着社会经济的发展，公共服务设施还在不断增加新的内容。例如，由于通信技术的发展和城市网络的普及，社区电超市应运而生，主要经营电表IC卡充值，煤气IC卡充值，收取电话费等业务，也应当属于金融邮电类的服务设施。

2. 按居民对公共服务设施的使用频繁程度分类

居民每日或经常使用的公共服务设施例如：托儿所、幼儿园、小学、中学、菜场等。

居民必要的非经常使用的公共服务设施例如：银行、邮局、活动中心等。

3. 按公共服务设施经营性质划分

公益性：教育设施，医护设施，社区设施。

公益性，盈利性：文化运动设施。

营利性：商业设施，服务设施。

但是，随着我国市场经济的深度发展，有些公益性设施也在向盈利性转变。例如，从新中国建立到改革开放初期国家运用计划手段对医疗资源进行高度集中管理，以单一的行政手段对医疗资源的生产、分配、交换、消费实行统一计划。1985年国家为了控制医疗费用的增长过快，减轻财政、企事业单位、患者的负担，以及改善药费占医疗收入的比重过大这一不合理的现象提出了医疗体制改革的措施。医疗体制的改革改变了原先公费医疗的无偿药品提供，为了方便群众，非处方药品和保健品开始进入市场。近年来药店在城市住区中发展迅速，成为许多新建住宅区商业服务设施中的常见项目。而随着多层次的医疗体系的建立，由个人开设的诊所或者个人承包的社区医院成为最基础最广泛的医疗设施。

资料来源：吴忆凡．当代住宅区规划中公共服务设施规划模式初探［D］．西安：长安大学，2008，10-12.

本 章 小 结

本章主要学习的内容是居住区公共服务设施的概念；构成与分类；设置方式；以及居住区公共服务设施的发展趋势及应对设计。使学生通过本章学习，认识到公共服务设施作为居住区的重要辅助设施，其完整性起到至关重要的作用，并了解公共服务设施的配置方式。

居住区公共服务设施（也称配套公建），是指作为城市居住区中的配建项目，其功能主要是满足居民除居住以外的相关生活需求。在以往约定俗成概念的基础上可归纳定义为：居住区公共服务设施是主要为满足居住区居民生活需要所配套建设的，与一定居住区人口规模相互对应的，为居民服务和使用的各类设施。

居住区公共服务设施由多项为居民生活服务的功能设施构成，指公共服务设施、市政公用设施、停车设施、安全设施、管理设施和户外活动设施六大类。广义地说，居住区的所有物质实体均可归属为居住区的设施。

本章重点掌握的内容，是居住区公共服务设施的概念；构成与分类；管线综合相关知识。

思 考 题

1. 居住区公共服务设施有哪些相关概念？
2. 居住区公共服务设施的构成与分类是怎样的？
3. 居住区的工程管线综合原则是什么？

第6章
居住区道路系统及停车设施规划

【教学目标与要求】
- 概念及基本原理

【掌握】居住区道路的分级；各级道路横断面形式；居住区道路规划设计的基本要求；人车交通分行道路系统；人车混行的道路系统；人车部分分行道路系统；人车共存的道路系统；居住区内静态交通组织；机动车停车位标准；机动车停放基本形式。

【理解】居住区道路的功能；居住区道路规划设计的原则；居住区道路规划设计的经济性；自行车存车设施的规划布置；小汽车存车设施的规划布置。

- 设计方法

【掌握】居住区各级道路横断面设计；各种形式道路系统设计方法；静态交通组织方法。

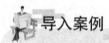导入案例

居住区中的人—车—路关系探讨

1. 居住区道路系统构成

我国居住区按照居住户数或人口规模分为居住区、居住小区、居住组团3级。与居住区分级相对应，除了以城市干道作为居住区外围道路外，居住区内部道路分为居住区道路、居住小区道路、居住组团道路和宅前小路4级。

2. 以人为中心的人—车—路系统

居住区是城市居民"住"的场所，同时也是城市居民"行"的起点和终点。居住区内道路和车辆都是为了满足居民"行"方面的需求人居环境的核心是"人"，城市居住区是人类居住环境的一部分，对居住区规划的任何一个组成部分的研究，都应该建立在对人的全面了解上。这要求在进行道路交通规划及空间设计时，要充分考虑人的行为特点和居民之间的交往习惯，满足人的行为需求，而不能一味地满足车辆的行驶与停放要求。

3. 居住区道路与居民活动

居住区里的生活性道路空间十分重要，生活性街道所具备的提供交往空间的功能是不能割舍的。居住区道路空间具有很强的可塑性，通过合理地规划设计，能够塑造类型丰富的道路空间，激发居民之间交往的欲望。这对创建充满生活气息、邻里交往密切的生活环境十分有益。

4. 汽车的普及对道路和人的影响

汽车的普及对居住区道路产生的最直接影响就是道路宽度的增加。实际上，加宽的居住区道路对居民的生活是不利的。首先，虽然路面加宽后道路拥挤状况得到一定程度

的缓解，但同时也导致了车速的加快。快速行驶的汽车给居民带来了交通安全方面的问题。其次，宽阔的道路势必要加大道路两侧行人的距离，这意味着居民之间信息交流的减少，从而导致交往机会的减少。

资料来源：叶茂等. 基于人车共存的居住区道路系统规划设计探讨[J]. 规划师，2009(6)，47-50.

居住区道路是居住空间和环境的一部分。因此，居住区规划中处理好"人—车—路"之间的相互关系，既能满足居住区内的交通活动需求，同时又能营造社区氛围，成为公共环境的核心。以上这些内容是组织居住区道路系统的前提，同时也是处理好居住区道路分级和道路系统基本形式组合的基础，本章将对居住区道路系统进行详细分析与学习。

6.1 居住区道路的功能和分级

6.1.1 居住区道路的功能

（1）居住区日常生活方面的交通活动，是主要的，也是大量的。我国目前以步行、自行车交通、私家小汽车为主；在一些规模较大的居住区内，还会通行公共汽车，还要考虑通行出租车、私人摩托车的问题。

（2）通行清除垃圾、递送邮件等市政公用车辆。

（3）居住区内公共服务设施和工厂的货运车辆通行。

（4）满足敷设各种工程管线的需要。

（5）道路的走向和线型是组织居住区建筑群体景观的重要手段，也是居民相互交往的重要场所(图6.1)。

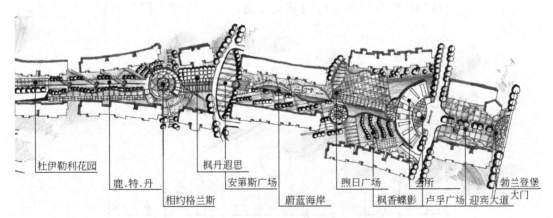

图6.1 居住区步行街
资料来源：翌德(上海)国际设计机构.

（6）供救护、消防和搬运家具等车辆的通行。

6.1.2 居住区道路的分级

(1) 第一级。居住区级道路：是居住区的主要道路，用以解决居住区内外交通的联系。道路红线宽度不宜小于20m，必要时可增宽至30m。机动车道与非机动车道在一般情况下采用混行方式，车行道宽度不应小于9m。居住区级道路横断面形式如图6.2所示。

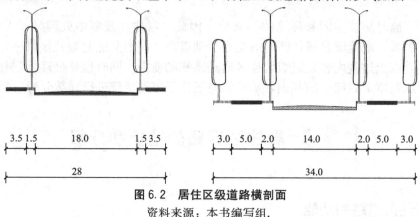

图6.2 居住区级道路横剖面
资料来源：本书编写组.

(2) 第二级。居住小区级道路：是居住区的次要道路，用以解决居住区内部的交通联系。路面宽6～9m，建筑控制线之间的宽度，需敷设供热管线的不宜小于14m；无供热管线的不宜小于10m(图6.3)。居住小区级道路横断面形式如图6.4所示。

(3) 第三级。住宅组团级道路：是居住区内的支路，用以解决住宅组群的内外交通联系。路面宽3～5m；建筑控制线之间的宽度，需敷设供热管线的不宜小于10m；无供热管线的不宜小于8m。住宅组团级道路横断面形式如图6.5所示。

(4) 第四级。宅间小路：是通向各户或各单元门前的小路，路面宽不宜小于2.5m。宅间小路横断面形式如图6.6所示。

此外，在居住区内还可有专供步行的林荫步道，其宽度应根据规划设计的要求而定(图6.7)。

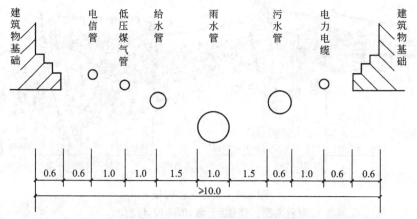

图6.3 无供热管线居住区小区级道路市政管线最小埋设走廊宽度(m)
资料来源：中华人民共和国建设部. 城市居住区规划设计规范(GB 50180—93，2002年版)

图 6.4 居住小区级道路横剖面
资料来源：本书编写组.

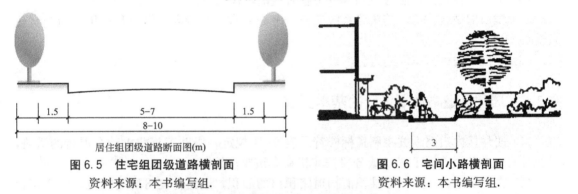

图 6.5 住宅组团级道路横剖面
资料来源：本书编写组.

图 6.6 宅间小路横剖面
资料来源：本书编写组.

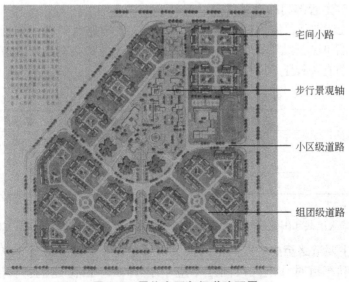

图 6.7 居住小区各级道路配置
资料来源：本书编写组.

6.2 居住区道路规划设计的原则和基本要求

6.2.1 居住区道路规划设计的原则

进行居住区道路规划设计，应遵循下列原则。

(1) 根据地形、气候、用地规模、用地四周的环境条件、城市交通系统以及居民的出行方式，应选择经济，便捷的道路系统和道路断面形式。

(2) 小区内应避免过境车辆的穿行，道路通而不畅，避免往返迂回，并适于消防车、救护车、商店货车和垃圾车等的通行。

(3) 有利于居住区内各类用地的划分和有机联系，以及建筑物布置的多样化。

(4) 当公共交通线路引入居住区级道路时，应减少交通噪声对居民的干扰。

(5) 在地震烈度不低于六度的地区，应考虑防灾救灾要求。

(6) 满足居住区的日照通风和地下工程管线的埋设要求。

(7) 城市旧城区改造，其道路系统应充分考虑原有道路特点，保留和利用有历史文化价值的街道。

(8) 应便于居民汽车的通行。

6.2.2 居住区道路规划设计的基本要求

(1) 居住区内道路纵坡控制指标应符号表6-1规定，机动车与非机动车混行的道路，其纵坡宜按非机动车道要求，或分段按非机动车道要求控制。

(2) 在多雪地区，应考虑堆积清扫道路积雪的面积，道路宽度可酌情放宽，但应符合当地城市规划行政主管部门的有关规定。

(3) 山区和丘陵地区，路网格式应因地制宜，主要道路宜平缓，车行与人行宜分开设置自成系统。路面可酌情缩窄，但应安排必要的排水边沟和会车位，并应符合当地城市规划行政主管部门的有关规定。

表6-1 居住区内道路纵坡控制指标(%)

道路类别	最小纵坡	最大纵坡	多雪严寒地区最大纵坡
机动车道	≥0.3	≤8.0，L≤200m	≤5.0，L≤600m
非机动车道	≥0.3	≤3.0，L≤50m	≤2.0，L≤100m
步行道	≥0.3	≤8.0	≤4.0

注：L为坡长(m)

资料来源：中华人民共和国建设部. 城市居住区规划设计规范(GB 50180—93，2002年版)

(4) 小区内主要道路至少应有两个出入口；居住区内主要道路至少应有两个方向与外围道路相连；机动车道对外出入口间距不应小于150m。沿街建筑物长度超过150m时，应设不小于4m×4m的消防车通道。人行出口间距不宜超过80m，当建筑物长度超过80m

时，应在底层加设人行通道。居住区内尽端式道路长度不宜大于120m，并应在尽端设不小于12m×12m的回车场地(图6.8)。

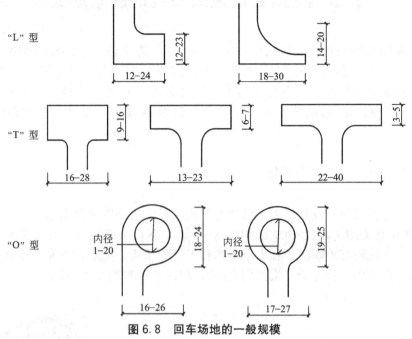

图6.8 回车场地的一般规模

资料来源：城市居住区规划设计规范(GB 50180—93，2002年版)

(5) 居住区内道路与城市道路相接时，其交角不宜小于75°；当居住区内道路坡度较大时，应设缓冲段与城市道路相接。

(6) 进入组团的道路，既应方便居民出行和利于消防车、救护车的通行，又应维护院落的完整性和利于治安保卫。

(7) 在居住区内公共活动中心，应设置为残疾人通行的无障碍通道。通行轮椅车的坡道宽度不应小于2.5m，纵坡不应大于2.5%。

(8) 当居住区内用地坡度大于8%时，应辅以梯步解决竖向交通，并宜在梯步旁附设推行自行车的坡道。

(9) 居住区内道路边缘至建筑物、构筑物的最小距离，应符合表6-2规定。

表6-2 道路边缘至建筑物、构筑物最小距离(m)

与建、构筑物关系		居住区道路	小区路	组团路及宅间小路
建筑物面向道路	高层 无出入口	5.0	3.0	2.0
	多层 无出入口	3.0	3.0	2.0
	有出入口	—	5.0	2.5
建筑物山墙面向道路	高层	4.0	2.0	1.5
	多层	2.0	2.0	1.5
围墙面向道路		1.5	1.5	1.5

资料来源：中华人民共和国建设部. 城市居住区规划设计规范(GB 50180—93，2002年版)

6.3 居住区道路系统的基本形式

居住区道路系统的规划设计与居住区内外动、静态交通的组织密切相关，即与居民的出行方式和拥有的私人交通工具密切相关。同时还应根据地形、现状条件、住宅特征、规划结构及景观要求等因素综合考虑。居住区内动态交通的组织包括人车交通分行道路系统、人车混行道路系统、人车部分分行道路系统及人车共存道路系统4种基本形式。

6.3.1 人车交通分行道路系统

人车交通分行道路系统是指由车行和人行两套独立的道路系统所组成。这种道路系统形式于1933年在美国新泽西洲的雷德朋（Radburn，NJ）小镇规划中首次采用并实施。人车分行的道路系统较好地解决了私人小汽车和人行的矛盾，此后，在私人小汽车较多的国家和地区被广泛采用，并称为"雷德朋系统"，如图6.9和图6.10所示。

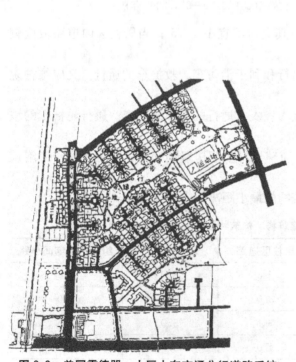

图6.9 美国雷德朋一小区人车交通分行道路系统
资料来源：李德华．城市规划原理［M］．3版．北京：中国建筑工业出版社，2001.

图6.10 日本百草居住区人车分行道路系统
资料来源：杨勇．居住区道路"人车分行"与"人车混行"模式比较分析［J］．安徽建筑，2010(10).

采用人车交通分行道路系统旨在保证居住区内部居住生活环境的安静与安全,避免居住区内大量私人机动车交通对居住生活质量的影响,如交通安全、噪声、空气污染等。基于这样一种交通组织目的,规划设计中采用人车交通分行道路系统时,在居住区的路网布局上应遵循以下原则。

(1) 进入居住区后步行通路与汽车通路在空间上分开,设置步行路与车行路两套独立的路网系统。

(2) 车行路应分级明确,可采取围绕居住区或住宅群落布置的方式,并以枝状尽端路或环状尽端路的形式伸入到各住户或住宅单元背面的入口。

(3) 在车行路周围或尽端应设置适当数量的住户停车位,在尽端型车行路的尽端应设回车场地。

(4) 步行路应贯穿于居住区内部,将绿地、户外活动场地、公共服务设施串联起来,并伸入到各住户或住宅单元正面的入口,起到连接住宅院落、住家私院的作用。

(5) 步行路网与车行路网在空间上不能重叠,在无法避免时可采用局部立交的工程措施。在有条件的情况下(如财力或地形)可采取车行路网整体下挖并覆土,营造人工地形,建立完全分离、相互完全没有干扰的交通路网系统;也可以采用步行路网整体高架,建立两层以上的步行路网系统的方法来达到人车分行的目的。

6.3.2 人车混行的道路系统

人车混行的道路系统是指机动车交通与人行交通共同使用一套路网,即机动车与行人在同一道路断面中通行。人车混行的道路系统是居住区内最常见而传统的居住区交通组织形式,适用于小汽车数量不多的国家和地区,特别对一些居民以自行车和公共交通出行为主的城市更为适用。规划设计中采用人车混行道路系统时,应使居住区道路分级明确,并应贯穿于居住区内部,主要路网布局一般采用互通式的形式,如图 6.11 所示。

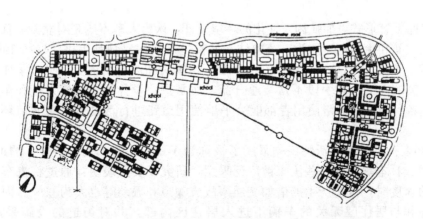

图 6.11 密尔顿. 凯恩斯新城的鹰石(Eaglestone)小区
资料来源:霍俊青. 居住区"人车和谐"的道路系统研究 [D]. 天津:天津大学,2004.

6.3.3 人车部分分行的道路系统

这种道路系统形式是以人车混行的道路系统为基础，只在个别地段设置步行专用道，但在步行专用道和车行道的交叉处不设置立体交叉。随着居民生活水平和对居住环境要求的提高，完全的人车混行方式将不能符合居住需求的发展，特别是在住宅院落空间和住宅群落空间中，根据条件和需求采用人车部分分行的交通组织方式和路网布局形式更加适用，而且完善的步行交通系统使居住区具有强烈的家园感和交通安全感，如图6.12所示。

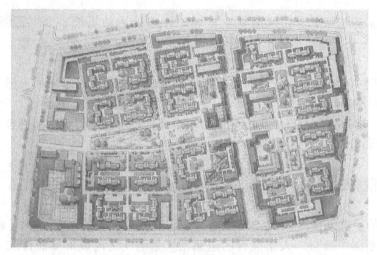

图 6.12 人车部分分行的道路系统
资料来源：全国城市规划专业指导委员会，2001.

6.3.4 人车共存的道路系统

这种道路系统形式更加强调人性化的环境设计，认为人车不应是对立的，而应是共存的，将交通空间和生活空间作为一个整体，使街道重新恢复勃勃生机。早在1963年，在规划设计荷兰新城埃门（Emmen）时，就开始探讨解决在城市街道上，小汽车使用与儿童游戏之间冲突的方法，其手段不是交通分流，而是重新设计街道，使人行和车行得以共存，认为使各种类型的道路使用者都能公平地使用道路进行活动是改善城市环境的关键因素。

1970年在荷兰的德尔沃特最先采用了被称为Woonerf的"人车共存"的道路系统，以后在德国、日本等其他一些国家被广泛采用。研究及实践表明：通过将汽车速度降低到步行者的速度时，汽车产生的诸如交通事故、噪声和振动等也大为减轻。因而只要城市过境交通和与居住区无关的车辆不进入居住区内部，并对街道的设施采用多弯线型、缩小车行宽度、不同的路面铺砌、路障、驼峰以及各种交通管制手段等技术措施（图6.13），人行和车行是完全可以合道共存的，图6.14为人车共存道路系统设计实例。

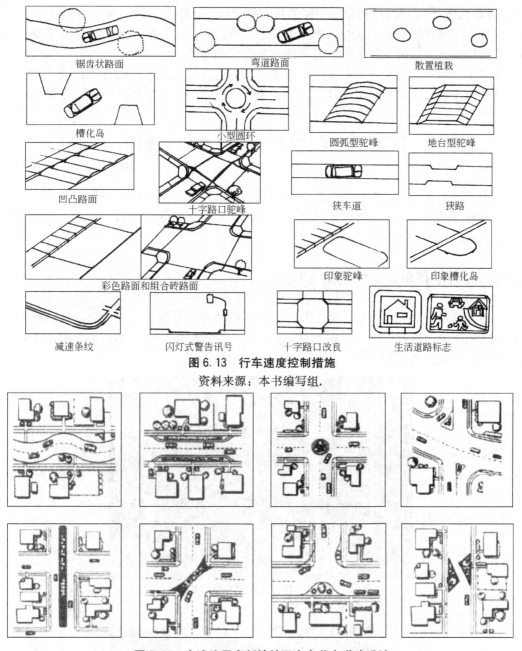

图6.13 行车速度控制措施

资料来源：本书编写组.

图6.14 台湾汐见台新镇社区人车共存道路设计

资料来源：叶茂等. 基于人车共存的居住区道路系统规划设计探讨［J］. 规划师，2009(6).

6.4 居住区道路规划设计的经济性

道路的造价占居住区室外工程造价的比重较大。居住区规划设计中，在满足使用要求的前提下，应考虑如何缩短单位面积的道路长度和道路面积。道路的经济性一般用道路线密度(道路长度/hm²)和道路面积密度(道路面积/hm²)来表示。

居住小区或街坊面积增大时，单位面积的坊外道路长度及面积造价均显著下降；居住小区或街坊形状的影响也很大，正方形的较长方形的经济。

居住小区和街坊面积的大小对单位面积的坊内道路长度、面积和造价影响不大，而道路网形式和布置手法对指标影响较大，如采用尽端式道路均匀布置，则指标显著下降。

6.5 居住区内静态交通的组织

居住区内静态交通组织是指各类交通工具的存放方式。一般应以方便、经济、安全为原则，设置足够的停车位，并根据居住区的不同情况采用室外、室内、半地下或地下等多种存车方式。

6.5.1 自行车存车设施的规划布置

自行车是城市居民主要的交通工具之一，居民的存车与取车，应与居民日常性的各项出行方式相一致，便捷通畅。根据实践调查，采用住宅底层架空、半地下架空作为自行车的停放是住户较为满意的存车方式(图6.15和图6.16)。

图6.15 自行车存放在住宅底层
资料来源：http://www.baidu.com/

图6.16 自行车存车方式
资料来源：http://www.baidu.com/

6.5.2 小汽车存车设施的规划布置

1. 车辆停放的基本形式

机动车的停车组织应考虑解决好停车场内的停车与行车通道关系，及其与外部道路交通的关系，使车辆进出顺畅、线路短截、避免交叉和逆行。

车辆停放方式关系到车位组织、停车面积以及停车设施的规划设计。车辆停放方式根据与道路关系分为3种基本类型，即平行式、垂直式和斜列式（图6.17、表6-3和图6.18）。

图 6.17 汽车停放基本类型
资料来源：朱家瑾. 居住区规划设计 [M]. 北京：中国建筑工业出版社，2000.

表 6-3 停车段基本尺度表(m)

车型	平行式				垂直式			斜列式（45°）		
	W_1	H_1	L_1	C_1	W_2	H_2	C_2	W_3	H_3	C_3
小汽车	3.50	2.50	2.70	8.00	6.00	5.30	2.50	4.50	5.50	3.50
载重卡车	4.50	3.20	4.00	11.00	8.00	7.50	3.20	5.80	7.50	4.50
大客车	5.00	3.50	5.00	16.00	10.00	11.00	3.50	7.00	10.00	5.00

注：通道为双行时需加宽2~3m。
资料来源：朱家瑾. 居住区规划设计 [M]. 北京：中国建筑工业出版社，2000.

(a) 垂直式

(b) 斜列式

(c) 平行式

图 6.18 汽车停放实例
资料来源：http://news.China.com.cn/

1）平行式

车辆平行于行车道路的方向停放。其特点是所需停车带较窄，驶出车辆方便、迅速，但占地最长，单位长度内停车位最少。

2）垂直式

车辆垂直于行车道路的方向停放。其特点是单位长度内停车位最多，但停车带占地较宽，且在进出时需倒车一次，因而要求通道至少有两个车道宽，布置式可两边停车合用中间通道。

3）斜列式

车辆与行车通道成角度停放（一般有30°、45°、60°3种）。其特点是停车带宽度随停放角度而异，适于场地受限制时采用。其车辆出入及停放均较方便，有利于迅速停放与疏散，但单位停车面积比垂直停车要多，特别是30°停放，用地最费，较少采用。

2. 小汽车停车的规划布置方式

现代城市家庭的将小汽车作为主要交通工具已成为一种趋势，因而规划设计时应重视并解决小汽车的存车问题。小汽车停车的规划布置方式一般包括集中停车（图6.19）和分散停车（图6.20）两种基本形式。

图6.19 小区地面集中停车场
资料来源：http://www.ce.cn/

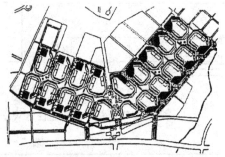

图6.20 德国汉堡某住宅群分散式停车场
资料来源：李德华. 城市规划原理[M]. 3版. 北京：中国建筑工业出版社，2001.

分散停车由于规模小布置自由灵活，形式多样，使用方便，但不易管理，影响观瞻，只能临时或短时间使用，图6.21为分散式停车的多种形式。

图6.21 分散式停车的多种形式
资料来源：http://image.baidu.com/

集中停车能够最大可能地共用回转车道，因而比分散停车节约用地，但不足之处是住户存取相对不方便。

在规划设计中可采取集中与分散相结合的布置方式，一方面，可以与居住区内公共建筑中心及场地、绿地结合起来，以停车楼或地下、半地下停车库的方式设置集中停车场（库）（图6.22）；另一方面，在邻里或组团内结合绿地设置若干分散停车位（图6.23），与集中停车方式相互补充。

(a) 地下停车场入口　　　　　　　　(b) 地下停车场内部

图6.22　小区绿地下的集中地下停车场

资料来源：http://www.baidu.com/

图6.23　组团内结合绿地设置的分散停车位

资料来源：http://www.baidu.com/

图6.24为某小区规划设计采用了集中与分散相结合的小汽车停车规划布置方式，在小区西北和东南设置了两处集中地下停车场，同时利用宅间又设置了分散的地面停车位。

图6.25为利用小区中心绿地下的地下空间规划设计了地下集中停车场，同时利用宅间用地设置了若干处分散停车位，方便了小区居民的停车。

6.5.3　机动车停车位标准

居住区内必须配套设置居民汽车（含通勤车）停车场、停车库，并应符合下列规定。
（1）居民汽车停车率不应小于10%。

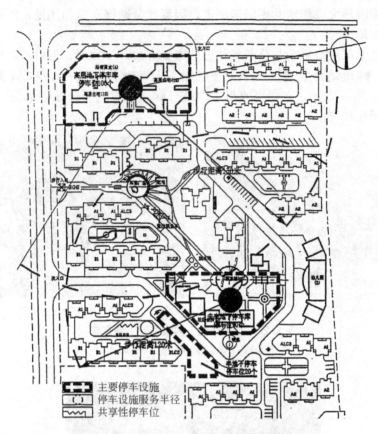

图 6.24　集中与分散相结合的停车方式
资料来源：赵文强. 居住小区汽车停车问题 [D]. 西安：西安建筑科技大学，2001.

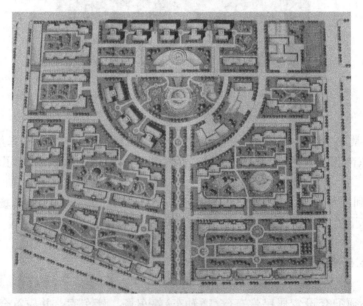

图 6.25　集中与分散相结合的停车方式
资料来源：本书编写组.

(2) 居民区内地面停车率(居住区内居民汽车的停车位数量与居住户数的比率)不宜超过 10%。
(3) 居民停车场、库的布置应方便居民使用，服务半径不宜大于 150m。
(4) 居民停车场、库的布置应留有必要的发展余地。

应 用 案 例

德国居住区规划中针对城市气候问题的应对策略——交通系统规划

城市气候学研究表明，机动交通工具会释放大量废气、严重制造噪声；发动机放热会导致车流附近气温上升 1～2 度；尾气涡旋还可能扰乱附近的微气流循环。为了减轻或避免上述负面影响，交通系统规划与设计必须从下列 4 个方面入手：提倡公共交通、屏蔽噪声污染、限制污染物扩散、普及透水性路面材料。

第一，大力提倡公共交通、鼓励健康的出行方式，不仅利于在新区控制空气污染与热岛强度，而且能够在内城限制机动交通流量增加所致的气候恶化。1990 年代以来，为了建设"不依赖机动车(autoarm)"的近郊生态住区，以下措施在德国得以推广：将原有城市轨道交通线路延长至新建居住区内部，并在其中设立 2～3 个公交站点；减少住宅附近的停车位，并在居住区边缘建设若干独立停车楼；规划高效率的机动车路网，并降低机动车道路用地比例；在居住区内部规划独立的自行车路网，并提高步行线路品质；提倡功能混合，使各种功能就近建设。弗莱堡市的 Rieselfeld 居住区与 Vauban 居住区都是成功的建成案例。

第二，引入新区的轨道交通与不可避免的机动交通所释放的噪声必须予以屏蔽。对此，在道路两侧种植矮树篱是最简单的解决方案，但它占地面积较大。有研究表明，4～7m 宽矮树篱带的降噪效果最好，同时还可吸收 70% 的污染物，并将废气控制到 50%～90%。在用地紧张的区域，则可将交通干道沿途地块规划成为混合功能区。沿街布置的办公与零售功能将为其后部的住宅功能提供良好的噪声防护。在地下水位线允许的地区，可建设下凹式轨道交通，并配以侧墙绿化。

第三，在目前的能源消费结构基础上，发动机释放的污染物通常至少占居住区总污染物释放量的 1/3，因此机动车道路的污染物扩散必须得到控制。对此，沿道路种植阔叶树最为有效。有研究指出，树木稀少的道路灰尘含量是林荫道的 3 倍。原因在于吸附在树叶上的粉尘会随雨水降落到地表，并被地表植被牢牢固定；而沥青路面干燥以后，灰尘将再次被强风卷起。由于雨水只能经植物根部引导下渗，因而行道树绿带更适合采用深根茎阔叶植被，如法国梧桐、刺槐和银毛椴等。

第四，在目前的德国城市设计概念竞赛评选中，不仅道路面积占地比例被作为重要的评选标准，而且透水性路面比例也成为衡量设计方案"生态程度"的关键指标。首先，透水性路面材料允许地表和地下水分蒸发，从而带走大量热量、降低道路日间蓄热量、降低夜间热岛强度；其次，它允许雨水渗入地下，减少开发活动对天然水循环的干预；再次，它能够有效减少暴雨引发的地表径流，减轻市政排水系统压力，并防止道路周边绿化受到侵蚀。适用于道路与静态交通表面的透水性铺装主要包括 3 类：透水沥青、接缝面积比例较大(30%～40%)的地砖铺面、植草砖。限速低于 30km/h 的道路路面就不必铺设沥青，适宜采用日间蓄热能力较弱、吸水能力较强、干燥周期较短的糙表面地砖。由于长期处于阴影之中的草地会在两年之内干枯，因此夜间频繁使用或日间偶尔使用的停车位适宜铺设草砖，而日间频繁使用的停车适宜铺设地砖。

当代德国居住区规划针对城市气候问题的应对策略与相关措施充分展现了通过规划手段避免与改善城市气候问题的可能性，可以为我国生态化城市环境的规划与建设提供参考。

资料来源：刘姝宇，徐雷. 德国居住区规划中针对城市气候问题的应对策略 [J]. 建筑学报，2010(8)，20-23.

本 章 小 结

本章主要学习的内容是居住区道路的功能和分级、居住区道路规划设计的基本要求、居住区道路系统的基本形式、居住区内静态交通的组织。这些内容是学习居住区规划原理和进行居住区规划设计所必需的基本知识。

居住区道路分为4个级别，第一级为居住区级道路，第二级为居住小区级道路，第三级为住宅组团级道路，第四级为宅间小路。居住区的道路系统应根据功能要求进行分级。

居住区道路系统包括4种基本形式：人车交通分行道路系统、人车混行的道路系统、人车部分分行的道路系统、人车共存的道路系统。应根据地形、现状、规划结构及景观等因地制宜地采用相适应的道路系统形式。

机动车停放的基本形式包括平行式、垂直式和斜列式三种基本形式。小汽车存车设施的规划布置方式一般包括集中停车和分散停车两种基本形式，在规划设计中可采取集中与分散相结合的布置方式，与居住区内公共建筑中心及场地、绿地结合起来设置集中停车场（库），在邻里或组团内结合绿地设置若干分散停车位与集中停车方式相互补充。

重点掌握的内容，是居住区各级道路宽度及横断面形式、居住区道路规划设计基本要求、居住区道路系统4种基本形式的概念、机动车停放的基本形式、小汽车停车的规划布置方式、机动车停车位标准。

思 考 题

1. 居住区道路包括哪些功能？
2. 居住区道路分为那几个级别？每个级别道路的红线宽度是多少？横断面形式如何？
3. 居住区道路规划设计的原则有哪些？
4. 进行居住区道路规划设计时，应考虑哪些基本要求？
5. 居住区道路系统有哪几种基本形式？
6. 采用人车交通分行道路系统形式进行居住区道路设计时，应遵循哪些基本原则？
7. 居住区道路的经济性一般用哪些指标来表示？居住区道路经济性影响因素有哪些？
8. 什么是居住区内静态交通组织？家庭小汽车的存放方式有哪几种？每种方式的优缺点是什么？
9. 机动车停放包括哪几种基本形式？
10. 小汽车存车设施的规划布置方式有哪几种？每种方式各有哪些优势和不足？
11. 机动车停车位标准有哪些？

第7章
低碳居住区绿地设计

【教学目标与要求】
- 概念及基本原理

【掌握】居住区绿地相关概念、低碳居住区绿地的组成与分类、低碳居住区绿地的重要碳汇功能;低碳居住区绿地与微气候调控结合的措施。

【理解】绿地相近概念的解析;居住区绿地系统的优化设计。
- 设计方法

【掌握】低碳居住区绿地系统设计方法

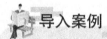 导入案例

低碳环保渐成主流绿地打造时尚节能型住宅

2009年,在哥本哈根的全球气候大会,中国把气候问题乃至为解决气候问题而提出的以低能耗、低污染、低排放为基础的经济模式——低碳经济呈现在了世界人民的面前。作为房地产而言,低碳地产也同样展现出一个全新的生活话题。如果没有有效地节能导向,建筑发展必将成为经济社会发展难以承受之重。因此,发展低碳、绿色建筑已经势在必行。在这一历史契机下,绿地集团倾力打造的新里·七星公寓,因低碳环保、时尚节能脱颖而出。

景观环境修炼富氧"小气候"健康的环境是环保型住宅的前提,新里·七星公寓坐落于南部新城核心地带,拥有城市规划中南部两大公园的环绕,大大增加了空气中的负离子含量,加之伊通河、八一水库、永春河的滋润天养,使得小区拥有了优越的外部环境。在社区内,高达40%的绿化率以及各组团之间采用名贵花木自然过度,造就了一个天然的大氧吧,为业主酿造新鲜空气。空气新、境界高、视野远、精神爽、心旷神怡、阳光充足,是缔造修为、颐养生性、健康生活的根本保障。小区采用了科学的规划,在保证美观、幽雅的前提下,还可最大限度地实现自然降噪。此外,新里·七星公寓为每一户都配置了以低能耗、高效著称的法国爱迪士新风系统,可在不开窗的情况下,两小时内完成空气更新,全方位呵护健康有氧栖居。以"富氧低碳"为特色的新里·七星公寓,不仅风景优美能够有效减排二氧化碳,同时也因社区所营造的富氧"小气候",甚至全年都不用开空调。

节能环保软硬兼优"成正果"以科技环保、节能减排为技术核心的新里·七星公寓,秉承现代住宅功能区、会客区与居住区的完美分离,私密性强,并且在建筑上最大限度地增强性价比。同时在建筑内涵上则采用了中西合璧的卓越理念,大力降低建筑密度,使居住最大程度保持与周围自然生态环境——阳光、空气、水、动植物等亲密接触,

便于人们彼此交流形成开放和谐的社区邻里关系，从而保证居住者生理上与心理上最自然的健康。公寓采纳多项新科技，以新标准节能65%的保温系统，达成建筑的节能与环保。其在外墙采用聚苯保温板外保温系统，而门窗采用德国柯梅令秀美之星塑钢门窗，配置德国诺托五金件，北向固定窗采用3层中空玻璃，有效降低了冬季、夏季能耗的损失。周界红外防越系统、电子巡更系统、可视监控系统、门禁系统、楼宇对讲系统等智能安防系统，使生活舒适安全。此外，地板辐射采暖，无强烈的空气对流，采暖空间含尘量低，空气质量和卫生状况好，有利于人体健康，既环保又大大降低空调、暖气运行能耗。

资料来源：http://news.163.com/10/0312/01/61HPVFT000146BB.html

低碳思想是近年来全世界最先进、最流行的环保理念，因此打造低碳居住区也成为国内各大城市房地产开发商的主打理念。绿地具有重要的碳汇功能，在改善居住区环境、制造氧源、改善局部地区微气候，构建低碳居住区方面起着至关重要的作用。

7.1 相关概念解析

居住区绿地是城市绿地的有机组成部分，是城市"点、线、面"式绿地系统中的"点"。其分布最为广泛，便于市民使用。

规则城市建设用地结构中规定，绿地与广场用地占城市建设用地的比例为10%~15%，而《城市居住区规划设计规范》中规定居住区绿地率新区建设不应低于30%，旧区改造不宜低于25%。由此可见居住区绿地的密度远大于城市绿地密度，所以居住区绿地率应当作为衡量城市绿地水平的重要依据；另一方面，与城市其他绿地不同，居住区绿地的规划控制最终是由规划师和开发商共同完成的，因此如何控制居住区绿地的开发过程使居住区绿地率体现出其应有的作用，是绿地率指标确定的关键。

但不少人对"绿地率"及有关绿地概念的具体内涵外延，计算方法并不很清楚，甚至相互混淆治，有的小区号称绿地率达到90%以上，令人其名惊诧；在某全国范围内组织的居住区规划设计方案竞选中，某参选方案的公共绿地占居住区四项用地比例和绿地率同为40%，让评审专家哭笑不得。对居住区绿地有关概念的混淆导致对居住区绿化环境衡量、评价标准不一致，对环境质量表达不准确，故有必要予以澄清。

7.1.1 绿地率

新版《城市居住区规划设计规范》要求新建住区的绿地率应不低于30%，旧区改建绿化用地面积应不低于总用地面积的25%。2002年版的《城市居住区规划设计规范》（GB 50180—1993）（以下简称2002版《规范》）中对绿地的定义为"公共绿地、宅旁绿地、公共服务设施所属绿地和道路绿地，其中包括满足当地植树绿化覆土要求、方便居民出入的地下或半地下建筑的屋顶绿地，不应包括屋顶、晒台的人工绿地"。而新版《规范》中将"满足当地植物绿化覆土要求、方便居民出入的地下或半地下建筑的屋顶绿地"纳入了绿地的统计口径。可见，屋顶绿地已经引起了国家的足够重视，这也是对屋顶绿地作用的一个肯定。

7.1.2 公共绿地

公共绿地是指满足规定的日照要求、适合于安排游憩活动设施的，供居民共享的游憩绿地，应包括居住区公园、小区小游园、组团绿地及其他块状、带状绿地"。公共绿地既是居住区 4 项用地构成之一，又是居住区绿地的组成部分，公共绿地概念的提出，对于居住区分级附近绿地系统的形成有重要意义。

公共绿地面积的计算起止界限一般为：绿地边界距房屋墙脚 1.5m；临城市道路时算到道路红线；临场地内道路时，有控制线的算到控制线，道路外侧有人行道的算到人行道外线，否则算到道路路缘石外 1m 处，临围墙、院墙的算到墙脚。但不应包含宅旁（宅间）绿地，以及建筑标准日照、防火等间距内或建筑四周附属的零散、小块绿地。

7.1.3 公共绿地率

从新版《规范》可以看出，住宅用地的比例在居住区和组团内都有所提高；公建用地的比例则大幅度地下降；道路用地的比例提高了 2‰～4‰；公共绿地的比例下限没有变化，但其上限在居住区和小区内都有所提高。公共绿地率的提高说明了随着生活水平的不断提高，人们对游憩活动场所的要求也越来越高，同时也是对公共绿地综合功能的肯定。

7.1.4 人均绿地面积

人均绿地面积是指绿地面积与住区人口的比值。可以将其分为人均水平绿地面积（不含屋顶绿地）、人均屋顶绿地面积和人均垂直绿地面积。通常所说的人均绿地面积不含屋顶绿地，但对于改善住区环境来说屋顶绿地和垂直绿地都发挥着重要的作用。因此，可以仿照人均绿地面积的概念将人均屋顶绿地面积定义为，屋顶绿地面积与住区人口的比值；同样可将人均垂直绿地面积定义为，垂直绿地面积与住区人口的比值。

7.1.5 人均公共绿地面积

新版《规范》规定，居住区内公共绿地的总指标，应根据居住人口规模分别达到：组团不少于 $0.5m^2$/人，小区（含组团）不少于 $1.0m^2$/人，居住区（含小区与组团）不少于 $1.5m^2$/人。

7.1.6 绿化覆盖率

绿化覆盖率是指乔木、灌木和草本植物垂直投影面积和总的用地面积之比，乔木树冠下的灌木和草本植物不再重复计算。从定义中可以看出，在一定时间内，绿化覆盖率是一个随着时间的变化而不断变化的动态数值，这给绿化覆盖率的测量带来了一定的难度。因此，需要根据现有树种的不同年龄情况进行统计分析，发现常见树种在正常情况下不同时间内其树冠发生变化的规律，然后由权威部门统一认定，以之作为树种选择和绿化覆盖率评定的依据。

7.2 低碳居住区绿地的组成和分类

7.2.1 从绿地的实际使用功能分类

从绿地的实际使用功能来分，可以将居住区绿地分为4种形式，即生态绿地、游憩绿地、标志绿地、防护绿地。

1. 生态绿地

生态功能可以说是绿地的一个基本功能。在住区绿地的规划设计中，应当利用植物群落生态系统的循环和再生功能，结合居民享用绿地的实际需求，选用合适的树种，维持小区的生态平衡。有益于身心健康的保健型植物有松柏、银杏、香樟、柑橘等，有益于消除疲劳的香花型植物有月季、松树、竹子、梅花等；有益于招引鸟类的树种有火棘林、松柏林等。

2. 游憩绿地

茶余饭后，休闲散步，是居民就近休息的主要方式，因此游憩绿地应主要安排在组团附近的小块绿地中。可采用多种布置形式相结合，如活泼、自由的球灌木绿地；简洁规整的稀树绿地；季相多变的主题绿地；山墙垂直绿化等。

3. 标志绿地

居住区的标志功能绿地主要布置在住区公共服务设施、主要道路、交叉口和回车道、住区主要出入口和住宅出入口，布置时可选用一些易识别、有特色的树种。

4. 防护绿地

防护绿地主要分布在道路、停车场、特殊公共设施和临街面周围，主要起防护隔离作用，从而提高住区的安全性。

7.2.2 从绿地的性质和服务对象分类

从绿地的性质和服务对象来看，可以将绿地分为公共绿地、专用绿地、道路绿地、宅属绿地，如图7.1所示。

1. 公共绿地

居住区内的公共绿地是指不属于住宅区其他三大类用地，为居住区全体或大部分居民共同享用的绿地，应包括居住区公园、小区游园和组团绿地及其他块状、带状绿地。

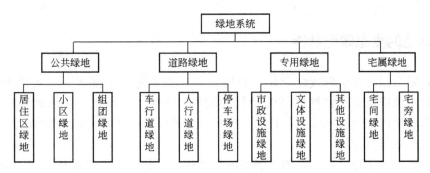

图 7.1 居住区绿地系统构成图
资料来源：本书编写组.

2. 专用绿地

专用绿地又称为公共建筑绿地，主要是指各类服务设施（如公共服务设施、市政设施等）用地范围内的绿地。

3. 道路绿地

道路绿地是指在道路用地（道路红线）范围内的绿地和停车场内的绿地。如其中的花坛、行道树、草地等。

4. 宅属绿地

宅属绿地是指住宅周围用于种植绿色植物，且并不属于公共绿地的用地，是住宅内外结合的纽带。此外还应该包括屋顶、墙面、窗台和阳台等处的绿化。

7.2.3 从绿地下垫面的特征分类

从绿地下垫面的特征来看，可以将居住区绿地分为水平绿地和垂直绿地。水平绿地是包括公共绿地、道路绿地、宅旁绿地、专用绿地和屋顶绿地在内的绿地，其下垫面通常是水平方向的土壤下垫面。垂直绿地包括墙面垂直绿化、阳台和门窗垂直绿化以及其他构筑物垂直面的绿化，其下垫面通常是垂直方向的人工下垫面。

7.3 低碳居住区绿地的功能

居住区绿地系统是城市园林绿地系统的重要组成部分，也是居住区环境设计的重要内容。它不仅对城市形象和城市人工生态系统的平衡起着非常重要的作用，而且还能充分发挥自身的诸多优点，为居民创造良好的生活居住环境。居住区绿地与其他城市绿地不同，它是分布最广、与居民最贴近、使用频率较高且相对经济的一种绿地。无论是参天大树，还是葱郁的灌木或茵绿的草地都能使人精神振奋，身心愉悦。

居住区绿地常被人们比作居住区的"肺"，其主要作用与功能可概括为以下 4 个方面：生态功能、物理功能、景观功能和经济功能。

7.3.1 绿地的生态碳汇功能

当前,随着国际社会对气候变化的高度关注,二氧化碳减排成为气候谈判的重要主题,通过微观角度研究居住区园林绿地植被配置、布局以及绿地与雨水收集综合利用方法,对于净化城市空气,减少二氧化碳,维护良好的城市人居环境,维持城市碳氧平衡和生态平衡发挥着重要作用。

居住区绿地的功能,首先是为了满足居住区的生态和碳汇功能需要,在此基础上,再来讲究美观。其生态功能主要体现在如下方面。

1. 维持空气中的碳氧平衡

众所周知,绿色植物通过光合作用,能吸收空气中的二氧化碳,释放出人类赖以生存的氧气。居住区内园林植物通过吸收二氧化碳释放氧气在增加碳吸收方面具有重要作用,有调查报告表明:每公顷绿地每天能吸收 900kg 二氧化碳,产生 600kg 氧气。如果是森林这种吸收和消耗的能量会更大,为此居住区园林建设中要努力发挥园林植物的碳汇功能。

2. 吸收空气中的有害气体

在高楼林立,人口密集的现代城市中,空气中含有大量的有害气体,如一氧化碳、二氧化硫、硫化氢、氟化氢、氯气等,这些有害气体对人类的身心健康构成了一定的影响。绿色植物通过其气孔可以吸收多种有害气体,以二氧化硫为例,据科学测定,香樟在污染区,每千克干叶可吸收二氧化硫 3mg;每千克的构树干叶也可吸收二氧化硫 3mg。对主要有害气体具有吸收作用的植物见表 7-1。

表 7-1 吸收部分有害气体的常见树种

有害气体	吸收有害气体的常见树种
二氧化硫	冷杉、七叶树、雀舌黄杨、雪柳、花柏、槐树、杨梅、锦带花、柳杉、柞木、阔叶十大功芳、华山松、冬青、乌桕、枳橙、桧柏、珊瑚树、银白杨、白玉兰、等
氯化氢	大叶黄杨、核桃、桑、杜松、银白杨、楸树、香樟、喜树、木槿、泡桐、山茶、无患子、车梁木、梧桐、桧柏、紫穗槐、花椒、华北卫矛、侧柏、蚊母、五角枫、择柳、构树、珊瑚树、糙叶树、山楂、玉兰、银桦、乌桕、油茶、紫薇、槐树等
氟化氢	国槐、臭椿、泡桐、龙爪槐、悬铃木、胡颓子、白皮松、侧柏、丁香、山楂、紫穗槐、连翘、金银花、小檗、女贞、锦熟黄杨、大叶黄杨、地锦、五叶地锦、刺槐、桑、接骨木、桂香柳、火炬树、君迁子、杜仲、义冠果、紫藤、美国凌霄、华山松等
氯气	栀子花、枸骨、海桐、女贞、广玉兰、大叶黄杨、锦熟黄杨、石楠、蚊母、凤尾兰、夹竹桃、樟、棕榈、紫楠、山茶、无花果、云杉、侧柏、杜松、龙柏、珊瑚树、小叶女贞、桂花、罗汉松、桧柏、柳杉等
杀菌作用	柠檬桉、桧柏、侧柏、白皮松、马尾松、雪松、油松、冷杉、肉桂、杉木、柳杉、黑核桃、五针松、紫薇、黄连木、香樟、悬铃木、枫香、茉莉、柠檬、落叶松、山鸡椒、复叶槭、稠李、桦木、山胡椒、臭椿、楝树、紫杉、辟荔、香柏等

资料来源:http://bbs.co188.com/

3. 吸尘杀菌

绿色植物构成的绿地系统,对于空气中弥漫的粉尘、烟灰有明显的阻挡过滤和吸附作用。林荫道的树木能过滤掉70%的污染物,即使在冬季,落叶树也能保持60%的过滤效果。绿地的减尘率主要取决于绿地宽度和绿地植物的配置,见表7-2。

表7-2 不同宽度绿带减尘效果比较

绿带宽度	种植与效果	备注
4m	种植一行乔木及一行灌木,减尘率可达50%	吸尘能力较强的树种:刺楸、榆朴、重阳木、女贞、刺槐、臭椿、枸树、夹竹桃、樱花、悬铃木、泡桐、腊梅、桂花
5m	种植常绿乔木、灌木、绿篱和草皮,减尘率可达90%以上	
6m	种植两行乔木计量行灌木,减尘率可达80%	
12m	种植落叶乔木、绿篱、灌木、中小乔木和松柏,减尘率可达80%以上	

资料来源:本书编写组.

7.3.2 绿地的物理功能

1. 降温增湿

影响微气候最主要的是物体表面温度、太阳辐射温度和空气温度。其中,最容易被人们感知的是空气温度。夏季绿地对温度有一定的降低作用,并且不同类型的绿地的降温效果不同。研究表明,乔灌草型绿地,其日平均气温较之非绿地下降了4.8℃,灌草型绿地和草坪型绿地比非绿地下降了1.3℃和0.9℃。可见,乔灌草多层复合结构的绿地形式对环境降温效果最为明显,其中乔木和灌木发挥着重要的作用。

和温度一样,空气湿度也是一个重要的热环境因子。湿度过高,容易使人感到疲倦,过低则会使人感到干燥烦躁。一般认为比较适宜的相对湿度为30%~60%,由于绿色植物的蒸腾作用,绿地的相对湿度比非绿地可提高10%~20%,且其调节湿度的范围可达绿地周围相当于10~20倍的距离。这种增湿功能的变化主要取决于绿地的面积和配置类型。

2. 隔声减噪

随着交通和工业的不断发展,噪声污染已经成为一个十分严重的扰民问题。要从根本上消除噪声,就要求铲除噪声源。但这在目前是不太现实的,人们不可能将城市交通全面废除,让工厂或建筑工地全部停工。所以要降低噪声,比较有效的方法就是阻隔声波的传输,充分发挥绿地的隔声减噪功能。乔灌木的密植搭配可形成一道绿色隔声屏障,对小汽车的减噪效果可达50%,对卡车可减噪75%。四季长青的针叶树种减噪效果更为明显,其对小汽车可达75%,对卡车减噪可高达80%。

不同的植物配置和种植方式对噪声减弱量也不尽相同(表7-3)。在居住区绿地系统的规划设计中,应根据具体情况采取相应的植物配置和种植方式,以最大限度的降低噪声,给人们创造一个宁静的居住环境。

3. 隔热防风

太阳照射到绿色植物叶面上的能量,80%~85%被植物吸收,大部分转变为热能,热能在蒸腾作用过程中将水分变成水蒸气散失在空气中，这也正是绿化植物降温增湿的主要原因。根据测定，当绿化覆盖率达到30%时，气温下降8%；当绿化覆盖率达到40%时，气温可下降10%。

4. 防灾避灾

居住区绿地具有防震、防火、防空、防辐射等作用。有测试表明，常绿阔叶树的树叶自燃临界温度为455℃，落叶阔叶树的树叶自燃温度为407℃。所以一旦发生火灾，树木可以避免火灾蔓延。同时，空旷的绿地可以作为疏散场地使用。在1976年的唐山大地震中，北京的15处公园就疏散居民达20万人。常见的具有防火能力的树种有山茶、银杏、刺槐等。

此外，绿地的植物还能过滤、吸收和阻隔放射性物质，减低光辐射和冲击波对人体的伤害。这也正是第二次世界大战中欧洲一些城市绿化较好的地区遭受空袭后损失相对较小的原因之一。

表7-3 不同宽度绿带减尘效果比较植物种植方式的隔声效果

种植方式	隔声效果
种植单排树	对二、三层建筑有减弱噪声的作用，噪声穿过12m宽的叶层可减少12dB左右
种植塔状树冠的乔木	可减弱噪声9dB，逼近种植落叶乔木的噪声减弱量打4~5dB
种植多排乔木	对低于树冠的空间只减少5dB；高于树冠的空间可减少大于12dB
综合种植常绿乔木、落叶乔木、灌木及绿篱	可减少噪声12dB，比仅种植乔木的噪声减弱量大5~7dB
种植多排针叶乔木	18m宽的绿带可减少噪声16dB，36m宽可减少30dB，较自然衰减多10~15dB
种植一行乔木和高绿篱	可减少噪声8.5dB

资料来源：本书编写组.

7.3.3 绿地的景观功能

相对于其他环境要素而言，绿地的一个重要特点是能为人类居住环境提供具有生命力的富于变化的绿色，能给居民带来清新、自然的感觉。绿地的景观功能概括起来主要有以下几个方面。

1. 围合功能

空间是由地面、垂直面、顶面单独或共同组成的一个范围。绿色植物可作为任何一个面，发挥其不同的特点，营造不同特色的空间。在地面上，绿色植物常可以间接的暗示空间的存在。在垂直面上，植物通过其树干的大小和枝叶的疏密对空间起限定作用，并随着其高低变化和季节的转变，形成了住区内多样性的绿地景观。在顶面上，植物犹如室外环境的"顶棚"，营造着空间的高度变化。

2. 柔化功能

植物作为居住区环境中的一个重要的"软"要素，可以柔化僵硬的建筑线条和形态粗糙的构筑物，使得由钢筋混凝土构筑的住区更富有人情味。

3. 统一功能

在居住区环境中，植物作为一个相对恒定的因素，可以通过其一定的组合将居住区中的不同部分从空间上和视觉上联系起来，使得居住区环境更加富有整体性和统一性。

4. 强调功能

在居住区环境整体统一的基础上，在一些特殊地段（主要出入口、重要分界线等），可以利用植物的种类、色彩、形状和组合方式的差异，发挥其强调功能，以增强居住区的吸引力和可识别性。

7.3.4 绿地的经济功能

目前来说，搞好居住区绿地的战略目标应该是着眼于改善住区的生态环境，并不要过分追求经济效益。但是，事实上，每多栽一棵树，就已经在为居住区增加了一份经济效益。如果对树种进行恰当的选择，则可在发挥植物生态功能的同时，获得一定的经济收益。如南京市北京西路上的银杏树（作为行道树），每年都能产生一定的经济效益。另外，由于绿地有改善和提高环境质量方面的明显作用，使得环境优美地段的房地产都有不同幅度的升值。如上海浦东某居住区，初期房价每平方米不足 1000 元，并且有一度处于滞销状态，后来加强绿地建设后，房价提高到 1400 元，反而显得供不应求。可见，绿地所带来的间接经济效益是很可观的。

7.4 低碳居住区绿地系统的优化设计方法

7.4.1 优化设计原则

1. 整体性与连续性原则

居住区绿地的规划设计必须将绿地的各个构成要素，结合周边建筑的功能特点、当地的气候条件和居民的行为心理需求等因素综合考虑，多层次、多功能、结构序列完整的进行布局，形成一个具有整体性和连续性的立体系统，为居民创造幽雅舒适的生活环境（图 7.2）。

系统的整体性要求绿地的规划设计要从居住区总体布局入手，既要妥善处理好绿地与建筑、道路等的软硬协调关系，又要塑造绿地自身的特色和优点，使之与居住区内其他用地相辅相成，浑然一体。

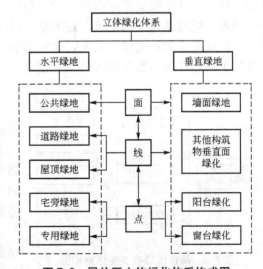

图 7.2 居住区立体绿化体系构成图

资料来源：张小松 基于热环境导向的城市住区绿地系统规划研究 [D]. 长沙：湖南大学，2004.

系统的连续性要求在绿地的规划设计中，构成绿地系统的"点"、"线"、"面"等要素在保持自身完整性的基础上要尽可能的增强其彼此的联系和呼应。这样才能避免绿地的孤立和过度分散，才能营造层次分明，连续生长的居住区绿地系统。

2. 地域性原则

我国幅员辽阔，各个不同的地域有着不同的气候条件、生活习性、风俗习惯。在绿地的规划设计中，应尊重不同地域之间的多方面差异，进行住区绿地的总体布局，既要适应当地居民的生活和风俗习惯，又要达到改善不良微气候的功效。在植物的配置选择方面，尽可能的少用名贵的树种，以结合当地气候特点的乡土树种为主。

3. 生态和碳汇原则

绿地具有维持改善空气质量、降低噪声、降温、增湿、除尘、杀菌等一系列的生态物理功能，它对改善住区的微气候起着至关重要的作用。在绿地规划设计中，应充分利用绿地的生态物理功能，对绿地的面积大小、位置选择、植物配置和树种的选择进行优化设计，以创造更加优良的生活环境。

4. 实用性原则

在我国的传统民居中，天井、庭院和院落都是无顶的绿化空间，可供居民休息、交流和活动之用，可以说是一块充满生活气息的场地。但现代的许多居住区的住宅和庭院隔离，绿地也常有被围起的情况。有些绿地虽然种树植草，也仅为观赏之用。可见，绿地系统的规划设计应增强其可达性和亲和性，从而真正的为民所用，为民所享。

7.4.2 低碳居住区绿地系统设计方法

低碳居住区最主要是在低碳生活模式下，减少二氧化碳排放，同时增强居住区的碳汇功能。从居住区碳收支主体内容来看，包括绿地系统、建筑系统和社会系统（图7.3），其中：绿地系统包括植物和土壤，建筑系统包括建筑施工耗用的各种资源，社会系统是由居住区内居民组成的社会体。其中，建筑系统属于人工环境，社会系统属于社会环境，绿地系统属于自然环境。在居住区的低碳建设中，绿地发挥着至关重要的作用。绿色植物通过光合作用吸收 CO_2，如每公顷阔叶林大约每年吸收360t碳当量，因此植树造林，实际上就是在固碳减碳，而保留和利用居住区绿地积极扩大碳汇是成本较低的减碳途径之一。因而绿地系统规划设计要改变园林绿化的方式，充分利用居住区绿化来达到吸附污染物、降低热岛效应等节能减排的效果。

根据绿地碳汇的原理，居住区绿地系统应建立完善的碳汇系统，首先从居住区用地布局上，在满足城市控制性详细规划要求和实际建设需要的情况下，尽量合理利用居住区绿地，同时为了有利促进植物光合作用，要充分考虑

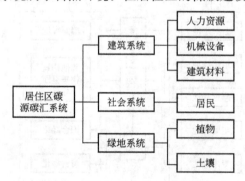

图7.3 居住区碳收支主体结构图
资料来源：何华. 华南居住区绿地碳汇作用研究及其在全生命周期碳收支评价中的应用[D]. 重庆：重庆大学，2010.

绿地和建筑的空间布局关系。一般在条件允许的情况下，可以规划一条景观绿廊，同时各组团间以绿化廊道作为分隔界线，使这个居住区形成"绿网"，促进碳的吸收。例如，北京长辛店低碳社区规划中，整个小区50%以上绿地，人均公共绿地面积达到40m²，80%植物为乡土物种。该社区与常规方案相比较，将二氧化碳减少50%，至少20%的能源是可再生能源，能源使用减少20%，从一定意义上说是当前居住区规划的创新范例，如图7.4所示。

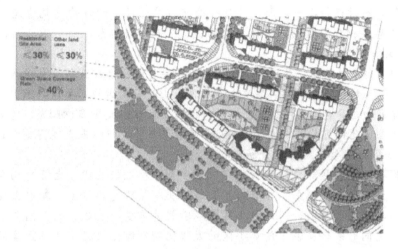

图7.4　北京长辛店居住用地规划
资料来源：ARUP. 北京长辛店低碳社区概念规划［J］. 城市建筑，2010(2).

从增强绿地碳汇的角度，首先是要在居住区规划中尽量多增加绿化面积，只有保证充足的绿化面积，才能更明显改善居住区的生态环境和碳汇能力。同时要充分提高居住区雨水渗透面积，提高雨水的收集和利用。可以采取在居住区中心绿地建设一个功能性和景观并重的雨水回收和利用的水池，以调节居住区微气候环境。其次，在居住区绿化要实现乔灌木相结合的方式，同时，合理选择树种，提高园林植物的固碳释氧率。有条件地区还可以实现屋顶绿化和墙面绿化，实现居住区绿化的立体化发展，更能大幅度提高居住区绿化面积，改善居住区环境。

应 用 案 例

生态小区建筑生态环境和节能的主要内容

在新的居住区规划设计中，能将气候、环境、生态和节能设计综合研究与考虑的实例并不多。评选一个居住小区规划的好坏，总是把鸟瞰景象和住宅立面的造型与空间的艺术景观放在首位，很少进入内环境中，从人与人之间的关系、人与建筑和自然环境之间的关系以及环境物理功能的要求诸方面全面评价。不少居住小区为了创造一个较大的公众活动庭院，而全然不顾建筑之间最小日照间距的要求。周边式布局的西向居室全无遮阳措施，更谈不上适宜的风环境设计。绿地率虽然达到30%以上，但不是每户每人均享，而是过分的集中。

建筑生态环境和节能效果评价系统是对建筑生态环境进行综合分析，从技术、经济、环境、能源及社会等角度给予研究,从而对建筑环境给出客观的评价和可行的建议。建筑生态环境的评价系统涉及内容广泛,包括小区规划评价、建筑单体评价、环境控制系统方案评价等;牵涉到的关键技术较多,如建筑热环境模拟、计算流体力学(CFD),建筑日照分析与采光技术,噪声控制以及建筑材料技术等。这些内容的有机结合和相互交叉形成了建筑生态环境评价系统的技术核心。

开发成熟的软件系统实施建筑生态环境评价方法的基础。在我国形成可实施的评价系统,最终可能的有效途径之一,就是开发一套可以广泛运用的评价建筑生态与节能效果的软件平台,并形成相应的激励、保障实施措施,从而形成体系。

1. 建筑群日照分析

当现代建筑越来越密集,从钢筋水泥的丛林中穿过的一缕阳光显得弥足珍贵,因此建筑群日照分析被越来越重视,人们不满足于冬至日一小时日射这样的要求,而更关心在周围建筑物遮挡和建筑物自身遮挡的情况下,究竟自己能实实在在接受多少阳光。建筑群在夏季清晨的日照与遮挡状况利用多媒体技术的三维动画效果可将分析结果表现得更加逼真。

2. 居住小区微气候与热环境分析评价

居住小区微气候与热环境的评价内容,主要是考察人们在室外生活时切身感受到的诸如室外温度、湿度、太阳辐射、气流组织和绿化状况等微气候参数。其中温度作为人们感受居住环境好坏的主要参数,对评价小区热环境至关重要,也是影响人们在室外生活质量的主要因素,它同时综合反映了诸如小区的太阳辐射及绿化状况等其他因素的作用,也是就目前的技术手段而言相对较容易进行预测和比较的热环境参数。值得指出的是,即便是同一个地区的气候情况也并不是处处相同的。"城市热岛"现象就是其中一个很好的例子。它是城市化对气温影响的最突出特征,显著反映了由于城市化的结果使得城市气温与郊区或其他地区气温的不同,并将给城市居民的工作生活带来深刻影响。一般说来,认为某个区域的实际气温是由基础气温、太阳辐射、长波辐射的线性叠加得到的。区域地貌、建筑密度、建筑材料、建筑布局、绿地率等因素决定了区域温度。在建筑群集地区,小区不同地方的温度环境在受相邻位置的建筑的材料结构和布局、小区的下垫面(如沙土或水泥路面)、绿化情况(包括水景布置),以及交通和家电等人为排热因素的影响下,可能使得局地气温出现热岛或冷岛以及滞后或提前等现象。结合建筑群空气流动分析,在相关研究的基础上,笔者预测居住小区不同位置小范围内的逐时气温,同时进行比较并给出评价;所得结果既可供居民选择适合个人习惯的工作生活环境提出参考意见,同时也能为改善居住小区热环境指明方向。

资料来源:杜文奇. 瑞景居住区创建生态宜居区的讨论[D]. 天津:天津大学,2006,28-29.

本 章 小 结

本章主要学习的内容是居住区绿地相关概念、低碳居住区绿地的组成与分类、低碳居住区绿地的重要功能;低碳居住区绿地系统的优化设计与方法。通过本章学习,应使学生了解到绿地在居住区景观、生态构成中具有极为至关重要的作用。

居住区绿地的定义为公共绿地、宅旁绿地、公共服务设施所属绿地和道路绿地,其中包括满足当地植树绿化覆土要求、方便居民出入的地下或半地下建筑的屋顶绿地，不应包括屋顶、晒台的人工绿地。

居住区绿地可分为4种形式，即生态绿地、游憩绿地、标志绿地、防护绿地。并具有生态和碳汇、物理、景观、经济功能。

本章重点掌握的内容，是居住区绿地相关概念、居住区绿地的分类及功能。

思 考 题

1. 居住区绿地、公共绿地、绿化覆盖率等相关的定义的区别与联系。
2. 居住区绿地的不同分类方式。
3. 居住区绿地的碳汇功能和增强绿地碳汇的规划布局方法。

第8章 居住区外部空间设计

【教学目标与要求】
- 概念及基本原理

【掌握】居住区外部公共空间发展目标；居住区外部空间环境设计原则；居住区外部空间层次性；居住区外部空间主要设计要素。

【理解】居住区外部空间特征；居住区外部空间环境导向。

- 设计方法

【掌握】居住区外部空间形态设计方法；居住区外部空间主要设计要素空间组织

导入案例

基于居住区社会环境健康性影响要素的户外空间环境设计导则

1. 整体设计要点

（1）尊重基地内的自然生态，重视对地形地貌、植被、水体等自然因素的保护与利用。

（2）注重对外部城市空间网络格局的延续，尽量保持城市原有的肌理，居住空间环境的景观效果应与周边建成环境协调一致，并考虑其对城市整体风貌的影响。

（3）从户外空间环境功能到户外空间形态设计再到各类景观小品、设施都要追求较高标准，建筑群体组合和空间场所的布局除满足日照、通风、采光等基本生理标准，达到消防、建筑质量、照明等基本安全标准以外，还需结合人的行为心理考虑入口、道路交通环境及户外环境小品等的设计。

（4）在居住区的环境设计中体现地域特色，实现保护、延续、孕育当地地方文化特色，保护其特有历史环境，构筑人文空间，创造独具风格、符合人性的、具有活力的居住生活的场所空间。

2. 导则框架

1）基本环境设施

基本环境设施作为改善居住区户外空间环境、美化景观质量的重要举措。这类设施需要合理配置在户外空间的各种类型的场所中，这对于提高人们的生活情趣和质量、形成居住区户外空间环境的良好意象、促进居民邻里交往有着重要的作用。

2）绿化景观

绿化景观包括种植和绿地两个方面的内容。绿地包括公共绿地、宅旁绿地、配套公建所属绿地和道路绿地4类。其中主要具有使用功能的是公共绿地和配套公建所属绿地；道路绿地主要是景观功能，宅旁绿地的主要是景观和生态功能。

3) 活动场地

本导则涉及的活动场地是指采用硬质铺装的地面为主,为居民提供户外活动空间及必要游憩设施的场地。主要包括:儿童游戏场地、老年人活动场地、中心广场和专项活动场地 4 类。

4) 道路及停车

这部分内容主要是对居住区内部的各级道路路段、交叉口及停车场的设计导则推导。

资料来源:陈竹. 基于社会环境健康性影响要素的居住区户外空间环境设计导则研究 [D]. 上海:同济大学,2008.

居住区户外空间环境的设计导则,目的是使居住区户外空间环境和社会环境的建设能够相互促进,推导出可供设计参考的设计要求与图则,以引导相关内容的设计,实现既保证社区环境的健康性又能保证户外空间环境高质量的建设目标,为居住区外部空间规划提供了可操作性文件。

居住区外部空间的总体目标就是建立人们的生活秩序,以满足人们日常生活及社会交往的需要,这是通过不同的生活空间和交通空间组织来实现的。并以不同界限限定起来的领域将人们的活动方式和程序相对固定下来,并为其中所发生的活动创造气氛,使人们在建筑环境中的经历具有意义。同时,为了适应现代生活的需求和满足各种功能的需要,居住区内形成了不同大小、形状、特征、色彩的生活空间。由建筑本身内部所构成的空间为内部空间,由建筑物和它周围的物体所构成的空间为外部空间。本章主要侧重于居住区空间,包括居住区内公共的开放空间、半公共空间、半私密空间和私密空间。

居住区空间的组合与设计是一项极其复杂的工作,它既是功能的和精神的,又是心理的和形式的;既要考虑日照、通风等卫生条件和居民行为活动需要、居民心理,又要象征个性、地方特色和民族性,还需要反映时代特征;并且与经济和组织管理等方面密切相关。

8.1 居住区外部空间概念和发展目标

8.1.1 关于空间的概述

空间属于那种"最普遍、最空洞"的概念,它本身拒绝任何简单定义的企图。空间可以是一种均匀的,在任何位置和任何方向上都是等价的,又是感官所不能觉知的欧几里德空间(简称为欧氏空间,在数学中是对欧几里德所研究的二维和三维空间的一般化);也可以是一种能够被体验的,与人及其感觉作用联系在一起的知觉空间。

空间实际上是人们知觉到的物质空间,同时它具有显著的社会、经济、文化和政治等属性。城市公共空间自然也不例外,它是人们可以感知的、具有清晰形态特征的空间实体,这使其与建筑实体区别开来。空间的社会经济属性角度定义,城市公共空间可以简单的定义为城市公共产权空间;城市公共空间可以看做是城市空间属于公共所有或者属于公共价值领域的那一部分,其主体是一种公共物品。"公共性"还决定了城市公共空间和市民及市民生活是紧密联系的,它要为城市中广大阶层的居民提供生活服务和社会交往的公共场所。城市公共空间是城市重要的空间资源,在历史发展中,因城市功能的发展、市民生活内容的变化而变化。

8.1.2 居住区外部空间的概念

居住区外部空间的建造就是场所的建造,它使人们的生活方式和意义以更为明确的方式显现出来。而以空间形式物化了的生活方式和意义,就是"空间形态"。也就是说居住区外部空间形态的内涵是居住区外部空间的表现形式和组成关系,它包含两个方面的意义,一方面是指建筑外部空间的"形";另一方面指这一特定空间的"情",是空间的物形作用于人们的生理及心理的感受。芦原义信的《外部空间设计》中这样写道:"空间基本由一个物体同感觉它的人之间产生的相互关系所形成。人们在现实世界中的居住并不是在自然环境中完成的,所以空间的营造与人们在现实世界中的居住有着最为密切而直接的联系。

8.1.3 居住区外部公共空间发展目标

21世纪城市发展的核心主题是建设可持续发展的城市人居环境。城市的可持续发展是社会、经济、环境的全面发展,这就要求城市居住区在空间形态上不仅符合城市生态环境建设和绿色公共交通体系建设的要求,而且具有有利于多样化的地域经济、文化发展和促进多种方式的社会交往的能力;在居住区功能结构和空间利用上具有灵活性和可变性的特征,具有根据社会发展的需求自我调节的内在能力,即自我更新能力,以保证城市住区不断适应社会发展需求,持续稳定发展。

基于城市可持续发展思想的社区发展思想及理论在国外的社区规划建设实践当中得到广泛应用。例如在爱丁堡东南区社区规划当中,为建设可持续发展的社区,规划中建立了相应的公共空间规划目标:①塑造鲜明的城市文化;②通过保留部分原乡村特色形成强烈的区域景观特征;③建立良好的邻里感;④促进地方经济的活跃和发展;⑤建立有利于减少能源消耗的公共交通系统;⑥高品质的公共服务设施系统;⑦建立有利于新住区与原有住区融合的空间系统以形成统一的社区。从这些规划目标的设定可以看出城市可持续发展思想在当代社区建设中的体现,见表8-1。

表8-1 可持续居住区外部公共空间发展目标

居住区可持续发展目标		居住区外部公共空间发展目标
社会文化	多样化发展	多样化的住区公共空间形态
	个性化发展	地域文化的保护和合理利用
	丰富多彩的社区文化活动	促进居住区公共活动和邻里交往
生态环境	生态保护	建立完善的社区绿地生态系统
	低碳社区,减少环境污染	建立完善的步行空间系统,较少机动车干扰

(续)

居住区可持续发展目标		居住区外部公共空间发展目标
居民个人发展	健康、安全的社区环境	提供充足的休闲健身和交往空间
	心智全面健康发展	满足不同年龄阶段居民的发展需求
社会经济发展	多样化经济形态	多样化的商业和生活空间
	繁荣的经济活动	富有吸引力的商业空间

资料来源：本书编写组.

8.1.4 居住区外部空间多样性发展趋向

当前，居住区公共空间已走向多功能、多效用和活化性的多样化发展趋势。公共空间的设计就是要增加人的交往机会和提高场地的利用率，给空间以多功能、多使用的可能性。根据社区居民每天的出行方式，出现人次最多的场所就是处于入口必经的路段区间，如路边有信报箱、坐椅、小卖部等则会吸引更多的人停留。结合会所设计的公共场所与独立的公共场地相比有更多的人活动。场地周围有公共服务设施；或做架空层等过度空间；或和建筑（会所、小卖部、书报亭等）有一定的"对话"，形成呼应；或住宅出入口开向公共空间；让人们在各种活动中经过场地的次数多，停留时间长，经过距离近，使"环境恰到好处对人们习以为常的行为予以支持"，发挥其高效性。

8.2 居住区外部空间特征与环境设计原则

8.2.1 居住区外部空间特征

居住区外部空间是城市空间的一部分，同时也连接居住小区直到住宅内部空间，为居民提供各类公共活动场所，满足不同使用需求。居住区外部空间应具有如下特征。

（1）融合环境和历史，根据其所处位置，与地域文化相互结合，与城市环境有机统一，反映地方的需求、居民的愿望和文化价值。如湖州市东白鱼谭小区充分尊重江南水乡地域环境特色，利用小区现状西南部河流，引入小区内部，形成丰富的特色景观环境（图8.1）。

（2）适应不断变化的现代生活方式和社会活动的多样性，居住区内土地使用应相对经济，具有建设的可行性。

（3）适应不同的年龄阶段的人群，尽可能消除障碍，满足居民，特别是老人、儿童和弱势群体的社会交往的特定需求。

（4）使用便捷，具有最大程度的可达性，特别是步行交通的良好可达性，同时通达路径具有较高的舒适度，方便多目的的出行。

（5）空间具有安全感、归属感和领域感，便于管理和维护。

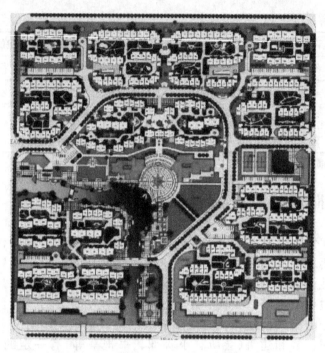

图 8.1　湖州市东白鱼谭小区整体空间环境

资料来源：建设部，等. 城市规划资料集第 5 分册城市设计［M］. 北京：中国建筑工业出版社，2005.

8.2.2　居住区外部空间环境设计原则

1. 以人为本

人与使用的空间环境之间存在着复杂的多向关系。人在空间环境中是起主导作用

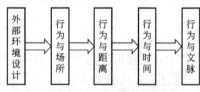

图 8.2　外部空间设计关系图
资料来源：本书编写组.

的，理想的空间环境设计与创造，都是为了人从多角度去满足人的多样化行为及心理需求，同时在一定的程度上环境又限定了人。不同的空间环境给人感受是不同的，因此，人的心理是人与环境之间的关系基础和桥梁，是空间环境设计的依据和根本（图 8.2）。

2. 整体性

从设计的行为特征来看，环境设计是一种强调环境整体效果的艺术。在这种设计中，对各种实体要素，包括各种室外建筑构件、景观小品等的创造是重要的，但不是首要的，因为最重要的是要把握对整体的室外环境的创造。居住区环境是各种室外建筑的构件、材料、色彩及周围的绿化，景观小品等各种要素整合构成。一个完整的环境设计，不仅可以充分体现构成环境的各种物质的性质，还可以在这个基础上形成统一而完美的整体效果。广州白云堡住宅区，从整体空间环境进行考虑，建筑形式的多样化和有序化，与环境空间结合的天衣无缝，呈现出优美静谧的整体景观效果（图 8.3）。

图 8.3　广州白云堡住宅区整体空间景观效果
资料来源：www.baidu.com

3. 场所环境设计

居住环境中交往空间的组织，必须着眼于强化居住区的地缘感，将居民的休闲、娱乐、日常出行予以综合考虑，使居民在共同生活中达到交往的目的，增强居民对居住区的认同感。一个富于吸引力的交往空间网络结构，应遵循以下原则。

1) 外部空间应突显归属感

居住建筑及其环境是为人们的生活服务的，而生活并不是纯物质的，还有精神和文化方面的内容和要求。居住建筑及其环境与地方的气候及人文特色密切相关，不同的地域和民族由于地理气候、历史传统、民族风俗生活习惯等方面的不同，其居住行为和生活方式以及对于环境氛围和文化品位的取向是大不相同的，场所感的营造有利于居民心理归属感的培养。

2) 增加交往空间的吸引力

要形成交往的气氛，只有活动的场地是不够的，还必须使场地具有足够的吸引力，以吸引人们参与进来。舒适的尺度，良好的环境绿化，加上设置一些有逗留可能的设施，都可以使场地具有人情味，具备一种温馨的向心吸引力。

芦原义信在《外部空间设计》一书中提出了积极空间与消极空间的概念，指出空间具有积极性与消极性之分。所谓空间的积极性，就意味着空间满足人的意图，即行为需要，或者说空间是有计划设计的。而所谓空间的消极性，是指空间是自然发生的，是无计划性的，居住交往共空间应是一种积极空间。空间的形态、大小都应是通过有意识的建筑布局和刻意创造的结果，而不是屈服与施工便利的要求，或机械地在采光、日照间距约下的建筑空隙。

积极的公共空间必须具有相应的活动吸引力，应具有良好的景观性。通过公共设施的合理配置，良好的环境绿化、活动性场所和标志物等作为居民活动的向心吸引源，促进居民在共同使用过程中产生不同程度和不同方式的人际交往。优秀的景观设计可满足居民对室内外空间的生理和心理需求，有助于社区场所感和居民自豪感的产生。

3) 增强交往空间的场所感

场所是人们在其中感到自在、原意逗留并能产生某种联想的、具有明显特征的空间。设计师的任务就是创造各种有意义的场所。

首先，交往空间是被限定的、具有肯定意味的空间。利用地面铺装材料和高差可以界定空间；利用种植物（树木、绿篱）、构筑物（围墙、路墩）以及象征性或标志的设施（门洞、楼牌、影壁）能够起到围合空间的作用；如果交往空间的边界缺乏吸引力，往往很难吸引人们在此交往，强化交往空间的边缘设计，使行人自然止步或逐渐深入是必要的；趣味中心决定交往空间的气氛和基调，吸引人流并主宰人们交往活动的内容和形式。

其次，整洁、舒适、优美的环境和必要的休闲、交往设施是形成场所感不可缺少的要素（图8.4）。

图8.4 适宜交往的公共场所空间

资料来源：香港科讯国际出版有限公司. 景观红皮书一［M］. 武汉：华中科技大学出版社，2008.

4. 构筑序列场所空间环境

公共空间使用并不一定带来交往，公共空间使用即是在公共空间中发生行为，只要进入空间就可算作使用。公共交往空间的形成和使用只有空间条件满足是不够的，需要进行整体空间环境营建，为了强调城市居住区公共交往空间的形成不只是物质性的，更是社会性的。

如何在人所能认知和所能控制环境的居住区规模和便于交往的更小空间规模内，通过公共空间的营造来刺激居住区居民的交往，一直都是建筑规划理论界所关注的重点。

居住区公共交往空间的形成需要建立居住区"中心、组团、宅前绿地"所构成的户外公共序列交往空间（图8.5）。营造公共交往空间方面的理论研究认为，居住区公共空间中首先遵循着"私密—准私密—准公共—公共"的空间秩序，形成渐变、丰富的空间层次以及明确的领域划分，再加以亲切的尺度规则和完善、齐备、通达的居住区公共交往环境设施，将有助于建立亲切、宁静、安全的居住氛围和居住区居民的归属感，促进居民主体间的交往，增加邻里的互动、亲和。人的活动和空间紧紧地交织在一起，交往空间实质上是物理空间和心理空间的统一体。空间性、场所感、方向感和归属感与人性化因素引导人们在空间中交往，并且是选择何种交往形式的基础。

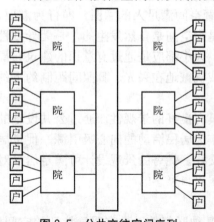

图8.5 公共交往空间序列

资料来源：本书编写组.

5. 景观小品是居住区外部空间环境不可缺少的要素

在居住区外环境中，绝不能忽视景观小品的设施，如雕塑、水景、灯具、桌椅、凳、阶梯扶手、花架等，这些景观小品色彩丰富，形态多姿。它们给居住生活带来了便利，又给室外空间增添了丰富的情趣。

在居住区外部空间环境中设置景观小品的目的有两个方面：①满足居民生活需要；②满足审美需要。对一些既具实用功能又具观赏功能的小品设施，其尺度、比例既要满足使用中人体功能要求，又要与整体环境协调，其色彩、质感一般都与整体环境形成对比效果。布置的位置除符合使用的要求外，还应遵循构图的美学法则。只具有视觉功能的景观小品的设计难度是最大的，审美要求是最高的。这些小品通常应布置在空间环境中的人的视觉交汇处或端部，以形成空间环境的趣味中心(图 8.6)。

图 8.6 居住区中的景观小品设施
资料来源：本书编写组.

8.2.3 居住区外部空间环境导向

1. 外部空间设计的环境目标导向

针对居住区的具体情况可以制定不同的空间设计目标，主要是反映居民的价值观、生活方式，形成有助于居住区健康发展，便于居民使用和活动的空间设计理念与方法；建立外部空间与住宅使用的良好互动关系，体现空间环境的认知特色，充分利用场地特征提高空间环境的丰富性、趣味性和视觉效果，突出外部空间功能上的合理、便捷和视觉上的清新和愉悦。

2. 外部空间的功能整合

外部空间的功能整合主要是空间功能和社会功能两方面进行整合。杨·盖尔将社区户外活动简化为 3 种类型：必要性活动、自发性活动和社会性活动，并认为每一种活动类型对于物质环境的要求都大不相同。杨·盖尔对于户外活动类型与户外空间的质量关系的见解十分中肯，他认为当户外环境质量好时，自发性活动的频率增加。与此同时，随着自发性活动水平的提高，社会性活动的频率也会稳定增长(表 8-2)。

表 8-2 社区活动类型与环境质量之间的关系

活动类型	物质环境的质量		活动类型	物质环境的质量	
	差	好		差	好
必要性活动	○	●	连锁性活动(社会性活动)	○	●
自发性活动	○	●			

资料来源：于文波. 城市社区规划理论与方法研究 [D]. 杭州：浙江大学，2005.

1) 必要性活动

在各种活动之中，这一类型的活动大多与步行有关。因为这些活动是必要的，它们的发生很少受到物质构成的影响，一年四季在各种条件下都可能进行，相对来说与外部环境关系不大，参与者没有选择的余地。

2) 自发性活动

这些活动只有在外部条件适宜、天气和场所具有吸引力时才会发生。对于物质规划而言，这种关系是非常重要的，因为大部分宜于户外的娱乐消遣活动恰恰属于这一范畴，这些活动特别有赖于外部的物质条件，只有在适宜的户外条件下才会发生。

3) 社会性活动

发生于公众开放空间中的社会性活动可以称之为"连锁性"活动，因为在绝大多数情况下，它们都是由另外两类活动发展而来的。这种连锁反应的产生，是由于人们处于同一空间，或相互照面、交臂而过，或者仅仅是过眼一瞥。人们在同一空间中徜徉、流连，就会自然引发各种社会性活动。这就意味着只要改善公共空间中必要性活动和自发性活动的条件，就会间接地促成社会性活动。由于社会性活动发生的场合不同，其特点也不一样。

从杨·盖尔关于社会性活动是必要性、自觉性活动的"连锁性"活动的见解，说明了功能空间与社会性空间（交往空间）整合的必要性。社区的社会性交往行为具有自发性、偶然性、连锁性的特点。所以，物质空间规划在完善社区必要设施的同时，应采取将社会性行为空间与功能性空间并置和"簇团化"的微观空间设计策略，即在任何功能性空间设施处根据居民行为模式"附加"相应交往空间，更有利于激发社会性活动，提高社区活力。如幼儿园接送小孩的入口处、住宅入口、儿童娱乐空间等，让社区交往随处、随时、随机发生。

3. 居住区空间规划的社会目标

1) 提供居住区生活的满意度

居住区归属感是指住区居民对本住区地域和社会群体的认同、喜爱和依恋等心理感觉。居住区归属感的建立大致要经历两个过程。第一个过程是居住区的基础设施的建设过程。居住区的基础设施建设与居住区归属感的因果关系是：居住区基础设施建设为社区生活提供了居住区满意度，而居住区满意度恰恰是居住区归属感的建立基础。满意是人们产生喜爱和依恋情感的最低标准，也是归属感产生的起点。从人的需求层次来说，对物质的需求是第一位的和最原始的。因此社会成员对社区的满意度评价往往从物质生活条件开始。可见，居住区规划和环境建设应通过设施的配置、环境美化等创造满意的居住区生活条件，提高居民在居住区生活的满意度。

2) 促进交往行为、建立社会网络

居住区规划的目标之一就是要通过居住区物质空间形态布局和提高环境质量来创造交往行为，建立社会网络。物质空间因素促进居民的互相作用是通过公共领域及其与他人分享的程度强烈影响社会互动。相关学者研究表明，人们在户外逗留的时间越长，他们邂逅的频率就越高，交谈也越多。

杨·盖尔由此则总结出社区交往活动与户外空间的质量的关系：当户外空间的质量不理想时，就只能发生必要性活动。当户外空间具有高质量时，尽管必要性活动的发生频率基本不变，但由于物质条件更好，它们显然有延长时间的趋向。另一方面，由于场地和环境布局宜于人们驻足、小憩、饮食、玩耍等，大量的各种自发性活动会随之发生。

实践案例，如万科新里程占地 23 万余 m^2，规划建筑面积 33 万 m^2 左右，包括约 28 万 m^2 的住宅和约 5.2 万 m^2 配套设施，由万科地产、南都集团、浦房集团斥数十亿巨资全力打造。万科在新里城板块引进了最先进的管理服务理念，应用了高科技手段，比如磁卡、闭路电视、自动付费系统、网络交易等，同时也充分考虑到了人的物质和精神双重需求。

万科新里程整个社区，将设立许多邻里之间互动空间和场所，如景观、小路、大堂的休息室等，还将设立人与人之间相交流平台设施，如会所、室外健身场地等。同时，也会在小区内定期举办各种活动，如运动健康联谊竞赛，以强化家庭成员间的交流，促进社区内居民的互动(图 8.7 和图 8.8)。

图 8.7　万科城市花园

图 8.8　万科城市花园音乐会

资料来源：www.baidu.com

3) 社区精神的培育

居住区规划的社会性可概括为两个方面：人文关怀和社会整合。人文关怀是关注个体合理需求的观念与行为的统一。社会整合则是在尊重个人基本权利的同时，更注重人与人和谐共生。社区规划的社会纬度正是基于一种人文社会理想和责任，将社区规划视为一种体现人文关怀和社会改良手段并为之努力的精神和规划价值趋向。

居住区社会目标原则的实现都不同程度的依赖于居住区群体具有某种程度的社会凝聚力为支撑，即居住区精神的建立。居住区空间的社会目标从社会文化心里层面概括为 4 个方面。

(1) 建立社区归属和认同感：环境认同与群体认同；从社会—空间规划途径上，通过物质规划促进。

(2) 交往互动：在认同基础上促进社区居民的交往互动。

(3) 情感和社会凝聚力：交往互动促进居民的交流理解，建立居民的情感和培育社区组织增强社会凝聚力。

(4) 社会行为能力：社区作为一个地域共同体对地域内的需求、事务有敏感的反应能力和通过民主参与机制达成问题解决的能力，并且具有作为一个整体参与更大区域社会事务和活动的能力。所以，培育居住区精神就成为居住区规划的基本目标。

4) 营造安全的社区环境

安全感是人们参与日常生活和社会性活动的基本保证，有了安全感人们才会进入公共场所、参与公共活动。所有自发性的、娱乐性的和社会性的活动都具有一个共同的特点,即只有在逗留与步行的外部环境相当好,从物质、心理和社会诸方面最大限度地创造了优越条件,并尽量消除了不利因素,使人们在环境中一切如意时,它们才会发生。

社区安全是居民首要关注的问题。邻里关系源于居民安全感,如社区安全感对居民的交往意愿产生影响,进而影响社区感的产生,通过改善这些社会环境因素可以提高交往意愿。

8.2.4 居住区外部空间层次性

现代居住区规划理论对居住区内空间层次的划分始于1929年佩利"邻里单位"中。规划中以这种配备一定低层次公用设施的邻里单元作为居住的基本单元,再将其组合并配备更完善的公用设施形成更高层次的居住层次,如此重复形成整个住区。

邻里单位的规划模式满足了居住区对物质环境的需求,在实践中得以广泛应用。在我国,大量的住宅小区都沿用了邻里单元规划模式的小区—组团—院落的三级结构或小区—院落的两级结构。而根据居住空间给人的心理感受以及空间领域性1977年美国学者纽曼将街道到住宅的居住空间划分为:"公共—半公共—半私密—私密"的4层递进关系(图8.9)。

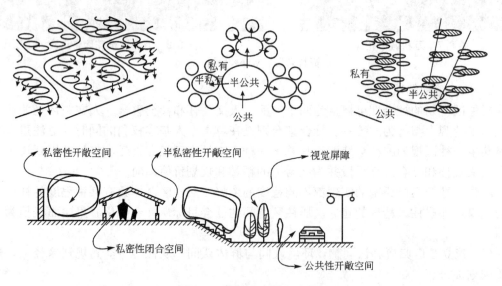

图8.9 居住区空间层次性

资料来源:胡纹. 居住区规划原理与设计方法[M]. 北京:中国建筑工业出版社,2007.

1. 公共空间

公共空间是供居住区全体居民共同使用的场所,使用者不受限制。居住区或居住小区内的公共空间一般指公共干道和集中的绿地或游园,供住区内的居民方便使用。

一般情况下,公共空间常常占据居住区内中心地带和居住区主要出入口处,包括道路广场、公园、文化活动中心、商业中心等。公共空间内有丰富多彩的绿化,较多而完备的设施,便于居民活动交往,是居民游憩、交往的理想场所(图8.10和图8.11)。

图 8.10　住区内的公共空间
资料来源：浙江城建设计集团.

图 8.11　住区内的公共绿地景观
资料来源：本书编写组.

2. 半公共空间

居住区内的半公共空间并非是一个完全的公共空间，其公共性具有一定的限度，作为住宅组团内的半公共空间是供组团内居民共同使用的，它是居民增加相互接触、熟悉、互助的地方，是邻里交往、游乐、休息的主要场所，是防灾避难和疏散的有效空间(图 8.12)。

3. 半私有空间

住区内的半私有空间是住宅楼幢间的院落空间，最适宜学龄前儿童游戏，也是宅间居民邻里交往的理想场所(图 8.13)。是居民最喜爱、利用率最高的场所。这类空间是居民离家最近的户外场所，由于居民的集体意识和经常性使用，认为这是他们自己的户外空间，是室内空间的延伸。因此，它是居民由家庭向城市空间过渡，是联结家与城市，与自然的纽带(图 8.14)。

4. 私密空间

私密空间是住户私有的空间，不容他人随意侵犯，空间的封闭性、领域感极强。一般指住户内空间和归属于住户的户外平台、阳台和内院等场所(图 8.15)。

图 8.12　住宅组团内的半公共空间

资料来源：本书编写组.

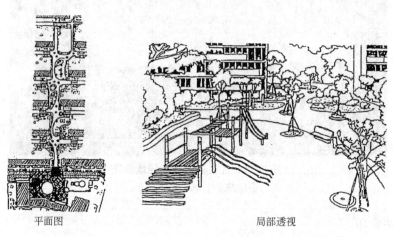

平面图　　　　　　　　　　　局部透视

图 8.13　日本某住宅区内住宅山墙之间的空间处理

资料来源：www.baidu.com

图 8.14　住宅组团院落内的半私密空间

资料来源：赵子莉. 高层住宅接地公共空间内涵与建构方式探索 [D]. 重庆：重庆大学，2007.

图 8.15　住宅内部的私密空间

资料来源：[美]布拉德·密．户外空间设计[M]．俞传飞，译．沈阳：辽宁科学技术出版社，2006．

同时，多层次住区空间为环境设计中利用空间形态的变化，通过景观序列轴线将住区内活动场所串联成为整体，通过上升、下沉和地面多层相互穿插结合，构成了一幅多视角的垂直景观，丰富了居民的活动内容，促进交往，增加了邻里交往和住区归属感(图 8.16)。

图 8.16　住区内的公共序列空间

资料来源：香港日瀚国际文化博播有限公司．景观 X 档案·中国住区景观[M]．武汉：华中科技大学出版社，2008．

8.3　居住区外部空间形态与设计要素

8.3.1　居住区外部空间形态的设计方法

居住区外部空间的基本目标的就是建立人们的生活秩序，以及通过不同的生活空间和交通组织来满足人们日常生活及社会交往需要，并以不同界限限定起来的领域将人们的活动方式和程序相对固定下来，并且为其中所发生的活动创造气氛和条件，使人们在建筑环境中的经历有意义。居住区外部空间形态设计是指以居民行为方式和心理感受的综合分析为基础，运用城市设计语言，重点对居住区外部空间内建筑群体的体量、尺度、比例、关联、色彩、气氛和外部空间环境整体进行创造性的综合设计。

从城市居住区整体环境考虑，外部空间形态设计包括3个方面。

1. 将居住区外部空间设计视作一个具体的规划阶段

在形成良好的居住区规划基础上提出居住区外部空间规划设计任务，然后以居住区外部空间形态设计为核心，进行居住区空间设计，并与原居住区规划整合，经审定后实施。对确定的居住区一期实施项目还要提出居住区外部空间形态设计实施导则。

2. 重点要素设计。

重点区域、视觉走廊、景观轴、景观节点，如建筑开敞空间、广场设置、植物景观、入口空间、标志性节点空间，以及地标、风格等是居住区外部空间形态的主要设计要素，设计内容包括其位置、控制范围、配置指标、功能和形式要求等。在设计过程中，注重将居住区环境的历史信息加以吸收提炼，融合在现代设计语言中，维护、养育具有地方特色的居住区文化脉络；注重邻里空间的中介过渡与交往性，培育、建立居民的认同感与归属感；注重基地地形地貌、现有植被以及气候环境的考察提炼，实现人与环境的和谐发展。

3. 实现与居民互动设计

按居民的需求安排居住区设施，让开发商、居民参与物业管理的全过程。运用走访调查、研讨会、展览、物业咨询和方案竞赛等形式，集中居民有关对建筑造型、结构、外墙、装饰材料、色彩、花园、植物等设计的意见，作为居住区外部空间设计的依据之一。

8.3.2 居住区外部空间的主要设计要素

居住区外部空间的设计要素，主要从住宅形态选择与平面布置、交通组织（住宅形态选择与平面布置、交通组织已在前面章节介绍过，本章不重点讲解）、活动场地设计及绿化景观配置4个方面，来指导居住区外部空间环境设计（表8-3）。

表8-3 居住区外部空间环境设计要素分析

住宅形态及平面布置	① 考虑高层住宅形态的选择及平面组合形式，避免片面追求平面设计的美观 ② 在条件允许的情况下，尽量避免选择单一的建筑形态，可以多采用"短板式"建筑 ③ 在平面组合方面最好采用综合式布局方式 ④ 居住区平面设计过程中要对居住区的通风、日照等物理环境进行模拟分析
交通组织形式	① 采用人车分流的道路系统 ② 人车混行道路系统要对道路采用人性化设计；缩小车行宽度、道路多弯设计、设置路障、驼峰等设施 ③ 居住区停车应以地下车库或独立停车楼停车为主，减少地面停车
活动场地及设施设计	① 场地布置要注重场地的物理环境，要有良好的日照和通风环境，减少噪声干扰 ② 活动场地设计应当针对不同活动人群的活动特点进行设计 ③ 注重活动场地中的层次，要重视场地中的半私密空间设计

	(续)
绿化景观配置	① 居住区植物配置要多样化，不宜采用大面积的草坪 ② 居住区植物应按乔、灌木、草坪进行配置，丰富植物配置的层次 ③ 考虑在居住区内设置水面，场地条件允许的情况下，可在建筑退台或建筑屋顶进行绿化，使居住区绿化实现立体化发展

1. 活动场地及设施设计

1）活动场地设计

居住区活动场地一般分为专用活动场地和一般的休息健身场所。专用活动场地多指网球场、羽毛球场、门球场和室内外游泳场，这些活动场地应按其技术要求进行设计和建设（图 8.17）。一般的休息健身场所包括居民运动区和休息区，该活动场所应分散在居住区不扰民的区域方便居民就近使用，不允许有机动车和非机动车穿越运动场地。运动区应保证有良好的日照和通风，地面宜平整，适于运动的铺装材料，同时满足易清洗、耐腐浊的要求。休息区布置在运动区周围，供健身运动的居民休息和存放物品，同时宜种植遮阳乔木，并设置适量的坐椅（图 8.18）。

图 8.17 住区内的专用活动场地（游泳池）
资料来源：上林国际文化有限公司主编. 居住区景观规划 100 例（第二册）[M]. 武汉：华中科技大学出版社，2006.

图 8.18 居民健身活动场地
资料来源：袁傲冰. 居住区景观设计[M]. 长沙：湖南师范大学出版社，2007.

一般休闲广场应设于居住区的人流集散地，如居住区公共中心、主入口处等，广场面积根据居住区规模和规划设计要求确定，形成宜结合地方特色和建筑风格考虑，同时广场周围宜种植适量遮阳树木和休息坐椅，为居民提供休息、活动、交往的设施，在不干扰邻近居民休息的前提下保证适度的光照度。广场地面铺装以硬质材料为主，形式与色彩的搭配应具有一定的图案感，宜采用经过防滑处理的光面石材、地砖和玻璃等，同时广场出入口应符合无障碍设计要求（图 8.19）。

图 8.19 小区中心广场
资料来源：本书编写组.

2）场地景观设施

居住区场地景观设施包括植物景观、雕塑小品、台阶、水景、硬质铺装、灯具以及亭廊、花架等庇护性景观等环境要素所构建或围合而成的小空间。各类景素如果设计得当，可以独自构建居民喜爱的小空间，比如水池、花坛，可以为居民提供大量可坐、可玩、可交往、尺度宜人的活动场所。

居住区建筑小品的内容十分广泛，就其性质来说大体可分为3类。

（1）功能性环境小品。功能性小品包括坐椅、桌、园灯或路灯、垃圾筒、邮筒、电话亭、售货亭、休息亭廊、信息标志牌（名称标志、环境标志、指示标志、警示标志）、楼门牌、儿童游戏设施等（图8.20）。

图 8.20 功能性景观小品
资料来源：陈建江. 小区环境设计［M］. 上海：上海人民美术出版社，2006.

(2) 装饰性环境小品。装饰性小品有花架、花坛、水池、山石、雕塑、叠石等，如图 8.21 所示。

图 8.21　装饰性环境小品

资料来源：陈建江. 小区环境设计［M］. 上海：上海人民美术出版社，2006.

(3) 分隔空间环境小品。主要有入口标志物、围墙、栏杆、路障、台阶、挡土墙、道路缘石、斜坡和护坡绿化等。

小品设施的布置对活动的产生有着引导作用，居住区交往活动往往伴随着休闲、娱乐活动产生，这些设施的布置为交往活动的产生提供了物质条件。小品从根本上来说主要是给人用的，当设计和安装小品的时候应该为居民着想（图 8.22）。

图 8.22　分隔空间小品

资料来源：章俊华，任荏棣. 居住区景观设计［M］. 北京：中国建筑工业出版社，2001.

2. 居住区景观环境

1）景观轴线公共空间的构建

景观系统在居住区形态规划结构中具有重要作用，在一些以环境景观为特色的主题社区或场地内拥有良好自然景观资源（如原生林、湖泊、河道）的居住区中，甚至起到决定性作用。景观系统主要通过"景观轴"、"景观核"（景观节点）与"景观意向群"对居住区总体规划布局与整体空间形态产生影响。

景观轴线公共空间的构建如下。

(1) 景观轴。从形态上讲，居住区景观轴通常表现为以步行和绿色开放空间为主体的景观走廊，它既是对城市外部秩序的衔接，又是对居住区内部秩序的限定。根据不同的自然属性与形态特征，居住区景观轴分为自然景观轴与人工景观轴两大类。自然景观轴以绿化或水体为主要元素，即"绿轴"、"水轴"；人工景观轴主要以硬质景观为构成元素，包括"交往轴"、"道路轴"、"观景轴"。

景观轴在居住区中是一种可感知的景观空间形式，它通过建筑物的布置、道路的走向、步行空间的延续以及绿色开放空间的分布而被感知得来。在居住区总体规划布局中，景观轴与道路系统相结合，形成了居住区空间形态的基本结构。景观轴线的引入不但能丰富居住区的空间层次，而且还增强了居住区的景观品质，提高了居住区空间形象的可识别性（图 8.23 和 8.24）。

图 8.23　居住区中的景观轴线空间
资料来源：哈尔滨工业大学城市设计研究所.

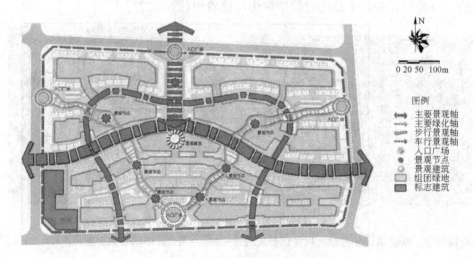

图 8.24　居住区景观结构规划图
资料来源：哈尔滨工业大学城市设计研究所.

（2）景观节点形成的序列公共空间。景观轴与道路系统形成了居住区形态的主要骨架，因而也形成了由一系列景观节点组成的居住区公共节点空间。居住区不同的空间层次对应着相应层次的景观节点空间。对于整个居住区来讲，中心开放空间成为社区的中心，是居住区的"核心景观空间"；对于组团空间层次，组团绿地是组团的中心节点空间；院落景观空间则是居民入户的必经景观节点空间，也是利用率最高的空间。

2）绿化景观配置
（1）阳台和窗台绿化。在城市住宅区内，多层与高层建筑逐渐增多，尤其在用地紧张的大城市，住宅的层数不断增多，使住户远离地面，心理上有与大自然隔离的失落感，渴望借用阳台和窗台的狭小空间创造与自然亲近的"小花园"。因此，阳光与窗台愈加被视为与大自然接近，美化居住环境的天地，同时还能对建筑立面和街景起到装饰美化作用，即使在国外绿化水平相当高的城市，也极为重视这方面的绿化，如图8.25所示。

图8.25 阳台和窗台立体式绿化

资料来源：[日] NIKKEI ARCHITECTURE. 最新屋顶绿化设计、施工与管理实例 [M].
胡连荣，译. 北京：中国建筑工业出版社，2007.

(2) 墙面绿化。墙面绿化是垂直绿化的主要绿化形式，是利用具有吸附、缠绕、卷须、钩刺等攀缘特性的植物绿化建筑墙面的绿化形式。在国内墙面绿化采用较多的是在围墙和栏杆上进行垂直绿化。一般居住区用高矮的围墙、栏杆来组织空间，也是环境设计中的建筑小品，常常与绿化相结合，既增加绿化覆盖面积，又使围墙、栏杆更富有生气，扩大绿化空间，为居住区增添了生活气氛，如图8.26所示。

图8.26 居住区内围墙和栏杆绿化

资料来源：王仙民. 屋顶绿化 [M]. 武汉：华中科技大学出版社，2007.

(3) 屋顶绿化。屋顶绿化一般也称为屋顶花园。其历史可追溯到2500多年前世界七大奇观之一的空中花园。自20世纪20年代以来，英国、美国、西德、新加坡和日本等许多国家建造了屋顶花园。屋顶绿化不仅增加了绿化面积，而且使屋顶密封性好，能防止紫外线照射，使屋顶具有降温、绿化的效果，同时还可以防止火灾。因此屋顶绿化是开拓城市绿化空间，美化城市、调节城市气候，提高城市环境品质的重要途径之一，如图8.27所示。

图 8.27 某屋顶绿化
资料来源：[德] 瓦尔特·科尔布 塔西洛·施瓦茨. 屋顶绿化 [M].
袁新民等，译. 沈阳：辽宁科学技术出版社，2002.

应 用 案 例

健康导向下居住区外部空间设计的三要素

以居民健康需求为导向对居住区外部空间进行设计，也就是以居民亲近自然、运动交流所需的各类空间要素的合理供给、高效使用为目标来引导居住区外部空间组织。健康导向下居住区外部空间设计要素包括，以健康节点的确定为基本切入点，通过健康骨架的搭建以及健康片区的组织，三方面空间要素的协调互动，共同塑造适于居民健康生活的居住区空间环境。

1. 健康节点：康乐场地的分布与规模

无论是营造自然滋养的环境，还是提供运动健身的空间，合理的分布和恰当的环境条件是必不可少的。特别是对于居住区内自然绿化环境来说，不但要满足一定的传统绿化率要求，提供干净的空气，舒适的声、光、热等微气候，而且还要实现可达、可享受，才能充分发挥自然环境的健康滋养作用。而这些符合居民环境喜好、出行可达，给其提供自然滋养、运动健身的康乐场地正是居民健康需求的具体体现，是营造健康居住区的核心。

1）康乐场地的分布

按照居民不同年龄阶段的心理行为特点和活动能力强弱，居住区人群可以分为3类，儿童、老人和青壮年，三者具有不同的环境喜好和日常出行距离。居民空间需求的群体特征与自然滋养、运动健身的功能需求特征，共同决定了康乐场所的供给特征，包括两个方面：场地分布及其构成要素（图8.28）。

因此，将这些场地要素按照不同的分布条件，即可达性需求进行归类综合，呈现出三级分布特征，形成了居住区的3类健康节点：核心节点、次级节点和三级节点。三级节点具有100m的服务距离，主要是为学龄前幼儿提供游戏场所；次级节点的服务距离是200m，这是7～12岁儿童心理安全和老年人出行的舒适距离，其中的康乐场地会针对这

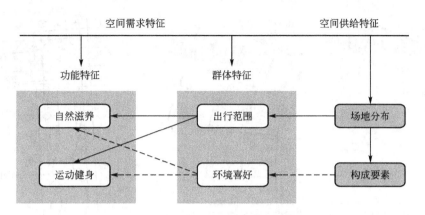

图 8.28 基于居民健康需求的康乐场所供给特征

部分群体提供活动和亲近绿色的机会；核心节点具有最大 400m 的服务距离，能为全体居民提供康乐机会。

2) 康乐场地的规模

除了分布可达以外，康乐场地的空间规模，则是保障居民健康需求的另一重要因素。以下综合考虑居民空间需求的功能和群体特征，参考国内外相关数据，如英国国家游戏协会的六英亩(约 2.43 公顷)标准采用五人制足球场地规模($465m^2$)作为确定邻里级别游戏场地规模($1000m^2$)的基本模数，即当游戏场地一半为硬质地面时，其大小要能满足足球运动需求。在确定各级游戏场地最小规模的基础上，考虑平均人口密度，最终估算出了用以指导和衡量场地供给情况的人均面积指标 $6\sim8m^2/$人。

对于我国来说，同样可以从居民的行为、环境喜好出发，总结出一套适合我国康乐场地规模的空间模数。例如，以乒乓球、羽毛球或者南方以游泳池等群众喜爱项目的场地为基本尺度。在此基础上，进一步确定人均康乐场地配套指标，指导我国健康住区的建设。

2. 健康骨架：路径空间的组织与架构

促进居民对康乐场所的使用，增加居民享受健康的机会，这是塑造健康节点、建设健康住区的切入点所在。因此，提高方便到达康乐场地的步行路径，将居民从住地吸引到健康节点进行活动，才能切实发挥节点康乐场地的健康改善功能。

1) 路径空间的组织

居住区健身路径的道路，其首先满足的是步行者的需求，需求的变化必然导致不同的道路空间组织。以交通安宁策略中的道路空间组织为例，其目标是为行人创造安全的步行环境。改变道路空间组织以降低车速是实现该目标的主要途径，具体表现在过街空间、道路线性空间和景观设计三方面的变化(图 8.29 和图 8.30)。

2) 路径空间的架构

在营造良好的步行环境的同时，还需要合理的健身路径构架。即通过路径彼此间的联系配合，实现节点空间对居民居住地的渗透，将居民吸引到康乐场地中来；实现节点空间彼此间的衔接，满足居民不同层次、类型的需求。通过这个路径网，将居民活动与康乐场地紧密联系起来，搭建住区系统整体的健康骨架。而为居民提供方便、快捷、具有高连通性的骨架网络则是健康路径架构的基本原则。

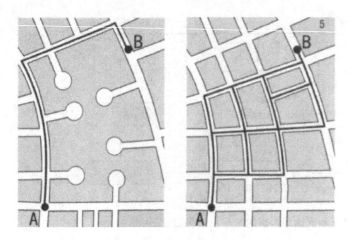
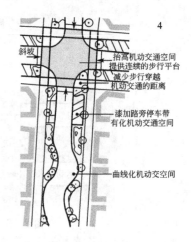

图8.29 不同街道架构的连通性对比　　　　　图8.30 交通安宁策略下道路空间组织示意图

在对居住区步行出行和休闲活动行为的调查中，美国的研究者发现相对于较多采用尽端路的居住区来说，具有小尺度栅格路网的居住区，由于从居住地到目的地间具有较为直接、短程的距离，同时有更多的路径选择，因此步行出行比例以及居民日常活动量也相对较高。

3. 健康片区：居住单元的形态与布局

1) 居住单元的形态

根据健康节点3个等级的服务距离，理想条件下一个满足居民基本健康需求的健康片区又可以看成是3个层次居住单元的组合，即核心节点对应的基本居住单元，次级节点辐射下的次级居住单元，三级节点服务范围内的三级居住单元。为了保证居住健康需求供给充足，各级单元的人口规模应该与其对应的康乐场所规模协调适应，因此，同一级别的居住单元，密集的点式高层需要配合较大规模的康乐场地，以满足大规模人口的需求；而以多层或低层为主的空间形态，其人口规模和建筑密度决定了其中康乐场地规模相对较小（图8.31）。

基于这个认知，在人口规模既定，即整体康乐场所规模不变的情况下，次级居住单元及其以上规模的居住区，其空间形态可以根据康乐场所在下层各级居住单元的不同规模分配而呈现出多样的形态，以灵活的适应生态、景观、经济、文化等因素对居住区空间形态的要求。

2) 居住单元的布局

为了增加节点康乐场地的使用，促进其服务单元内居民的健康，还需要配合合理的空间布局。

典型的空间布局表现为公交枢纽为核心，紧邻枢纽的多样商服、商务、休闲娱乐功能，周边的高密度居住区等，目的是保证公交枢纽的吸引力和潜在使用人群数量，促进居民享受自然、运动健身的行为，提高节点康乐场所的使用。另一方面，在合适的条件下，还可以将公交枢纽与健康节点结合，形成共振效应，在促进居民享受健康的同时，减少机动车使用，实现居民健康与城市可持续发展的双赢（图8.32）。

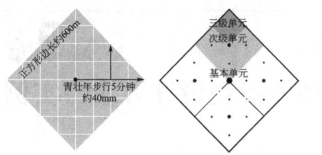
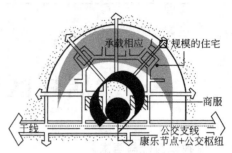

图 8.31　满足健康需求的基本空间范围和三级单元示意图　　　图 8.32　TOD 与健康导向居住区空间布局的结合

资料来源：董晶晶，金广君．健康导向下居住区外部空间设计的三要素［J］．华中建筑，2010(2)，136－139．

本 章 小 结

本章首先分析了居住区外部空间概念，居住区外部公共空间发展目标以及居住区外部空间多样性发展趋向，并剖析了居住区外部空间特征和外部空间环境规划设计原则。居住区外部空间越来越受到开发商和居民的普遍关注，因此居住区外部空间环境导向是学习和掌握的关键，本章从环境目标导向、外部空间的功能整合、居住区空间规划的社会目标等多角度进行分析。

在我国，大量的住宅小区都沿用了邻里单元规划模式的小区—组团—院落的三级结构。根据现代居住区空间发展趋势和居民生活要求，本章关于居住区外部空间层次性方面，从"公共—半公共—半私密—私密"4层递进空间层次，进行了详细的阐述。

居住区外部空间形态与设计要素部分，首先从城市居住区整体环境考虑分析了外部空间形态设计包括 3 个方面；居住区外部空间设计要素，主要包括住宅形态选择与平面布置、交通组织、活动场地设计及绿化景观配置 4 个方面。居住区外部空间设计要素是居住场地规划、外部空间设计的核心内容，4 个主要要素之间是有密切联系，彼此互相牵制，应从外部空间的整体角度进行规划和建设。

思 考 题

1. 居住区外部空间的概念、规划目标和环境设计导向都有哪些？
2. 居住区外部空间规划原则、特征以及空间层次是如何划分的？
3. 居住区外部空间规划要素包括哪些内容？

第9章 居住区环境景观设计方法与实例

【教学目标与要求】
- 概念及基本原理

【掌握】居住区环境景观的分类及其相应设计方法

【理解】居住区外部环境特色设计及景观内部系统特色设计

- 设计方法

【掌握】通过对理论的学习,掌握不同类别的居住区景观的设计方法;并在此基础上使自己的设计更具特色。

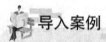 导入案例

莫忘验收小区环境

1. 环境=绿化率

住宅小区环境包括的内容绝不仅仅是绿化覆盖率不低于33%,它包括绿化硬质铺装、围墙、大门、活动设施,各种指示标牌、水景、浮雕、雕塑、灯光设施、音响设施等,而这些内容又必须与住宅建筑形成一个有机的联合体。

单就绿化而言,也不是简单的绿了就可以了,而必须考虑乔木、灌木、藤本、草本、花冠木的适当配植以及与四季相适应的种植方式,而硬质铺装及活动设施应充分考虑其使用功能,如无障碍设计就有规范的严格规定,艺术品的陈设则要更多考虑其文化含义和艺术品位。从学科来说,环境则涉猎土建、园林绿化、艺术、市政等许多工程领域,而这些都得由有丰富经验的设计人员将它们有机组合起来。

2. 小区景观"中看"就行

强调人的主体性是对人本身的一种尊重,这并不是一句空话,许多具体的工作就体现了这一点。如活动设施的设置主要考虑老人、孩子的户外活动,它的尺度应与人体工程学诸尺度相适应,从材料的色彩、质地和化学性质上都要考虑人与其相接触时的舒适性和安全性以及使用的耐久性。

小区里的景观不只是供居民观赏的,它必须与居民的休闲活动相匹配,也就是说居民可以徜徉其中,能够实实在在地使用这些景观设施,比如小区的集中空地做出高低错落的构筑物应该形成或大或小、或公共或私密的活动空间,以满足不同活动的使用要求,开阔的场地可以供居民集体晨练或举办群众文娱活动,而相对隐蔽的小空间则可以给居民提供阅读、交谈的场所。所以说景观不仅是给人看的,同时也应该是给人用的。

3. 过多追求环境个性

居住区中的环境设计应该是丰富多彩的,会有许多视觉上、使用上的兴奋点,而这

些点必须有一个内在的秩序将它们统一组织起来,形成既独立存在又集中有序的画面,否则就是一盘散沙,而这一切的最终目的是为居民服务,而非设计师表现个人色彩的场所。

环境设计是一门综合的学科,从历史上看,西方在城市公共环境的设计中有许多不朽的典范及相关理论,而东方则在造园艺术中有着独到的意匠,就像油画与国画一样以不同的手法创造不同形式,但同样是美的生活图景,当今的环境设计则应是博采众长,继承传统来为今天的生活很好地服务。

资料来源:http://house.focus.cn/news/2007-01-08/270851.html

近年来,业主在购买住房时越来越重视居住区的景观环境,开发商在售房广告中也开始大打"景观牌"。普通购房者心目中的景观环境主要是绿化环境,绿化仅仅是居住区景观的一部分,本章将从居住区景观分类入手,通过设计方法及设计实例的分析来学习居住区景观环境设计手法。

9.1 居住区环境景观的分类与设计

居住区的户外环境景观包括软质景观和硬质景现两大类。其中,软质景观以植物配置与种植和局为主要内容,硬质景观包括地坪、地面铺装和环境小品设施。居住区户外环境景观设计的主要目标是营造生态化、景观化、宜人化、舒适化的物质环境以及和睦、亲近、具有活力的社会文化环境。

9.1.1 软质景观

1. 绿地与植物种植

绿地是构成居住区户外环境的重要组成部分。在居住区中,绿地由公共绿地、宅间宅旁绿地、道路绿地和专用绿地组成。各类绿地因各自的使用目的不同,其规划设计的要求与方法也不一样。

2. 绿化用地与绿地

绿化用地所包括的不仅仅是用于种植各种植物的土地,在城市规划中它是指以用于种植绿色植物为主的用地,简称绿地。它通常包含有植物种植用地(包括草皮、花卉、灌木、乔木、攀爬植物等),包含在植物种植用地中的铺装硬地(包括步行道、步行休息广场、乔木周围的休息场地等),可活动的或处于植物种植用地内的水体。

居住区公共绿地其定性的含义是指不属于居住区其他用地(包括住宅用地、公共建筑用地、道路用地、停车设施用地、市政设施用地以及其他用地)并为居住区全体居民共同享用的绿地,包括居住区公园、居住小区集中绿地、各类户外场地(不包括标准的运动场)、居住组团绿地、较大的住宅院落绿地或场地。

居住区的宅间宅旁绿地是指位于住宅周围用于种植绿色植物并不属于居住区公共绿地

的用地。

道路绿地是指在道路用地（道路红线）界线以内的绿地，如花坛、行道树、草皮等专用绿地通常指各类设施（如公共服务设施、市政设施等）地界内所属的绿地。

3. 绿地的规划设计

居住区的公共绿地一般宜集中设置，以形成规模较大的集中绿化空间（如公园），并以在使用和景观方面最大限度地被最多的居民和住户所享受为原则。公共绿地的主要作用在于为居民提供一个绿化活动空间，其设计应该以居民的活动规律与需求为基础，公共绿地的布局与设计应该与居住区各类活动场地的布局和设计紧密结合，见表 9-1。

表 9-1 居住区各类公共绿地规划要求

分级	居住组团级	居住小区级	居住区级
主要设施	灌木、草坪、花卉、铺装地面、路灯、坐椅、幼儿游戏场	灌木、乔木、草坪、花卉、铺装地面、路灯、功能型小品、景观型小品、儿童游戏场、老年人和成年人休息及健身场地、小型多功能运动场、小型商业设施	灌木、乔木、草坪、花卉、铺装地面、路灯、功能型小品、景观型小品、儿童游戏场、老年人和成年人休息及健身场地、小型多功能运动场、小型商业设施、居住区服务设施
功能	游戏、休息	游戏、休息、漫步、运动、健身	游戏、休息、漫步、运动、健身、游览、游乐、服务、管理
服务半径/m	60～120	150～500	800～1000
用地/hm²	>0.04	>0.4	>1.0

资料来源：本书编写组.

居住区各类绿地的规划布局与形态应该考虑区内区外的联系，特别是区内宜形成一个相互贯通或联系的、空间上有层次性、景观与功能上有多样性的绿地系统。

居住区各类绿地的植物种植也要考虑生态、景观和使用三方面的因素。从生态方面考虑，植物的选择与配置应该对人体健康无害，有助于生态环境改善并对动植物生存和繁殖有利；从景观方面考虑，植物的选择与配置应该有利于居住区居住环境尽快形成面貌，即所谓"先绿后园"的观点，应该考虑各个季节、各类区域或各类空间的不同景观效果，应该有助于居住区形象特征的塑造；从使用方面考虑，植物的选择与配置应该给居民提供休息遮荫和地面活动的条件。

9.1.2 硬质景观

1. 步行环境

步行环境的设计应该同时考虑功能与景观问题。就功能而言，包括提供一个不易磨损的路面和场地系统，使人能安全、有效、舒适地从起点到达目的地或开展活动；就景观而言，要求能吸引人，并提供一个使人产生丰富感受的景观环境，如图 9.1 所示。

步行环境景观设计的物质要素包括地坪竖向、地面铺装、边缘、台地、踏步与坝道、护坡与堤岸、围栏与栏杆等。

2. 地坪竖向

景观设计的一个主要目的是利用和塑造出美观的地坪变化。地坪竖向的变化既可以适应某些功能和工程上的要求，如出入口的衔接、地面排水等，又对形成引人入胜的景色极其有利，如图 9.2 所示。

图 9.1 步行环境
资料来源：http://www.promise.com.cn/

图 9.2 地坪竖向变化
资料来源：http://news.sina.com.cn/

地坪竖向的变化既可以是由原来的地形自然形成的，又可以是根据设计意图人工塑造的。地坪的竖向问题需要从地形利用、使用空间构筑和景观几个方面做出考虑和处理。

1）地形利用与景观

居住区基地原有的地形是最重要的因素，它对整个居住区的布局也会产生极大的、有时甚至是决定性的影响，它包括建筑物与用地的布局、道路的走向、空间的形态、绿地的形态与布局以及景观框架等。在合理充分地利用现有地形时也应该考虑它的某些不利因素，如对住宅通风日照和朝向的影响、对车辆通行的影响、对建筑物工程造价的影响等，见表 9-2。

表 9-2 地形坡度分级与使用

分级	坡度(%)	使 用
平坡	0～2	建筑、道路布置不受地形限制。坡度小于 0.3% 时应注意地面排水组织
缓坡	2～5	建筑宜与等高线平行或斜交布置，若建筑垂直等高线布置，建筑的长度不宜超过 50m，否则应结合地形做错层或跌落处理。非机动车道尽可能不要垂直等高线布置
缓坡	5～10	建筑、道路最好与等高线平行或斜交布置，若建筑垂直等高线或大角度斜交布置，应结合地形做错层或跌落处理。机动车道有坡长限制要求
中坡	10～25	建筑应结合地形设计，道路要与等高线平行或斜交迂回上坡，人行道如与等高线成交大角度的斜交(坡度超过 8%)一般也需要做台阶
陡坡	25～50	因施工不变、工程量大、费用高一般不适合作为大规模开发的城市居住区用地，建筑与道路必须结合地形规划与设计
急坡	>50	一般不适合作为城市居住区建筑用地

资料来源：中华人民共和国建设部．城市居住区规划设计规范(GB 50180—93，2003 年版)

步行环境设计中地形往往被作为重点因素予以考虑。其原因有几个方面：首先，原有的地形地貌是该地段的环境特征，原有的地形地貌及其植被也是现有生态系统的有机组成部分，应考虑予以保持，改变现有的地形地貌一般需要较大的经济投入和工程量，故应尽量避免；另外，地形是外部空间构筑的要素之一，在户外空间环境的营造中需要由地形带来的地坪竖向变化以构筑多样化、特征化和自然化的空间活动环境。

2) 使用空间与景观

在考虑对地形的利用和改变地坪高差以使平淡的景观变得吸引人时，应结合使用空间的构筑以使由地坪高差变化带来的空间具有可用性。通过土堆、小丘等地坪上升的处理和小洼地、凹坑等地坪下沉的处理，形成自然变化的下沉花园、活动场地、安静的休息停留点。不论因为何种原因产生的地坪高度变化，均为雕刻和塑造风景提供了机会，而且它能获得强烈的地段感和丰富的空间感，如图9.3所示。

3. 铺地

铺地设计主要从满足使用要求（感觉与触觉）和景观要求（视觉）两方面出发，考虑舒适、自然、协调。而对地坪的铺装在材料、色彩、组合三方面做出设计，第一要考虑地面的坚固、耐磨和防滑，即行走、活动和安全的要求；第二要利用地面材料、色彩和组合图案引导方向和限定场地界限；第三要通过一种能表现和强化特定场地特性的组合（包括材料、色彩和图案）创造地面景观；第四应该与周围建筑物形成良好的结合关系，如图9.4所示。

图9.3 利用地坪高差做地下车库入口
资料来源：http://news.sina.com.cn/

图9.4 居住区铺地设计
资料来源：http://bbs2.zhulong.com/

地坪材料可分为自然材料和人工材料两类，它们都具有质感、色彩、尺度与形状4个要素。在选择时既应该考虑上述的使用与景观要求，同时也必须考虑造价方面的情况。

材料的质感与色彩是相关的，不可能不考虑质感就去选择色彩，对自然材料尤其如此。同时，也不能脱离了环境去选择色彩，应该考虑怎样才能与其他色彩形成联系或对比。

根据使用人群的多少、场地功能以及所处环境的情况，场地的地面铺装可以选择全硬地型，也可在硬地中铺以草坪。

4. 边缘

边缘指硬质地面与软质地面之间、不同用途场地之间、地面与墙的交接处以及不同地坪高差的衔接处等边界。在任何不同性质的地坪交接处（包括水平面与水平面、垂直面与水平面）都应该做出相应的处理，如图9.5所示。

5. 树穴

树穴处理在硬质场地上与在软质地面上不同，在硬质场地上由于所处的环境是人工化的，因此应该经过处理。处理方法应该采取与周围地面不同的材料与图案，并保证树的自然生长。可以用铸铁网覆盖树穴并在周围铺装放射形图案；可以简单用与周围不同的、自然的、较粗糙的石材铺装；也可以与座标等设施结合设计，如图9.6所示。

图9.5　边缘处理

资料来源：http://news.sina.com.cn/

图9.6　树穴设计

资料来源：http://image.baidu.com/

6. 踏步与坡道

在有高差的地坪上如考虑通行则应该采用踏步或坡道。踏步与坡道的主要作用在于使行人从一个地坪高度转到另一个地坪高度，同时，它还对突出场地环境的特征具有很大的作用，应该在户外环境设计中予以充分的利用。踏步可分成三大类：一类是与场地或环境特性融为一体的，包括形式、材料、色彩等，整体上统一而简单；第二类是突出于场地环境的，或从形式上看属于轻巧或几何型，或从材料上看一般不属于场地生长环境，或从色彩上看属于对比于场地环境；第三类是附属于建筑或构筑物的，如图9.7所示。

在地坪坡度不大也不太长时，一般纵向坡度在8%以下时根据设计的意图可以用坡道取代踏步。另外，必须在任何有地坪高差的位置设置为残疾人轮椅和婴儿推车通行的坡道。

适宜的踏步坡度在1∶2～1∶7之间，踏步宽度不应小于300mm，高度应在80～160mm之间，级数在11级左右，以不超过19级为宜，踏步间的平台宽度不宜小于1m。

坡道的坡度以1∶12为好，短距离的陡坡坡度不应超过1∶6.5，如图9.8所示。

图9.7　居住区踏步处理

图9.8　居住区坡道设计

资料来源：http://image.baidu.com/

踏步与坡道的材料应该在设计意图明确的情况下结合场地铺装的特性。坡道材料必须考虑表面防滑。坡道排水应考虑向两侧排而不是顺坡排。

7. 护坡

护坡包括斜坡、挡土墙与堤岸，它是改变地坪高度的手段。护坡的采用可能是因为原有地形的条件，可能是由于功能上的需要，如噪声隔离、视觉遮挡、交通控制等，也可能是出于景观美学上的需要。护坡设计在功能上要考虑的是稳固性、安全性、耐久性和防水性，防止因攀登、裂缝和雨水侵蚀而遭受损坏，在景观上要考虑斜面的倾斜度、表面的质地、拼接的形式等。一般的护坡处理，如图9.9所示。

8. 围栏

围栏的功能在于引导行人沿合适的路线行走，防止对不应该进入的地界的闯入，保护行人安全，避免落水、撞车或滚落陡坡等危险。同样，围栏对场地的视觉景观作用也具有很大的作用，如图9.10所示。

图9.9　居住区护坡处理　　　　　　　　图9.10　居住区围栏设计

资料来源：http://image.baidu.com/

围栏的材料应该尽量采用当地的材料和传统的工艺，以求与场地和风景取得协调，并保持当地的景观特征。围栏的形式应该从属于地形与树丛，应顺应地势和结合植物的外形，同时围栏的基底部以及立面构图应该考虑与地面材料和图案的关系。

9. 墙与屏障

墙与屏障的功能在于：阻止闲人闯入障碍物或障碍区；作为视线、风和噪声的屏障；限定视觉空间等。当然它在视觉观赏方面的要求和作用也不能忽视。

墙与屏障的设计应考虑其立面的外形和细部构造。立面外形既有使用的考虑更有景观上的意义，如是否具有攀爬要求，是否需要视觉上的通透（局部或整体），是否具有景观上的标志性意义等。材料与细部构造产生的图案、线条、光影等视觉效果可以在设计中充分予以考虑。

尺度对墙和屏障设计的成功与否起着很大的作用。在满足功能性的要求下，适宜的比例与尺度更多地应从审美的角度去考虑。

10. 环境小品

环境小品根据其设置的环境可分为街道广场小品和绿地小品两大类。虽然设置的环境不同使其表现出的特征也不同，但其内容与设计考虑的基本因素是一致的。

环境小品主要包含坐椅(凳)、护柱、种植容器、垃圾箱等功能性设施和雕塑、水池、喷泉、构架等景观性设施。

1) 坐椅

坐椅的设置有两种情况：一种是在某些特定的位置，如广场或场地周围、公交站点、较长的步行路段，这时应该注意将交通空间与坐椅区分开；另一种是在一些由设计安排的休息停留点，如某些绿地、场地或广场中的休息空间，在这种情况下应该通过平面或竖向的布局与设计创造一个安静和舒适的空间环境。坐椅的位置与方向应该考虑能够尽可能地观赏到周围较好的景色。坐椅的设计可以考虑与其他设施的组合，如花坛，应该考虑美观的要求。

人选择不同的坐的形式与坐的对象、环境和目的有关，图 9.11 显示了不同坐椅的布局和形式。

图 9.11　不同坐椅的形式
资料来源：http://image.baidu.com/

2) 护柱(图 9.12)

护柱的设置有利于标明地界、划分区域、引导交通流以及防止车辆驶入，但不阻碍行人通过，同时也会由于在地面上形成了一系列的加强点而创造一种使人产生深刻印象的景观。

护柱必须坚固同时给人以结实感。材料以混凝土、铸铁为好。另外护柱晚间必须有照明，以防止发生危险。

3) 种植容器(图 9.13)

种植容器可以是固定的，也可以是可移动的，它可以用来限定空间，也常在一些特定的时间及场地根据特定需要用作环境美化。种植容器最适合用在植物不能自然生长的场所，一般适合放在硬质地面上。

图 9.12　不同护柱形式　　　　　　　　　图 9.13　种植容器
资料来源：http://image.baidu.com/　　　资料来源：http://image.baidu.com/

种植容器的布局应该考虑形成一定的规律或整体型的图案，以点缀环境或限定空间。其形式应考虑自身的美观和整体组和带来的点线环境或限定空间的效果。种植容器的材料可考虑与地面材料相协调，也可考虑采用自然或仿自然质感的材料，如混凝土、原木、石材等。

4) 垃圾箱（图 9.14）

垃圾箱应该考虑与其他设施组合设置，如坐椅、护柱、围栏和灯柱等。垃圾箱下的地面应该采取硬质铺装，以便清扫。

图 9.14 垃圾桶
资料来源：http://image.baidu.com/

5) 景观性小品（图 9.15）

景观性小品主要需要考虑其设置于合适的位置，以形成环境的趣味点或观赏点，同时尺度与艺术性是景观小品成败的关键。

图 9.15 景观性小品
资料来源：http://image.baidu.com/

11. 车行环境

居住区的车行环境重点需要考虑的有两方面：一是如何通过路面处理限制车速和标识车路界限，二是如何处理机动车停车场地的景观环境使之与居住生活环境协调。

1) 路面

明确车行路界限的方法重点在于对车行路边缘的处理，可利用高差不一，软质地面与硬质地面的差别，与车行路面不同的步行地面材料或色彩标识等方法。

利用地面局部突起的"驼峰"可以迫使车辆减速，通过不同地面材料的变化可以暗示车辆进入的空间性质。如从光滑平整的路面到粗糙的路面，从人工化的混凝土或沥青路面到自然型的毛石路面，均有减速的作用。

2）机动车停车场地

预制的混凝土砌块是较好的机动车停车场地面材料，它可以制成不同的颜色和形状以符和设计的意图，同时还可以制成漏空的砌块在中间植草以改善场地环境与景观。在停车场上种树既具有防晒功能又具有景观与生态作用。另外，在场地上用其他颜色将车位或通道标识出来也有较好的效果。

9.1.3 水体

水体是自然界中极为生动的景观，易于形成开敞的空间，也是生态系统的重要组成部分，同时它还具有可用性。居住区中可利用水体造景，调节小气候或作为儿童戏水场所，还可以供蓄水、消防。因此，只要有可能就应该尽量利用或经过改造加以利用。

在居住区规划设计中，常见的水体形式有水池、流水、瀑布和喷泉等，宜根据地形条件和设计意图来采用。居住区中的水体特别应该注意两个方面：水的深度和水体边缘的处理。水的深度不宜过深，否则具有危险性，特别是对儿童；不论采用人工化的或自然化的形式，水体的边缘应该经过处理，使其更具有观赏性，同时也应避免发生危险，因为居住区中一般都有较多的人会去接近水体。

另外，水体的清洁问题也必须考虑，天长日久之后，水体的污染将会破坏整个居住区的居住环境，如图 9.16 所示。

图 9.16　居住区水景
资料来源：http://image.baidu.com/

除上述的主要方面外，居住区户外环境中还有一些可以考虑的内容，如石景、亭廊和构架等。这些景观性的地形处理或建筑物一般不宜单独地安排，如石景一般宜与水体结合，亭廊通常与地形处理和植物种植结合形成景观点，或在户外场地中考虑休息设施时统一布置，构架则通常设于步行通路或场地的入口处。

9.1.4 宅间庭院的空间环境

宅间庭院的空间组织主要是结合各种生活活动场地进行绿化配置，并注意各种环境功能设施的应用与美化。其中应以植物为主，使拥塞的住宅群加入尽可能多的绿色因素，使有限的庭院空间产生最大的绿色效应。

1．场地布设

各种室外活动场地是庭院空间的重要组成，与绿化配合丰富绿地内容相符相存。

1）动区与静区

动区主要指游戏、活动场地；静区则为休息、交往等区域。动区中的成人活动如早操、练习太极拳等，动而不闹，可与静区相邻合一；儿童游戏则动而吵闹，应在宅端山墙空地、单元入口附近及成人视线所及的中心地带设置。

  2）向阳区与背阳区

  儿童游戏、老年休息、衣物晾晒及小型活动场地，一般都应置于向阳区。背阳区一般不易布置活动场地，但在南国炎夏则是消暑纳凉佳处。

  3）显露区与隐藏区

  住宅临窗外侧、底层杂物院、垃圾箱等部位，都应隐藏处理，以护观瞻和私密性要求。单元入口、主要观赏点、标志物等则应显露无遗，以利识别和观赏。

  一般来说，庭院绿地主要供庭院四周住户使用，为了安静不宜设置运动场、青少年活动场等对居民干扰较大的场地。3~6周岁幼儿的游戏场是主要内容。幼儿好动，但独立活动能力差，游戏时常需家长伴随。掘土、拍球、骑小车是常见的活动内容，儿童游戏场内可设置沙坑、铺砌地、草坪、桌椅等，场地面积一般150~450m²。此外，老年人休息场地应放置一些木椅石凳；晾晒场地需铺设硬地，有适当绿化围和。场地之间宜用砖砌小路联系起来，这样既方便了居民又能使绿地丰富多彩。

  2. 植物构设

  植物是组织和塑造自然空间的有生命的建筑材料，可以使人工建筑空间和自然融为一体。"乔木"是庭院空间的骨干因素，形成空间构架；"灌木"是协调因素，适于空间围合；"花卉"是活跃因素，用以点缀；"草皮"是背景因素，用以铺垫衬托；"藤蔓"是覆盖因素，用于攀附和垂直绿化。庭院空间运用植物加以限定和组织，可以丰富空间层次，增强空间变化，形成不同的空间品质，使有限的宅间庭院空间小中见大。常用的集中组织空间的手法有如下几种。

  1）围合

  将绿篱树墙、花格栅栏等作为空间竖向界面围合成的空间，期限定界面越多、越高、越厚、越实，则其限定性越强，也越能反映私密、隐蔽、防卫等特征；反之则限定性减弱，反应公共、开敞、交往的特征。

  2）覆盖

  将瓜棚花架、树荫伞盖等作为空间水平界面限定空间，人的视线和行动不受限制，但有一定的潜在空间意识和安定感。这种覆盖如做线形延展，形成树廊则具有明显的导向性和流动感。

  3）凹凸

  突起的绿丘，高低错落的住宅屋顶绿化，具有较强的展示性；凹陷的下沉庭院绿化则有较强的隐蔽性、安全性，与上部活动隔离，形成闹中取静之所。

  4）架空

  住宅与分层入口处的天桥、高架连廊等，交相穿插，可组成生动的立体绿化空间。

  5）肌理变化

  草坪、花圃与各种硬质材料铺装的场地间，因材质肌理不同，自然形成空间的区分和限定，形成意向性的开场活动空间。

  6）设置

  设置形成的空间是把物体独立设置于空间的视觉中心部位，形成具有向心性的意向性空间。设置物要求具有突出的点缀或标识作用，可选择有特色姿态的孤植树、雕塑等。

  3. 庭院小筑

  住宅建筑密度较高，绿化空间开度一般较小。以植物为主题景观象征自然，小品设置应结合建筑部件进行艺术加工，使之不占或少占绿化面积，又具有使用、识别、观赏等多重功能。

1) 路和地面铺装

一为宅旁小路，一为绿地园路。前者要求线形规则便捷。后者要求曲径通幽，由庭园景观的需求而设，具有联系场地、疏导空间、组织景观等作用，所谓"路从景出，景随路生"。

2) 水面、叠石。

水面叠山置石是我国庭院独特景观，是庭园造景的传统手法。"置石"是山石造景中小型石材或仿石材零星布置，不加堆叠即称"置石"。点置时山石成半埋半露状，可置于土山、水畔、墙角、路边、树下以及花坛等处，以点缀景点，引导观赏和联系空间。

3) 设施小品

设施小品分4类：建筑部件小品、室外工程实施小品、公用设施小品及活动设施小品。

建筑部件小品：单元入口、室外楼梯、平台、连廊、过街楼、雨篷等。

室外工程实施小品：天桥、室外台阶、挡土墙、护坡、出入口、栏杆等。

公用设施小品：垃圾箱、灯柱、灯具、路障、路标等。

活动设施小品：儿童游戏器具、桌椅等。

以上这些普遍性设施和部件应精心设计，提高其品位，创造出具有传统气息和时代脉搏的居住庭院空间环境，并体现标准不高气质高，用地不多环境美的创作境界。

9.2 居住区特色空间环境设计的基本要求

居住环境景观设计所遵循的原则应该是包括社会、文化和经济在内的复合生态，强调的是"人与自然，人与社会的结合"的广义生态概念，是在自然生态的基础上，注重围绕人的体验、活动及对环境的影响来探讨居住环境的景观设计。

9.2.1 外部环境特色设计

外部环境是居住区生态设计所要考虑的宏观概念的东西，具体而言可分为精神要素和物质要素，物质要素又可分为自然要素和人工要素。

1. 精神要素

精神要素包括历史和文脉。

1) 历史

历史即是保持住宅所在地区的历史及文化特征，即保持和发展了居住环境的特色。失去文化的传承，将导致场所感和邻里关系的消亡，并会由此引发多种社会心理疾患。居住环境是其所在城市环境的一个组成部分，对创造城市的景观环境有着重要作用。同时，居住环境本身又应反映城市空间的文化和地方性特征，以阐释自身所具有的文化含义。居住环境失去了所在地方的文化传统，也就失去了活力。

2) 文脉

居住环境的文脉通过空间和空间界面表达出来，并通过其象征性体现出文化的内涵，当今多元文化的融合、渗透、同化，传统文化消失的危机也愈来愈严重。文脉是个发展动态的概念，是人们在当地的环境中长期共同生活积淀形成的，是随着时代的发展而变化的，对文脉应采取继承、保持中发展的态度。尊重传统文化和乡土知识这是当地人的经验，当地人依赖于其生活的环境获得日常生活的一切需要，包括水、食物、庇护、能源、药物以及精神寄托。其生活空间中的一草一木，一水一石都是有含意的，是被赋予神灵的。他们关于环境的知识和理解是场所经验的有机衍生和积淀。所以，一个适宜于场所的生态设计，必须首先应考虑当地人的或是历史，文脉给予设计的启示，例如：在云南的哀牢山中，世代居住在这里的哈尼族人选择在海拔 1500~2000m 左右的山坡居住，这里冬无严寒夏无酷暑，最适宜于居住；村寨之上是神圣的龙山，丛林覆盖，云雾缭绕，村寨之下是层层梯田。丛林中涵养的水源细水长流，供寨民日常生活所用，水流穿过村寨又携带粪便，自流灌溉梯田。山林里丰富多样的动植物，都有奇特的医药功能。所以山林是整个居住生态系统的生命之源，因而被视为神圣。哈尼梯田文化之美，也正因为它是一种基于场所经验的生态设计之美。皖南的村落，如宏村，也可见同样的生态设计经验。

2. 物质要素

1）物质要素之自然要素

任何精神形态的东西在规划设计中者反必须将具象化，借助于形式、符号等表现手法转化成物质要素，形成让人感知、体验的空间，从而创造使用者与设计师之间心灵的共鸣和震颤。规划师必须熟悉自然的各个方面，直到对任一块地，建设场地和景观区域，都能本能的反映出其自然特征、限制要素和所有可能性。只有具有这样的意识，人们才能发展一系列和谐的关系。居住环境景观设计中的自然要素有地形、植物等。

（1）地形。是居住环境中最重要的自然特征，对于居住环境景观的塑造，适度的地形变化不仅不会带来难题，经过设计者精心的处理和组织反而有助于形成优美的景观设计师在分析基地，解读地形时，一定要认识到地形中的高与低、缓与陡、土丘与低洼地、水塘等对于基地的自然过程、排水、水土保持、动植物生存的重要意义，慎重处理。在建设过程中应尽量减少地形的扰动，以免破坏基地上原有的自然过程，干扰自然排水，改变地下水位，危及原有植物及生物的生存。但在绝大部分情况下，地形还是需要进行一定程度的整理和改造的，规划设计中应最大程度的利用原有的地形，因地制宜，变不利为有利条件，创造出有特点的景观。

地形改造中，要特别注意对表土的保护和利用，在挖填方、铺装、整平建筑区域时将表土剥离、储存，在建筑完成后清除建筑垃圾回填优质表土，以利于受破坏的生态系统尽快回复并进行良性循环，趋于稳定。

（2）植物。由绿色植物为主体的自然景观亦激发人们对自然的亲近和体验的愿望，调节居民身心健康，缓解对文明的疏离感。绿色植物是居住环境中最基本的生态要素，也是居住区绿色生态系统中唯一有自净能力的要素，对于形成稳定的居住区生态系统；保证其平衡起着举足轻重的作用，也是生态设计的重要内容之一。应用时应遵循以下几点。

① 遵从"生态位"原则——生态位概念是指一个物种在生态系统中的功能作用以及它在时间和空间中的地位反映了物种与物种之间、物种与环境之间的关系。合理选配植物种类、避免种间直接竞争，形成结构合理、功能健全、种群稳定的复层落结构，以利种间互相补充，既充分利用环境资源，又能形成优美的景观。在特定的生态环境条件下，抗旱耐寒，耐贫瘠、抗病虫害、耐粗放管理等作为植物选择的标准。

② 遵从"互惠共生"原理，协调植物之间的关系——指两个物种长期共同生活在一起，彼此相互依存，双方获利。

③ 保持物种多样性模拟自然群落结构。

④ 遵循地域性——植物的地域性非常明显。南北方，东西方的气候、土壤、水文等不同条件决定了植物种类的不同即所谓乡土植物不同。乡土植物不仅具有适应当地条件、易维护、成本低等特点，还有利于保护当地的生物物种的稳定，并保持乡土景观的特色。北方的白桦、白杨、西北的胡杨林、南方泊勺椰子树、槟榔、榕树、南部海滨的红杉树等都是地域特征鲜明的树种，并带着强烈的乡土情感色彩，构成了当地景观的大特色，因此，大量推广乡土植物在居住区环境中应用，对于加强地域特征，传承地域文化，增强人们的认同感和自豪感都有着积极的作用。

（3）山石。堆山叠石在我国传统造园艺术中所占的地位是十分重要的。园林，不分南北、大小，几乎所有的园林，必有山石。所以有人认为山石应与建筑、水、花木并列，共同作为构成古典园林的四大要素之一。在现代园林设计中，尤其是居住区环境景观设计中，山石应用大大减少，但作为基本造园要素，仍占着不可或缺的分量。由于社会历史条件、人们生活习性等各方面的差异，在居住环境景观山石不能照搬园林的做法，应取其精华，充分发挥山石造景的积极作用，仍是十分重要的。但是从生态学的角度讲，山石的采集势必破坏自然环境，而且山石属不可再生资源，由于大量采集，许多山石如太湖石目前资源已近枯竭，而其他石材如黄石、笋石等也都需大规模挖山毁林，故应有节制使用同时应该尽量选用当地的石头。

2) 物质要素之人工要素

（1）构建物。居住环境中的构筑物一般有亭、廊、桥及桥亭等表现形式，灵活多样，体量较小，为居民提供驻足、谈心，正式交流的场所。构筑物的尺度及保证细节应与其功能性相适应。

（2）材料。构筑物的材料与周围环境相协调，符合景观的要求。除此以外，还应符合生态要求应尽可能选择自然材料或绿色建材。材料的选择还应从生命全周期及能流、物流的角度分析其生态代价，包括资源的消耗，污染的产生以及栖息地的丧失。同时材料的选择最好选择本地材料这样产生的污染少、浪费少，同时也容易和周围的环境产生和谐关系。

9.2.2 居住区景观的内部系统特色设计

所谓内部系统是指在居住区内部或和居住区临界满足居民日常生活需求的各种服务设施设计系统主要包括住区道路系统、停车场设计系统、环境小品设施系统、无障碍设计系统、视觉识别模式、休闲娱乐系统以及软件系统等。

1. 居住社区的道路系统

居住社区的道路系统结构与布局取决于既安全舒适又方便居民居住生活的需要，采用结构要结合社区规划用地的总体布局，因地制宜选择结构模式。

2. 停车场设计系统

随着私人汽车越来越多地进入了家庭，停车场的建设也日趋重要。尽管人们痛斥大量使用汽车的危害，并竭力主张公共交通和设想更可持续的交通方式，但已经形成的生活方式使人们很难放弃对私人汽车的追求和依赖。因此，无论从占地面积、投资还是重要性来讲，停车场都是居住环境中重要的功能性要素和景观要素。

其绿化布景形式如下。

（1）不论是地上停车还是地下停车，都对景观造成不同程度的消极影响。一般可通过几种绿化形式进行弥补。

（2）庇荫：这不仅是景观的需要，也是功能上的需要。稍有经验者便可以回味起进入一辆被暴晒的汽车时的不快，遮荫比使用空调降温更经济、生态和人性，一般对于地上停车场，以乔木作为遮荫树，以绿篱和灌丛分隔停车位，可以改善局部小气候。

（3）隔离：地上停车场在视觉质量审美中是一个消极因素，以绿色屏障将其从人们的视域中隐去，是经济可行的办法。

（4）生态铺地：停车场的地面承载力要求比道路要低一些，提倡采用嵌草铺装或透气铺装，即增加了绿色又将地面透水性的影响减到最小。

（5）垂直绿化：对于地下车库出入口及半地下车库的地上部分，提倡垂直绿化增加绿量，消除大型构建对人心理上的影响。

3. 环境小品设施系统

环境设施指在城市外部空间中供人们使用，为人们服务的一些设施。小品在功能上可以给人们提供休息、交往的方便。曾有这样描述，"在城市中，建筑群之间布满了城市生活所需要的各种环境设施，有了这些设施，城市空间才能使用方便。"

空间就像是包容事件发生的容器；城市，则如一层舞台，一座调解活动功能的器具。如一些活动指标，临时性的棚架，指示牌及供人们休息的设施等，并且还包括了这些设计使用的舒适程度和艺术性。换句话说，它提供了这个小天地所需要的一切。这都是人们经常使用和看到的小尺度构件。

在城市及居住环境中，环境设施与小品虽非空间的决定性因素，但在实际使用中给人们带来的方便和影响都是不容忽视的。其设计要求如下。

（1）兼顾装饰性、工艺性、功能性和科学性要求：许多细部构造和小品体量较小，在形象和色彩上表现得强烈突出，有很强的装饰性。同时功能性亦不可忽视，设计时应符合人的行为心理要求，例如要注意符合人体尺度要求，使其布置和设计更具科学性。

（2）整体性和系统性的保证：环境设施及小品一般多而分散，因此对其进行整体的布局安排，从尺度比例、用材设色、主次关系和形象连续及可识别性等角度全面的考虑，并形成系统，在变化中求得统一。

（3）材料及施工的可更新性：环境设施及小品一般不会像建筑物那么永久，因而应考虑其使用年限，材料及施工工艺应便于日后更新和移动。

（4）综合化、工业化和标准化：大部分环境设施和小品可采用可集约化生产的工业化、标准化构件，可加快建设进度，节约投资。

9.3 居住区景观设计典型实例

（1）该居住组团总体由12层点式、板式小高层形成围合式构图，沿街底层两层为商服公建，上面10层为居住建筑。建筑采用正南北方向，保证每户总体朝向良好。在景观方面营造了庭院主景观和屋顶花园相结合，社区中心花园中茵茵绿草，高低错落的灌木与精致水景相互交错，屋顶花园见缝插绿，既增加了绿化面积，又为居民创造了一处独特的休闲、娱乐场所，如图9.17所示。

图9.17　某小区平面图

资料来源：http://info.tgnet.cn/

（2）该小区最大特色是沿河主景观，小区建筑高度分区清晰，由河道向外高度由低到高，并左右错开，既保证了各建筑之间的日照间距，又构建了高低错落有致的建筑群体景观，同时保证居住区内更多居民共享河道景观；强调沿河景观效果，设置亲水广场，将水景与绿化渗入居住区生活，与居住区融为一体，如图9.18所示。

图9.18　某小区平面图

资料来源：http://info.tgnet.cn/

（3）在小区的景观规划设计中，重要的不仅仅是建筑群的景观，而是人的视线能获得怎样的感受。该小区中央有一块很大的绿地，设计师尽最大可能将建筑物南侧的广场最大化，以一条西南—东北斜向主轴线由小区西南入口延伸至小区核心，形成景观通廊，以轴对称空间来体现主入口的丰富序列和层次，利用植物和地面的起伏变化制造视线的变化，再由视线的变化给人一种开阔感，提高人们的舒适度、安心度。在建筑物的楼与楼之间注重组团空间环境的完整度，并使建筑与地形地貌相统一，如图 9.19 所示。

图 9.19　某小区鸟瞰图

资料来源：http://info.tgnet.cn/

（4）该小区以提高居住生活品质为目标，充分利用现有河道等自然条件，综合规划住宅、交通、绿化、公共服务设施等要素，创造一个宜人的和有特色的居住生活社区。其规划特点为：河道贯穿整个小区；居住组团规模大小适中，建筑形式统一，每个组团都结合河道引入水系有自己的组团级次景观，小区中心又结合大面积水面形成小区级主景观；小区整体构成了丰富的建筑群体景观；在区内现有道路基础上，建立了一个与水相依的环形网络道路系统，可达性强，如图 9.20 所示。

图 9.20　某小区平面图

资料来源：http://info.tgnet.cn/

应 用 案 例

居住区内的色彩设计

居住区内的色彩设计,首先应服从城市总体规划的要求,色彩的搭配应不破坏城市的整体感。不仅能表现出居住区的居住功能,更能给人赏心悦目的感觉,为居民创造一个舒适和优美的环境。

居住区内色彩设计的内容很多,但主要应包括绿化色彩、建筑色彩、小品色彩和铺地色彩等的设计。

1. 绿化色彩的设计

现行《城市居住区规划设计规范》明确规定,新建居住区的绿地率不应低于30%。由此可以这样说,绿化是现代居住区的底图。绿化做的成功与否,将直接影响到整个居住区的气氛,它甚至决定了整个居住区的环境的好坏,而绿化色彩是判断绿化效果的一个重要因素。

居住区内绿化的植被应首选本地区的植物,这样做不仅经济实惠,而且在绿化色彩上很容易与城市总体规划的要求相吻合。同时居住区内绿化色彩的局部变化也是非常有必要的,局部色彩的变化既能打破居住环境的沉闷感,又能引起人们的特别注意。

2. 建筑色彩的设计

色彩是每个建筑物和构造物不可分割的特性之一,也是建筑构图的一个重要的辅助手段。色彩对于建筑起着表现形体的生动美感的作用。

无论是古代还是现代城市中,居住建筑都是大量性的,而为数相对较少的公共建筑却往往扮演着城市舞台的主角。因此为了衬托公共建筑的主体地位,住宅建筑在城市中应起到"底"——背景的作用,即追求统一的基调、质朴的风格和亲切的气氛,尤其是大片建筑的居住区更应如此。住宅建筑色彩设计应该在统一的前提下具有可识别性,根据其坐落位置及对景观的影响作用不同采取不同的处理形式,人们也可以通过寻求色彩的变化来完成。住宅建筑外形一般都以较浅的、明快的调和色(如浅黄、浅灰、浅绿等)为主要基调,而不以对比色或对比强烈的色彩在大面积上使用。住宅群体的色彩要成组考虑,颜色以淡雅为宜,以造成一种明快、朴素、宁静的氛围,色调应力求统一协调,使居民有归属感。此外,建筑物的局部,如阳台、栏杆等的色彩可作重点处理以达到统一中有变化,比如有些住宅建筑,在墙面上粉刷深浅和色调不同的水平或垂直色块、色带,可以使住宅的外形更为生动。

3. 小品色彩的设计

建筑小品的内容较多范围也较广,它对于美化城市面貌有较大的作用,而且所花的投资也有限。在大量性住宅群体的空间组合中,一般常用的有围墙、花架、室外坐椅等,而在地形起伏的地区则还包括挡土墙、台阶等的细部处理。另外,在城市一些主要街道沿线的群体空间组合中,还常常运用亭、廊、花台、水池、雕塑等建筑小品。此外,可以通过外形和颜色上的变化,把路灯、垃圾桶等服务设施处理成小品。

由于小品的色块相对较小,因此它对室外整体环境的影响相对较弱。可以根据小品性质,赋予它们不同的颜色,以达到对其强调或弱化的目的。为了强调某个显要位置上的小品，或突出某个造型优美的小品，可以用鲜明的色彩以引起人们的注意，对整个室外环境起到画龙点睛的作用。相反，就用比较平和的色彩把它融于周边环境中，尽量减少人们的注意力。

4. 铺地色彩的设计

居住区内的道路广场与绿化相似，在居住区的构图中起背景作用。铺地是重要的景观元素，铺地的色彩设计，应力求创造丰富而有特色的艺术效果。硬质的铺地景观主要体现在图案的编排和色彩的变化上，从而形成一种韵律。

一般来说，道路色彩不应太突出。但是，在某些地方经过精心设计的图案铺装地面能够产生宜人的场地环境和富于变化的道路景观，道路上铺地的色彩变化，对居民还能起到导向的作用。例如，规则式的地砖铺地，通过色彩图案的变化可以形成方向感和向心性；不规则的卵石等地面，则具有乡土的意趣。同时，铺地的色彩要与铺地上的各种小品、设施相结合，以互相衬托，形成完整的景观效果。

而居住区内的广场不仅担负着道路的功能，满足人们交通的需要，它更是居民交往和休闲的场所。为了强调广场的重要性，同时为居民创造一个良好的交往和娱乐环境，广场一般都有铺地，并且在色彩上有别于其他铺地，具有鲜明的个性。

随着社会的进步，人民生活水平的提高，人们对居住的要求也越来越高。在满足居住功能要求的情况下，在居住方面人们关注的焦点已经逐渐由室内环境转向室外环境，而居住区内的色彩是构成室外环境的一个重要因素。因此，居住区内的色彩设计必将越来越受到大家的普遍重视。

资料来源：吴永林，孙力伟. 浅谈居住区内的色彩设计 [J]. 林业科技情报，2005(4).

本 章 小 结

本章主要学习的内容是居住区景观的具体分类与设计、居住区特色空间环境设计以及居住区景观设计实例评析。本章是在居住区绿地学习的基础上，对居住区从软质景观到硬质景观及水体、庭院空间等方面的整体景观设计手法进行进一步的学习。

居住区景观分为软质景观、硬质景观、水体及宅间庭院空间四大部分。

居住区景观设计应同时考虑精神及物质两大要素，达到美观、实用、经济目的。

本章重点掌握的内容，是居住区景观的具体分类与设计、居住区特色空间环境具体设计手法。

思 考 题

1. 居住区景观如何分类？
2. 居住区硬质景观有哪些内容？
3. 居住区水体设计应注意哪些内容？
4. 居住区特色景观设计的考虑要素有哪些？

第10章 居住区场地规划设计

【教学目标与要求】
- 概念及基本原理

【掌握】居住区场地规划条件；居住区场地总体布局；场地规划内容；居住区场地规划要素；场地规划基本要求；场地规划要素的组织和布局方法。

【理解】居住区场地设计概念；场地规划的基本原则和意义。

- 设计方法

【掌握】居住区场地总体布局；场地规划要素的组织和布局方法。

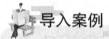
导入案例

居住区儿童活动场地规划设计

居住区内的儿童游憩空间是儿童进行游戏、休息和交往的主要场所，它有利于儿童的身心健康与智力开发，有利于儿童的意志与性格的锻炼，能够满足城市居住区儿童活动交往的心理需求，也是居住区人居环境创造的基本要求。

1. 场地位置选择

（1）选择儿童便于就近使用的位置，尽量远离主要交通道路和道路的交叉口及交通岛，避开拥挤的人流和车流，儿童出入方便、安全。

（2）具有充足的阳光，良好的通风条件，并有适当的遮荫地块。

（3）场地相对的独立性，有适当的围合，避免儿童的活动受到外界活动及噪声的干扰。

2. 场地布置

（1）要有较好的可通视性。场地周围不宜种植遮挡视线的树木，保持较好的可通视性，便于成人对儿童进行目光监护。若有必要可以用围墙或篱笆来围合儿童活动场地，既可以防止动物进入，又可以给儿童及其家长以安全感和封闭感，但篱笆和围墙不能太高以免阻挡视线。

（2）要符合儿童的使用要求。游戏设施要符合儿童的尺寸，同时，要注意安全防范，最好采用自然式的曲线或圆角。游戏场内各种游戏设施的造型要生动，卡通式小屋和动物造型的各类玩具都应符合儿童天真活泼的心理特点。

3. 场地分区

儿童游憩空间的设计要考虑场地的功能分区设计，这样既可以满足不同年龄儿童的各自需求，又可以避免进行不同游戏的儿童相互干扰、碰撞而引起冲突，同时可以保证场地和器械使用的安全。分区要考虑到儿童的年龄特点和活动性质，并结合成年人的休息或看护等做出统一安排。

> 4. 景观要求
>
> 在栽植中可选择春夏观花、秋季观果、冬季观枝的四季景观。同时，要在树形、花色、叶色、习性等方面满足儿童们的习惯，最好是能有触觉、味觉、视觉、嗅觉的植物材料，突出表现植物景观的同时，增加体验、感受及认识自然的机会，寓教于学。创造多种空间形态，在空间的一面或多面用较高的植物创造半开敞空间，以挡住视线的穿透，可以为儿童提供进行躲藏游戏和半隐蔽的交流空间。
>
> 资料来源：李勤. 居住区儿童活动场地规划设计研究 [J]. 住宅科技，2010(10)，27-30.

居住区场地设计是营造良好住区空间环境的重要途径，从居住区设计实践层面上看，居住区设计初期的基地分析与场地布局以后后期的场地细部的丰富和完善，都是决定居住区内建筑与环境关系的最直接工作内容。然而，居住区儿童活动场地规划设计是住区场地设计中较为特殊的对象，需要综合考虑场地设计的各种因素，因此，也是场地设计重点学习内容之一。

10.1 居住区场地规划的概念

简单来看，所谓"居住区场地设计"必然是有关于"居住区场地"的设计活动。对居住区场地概念的定义从不同角度也有所不同，从理论上来说，它应包括满足居住区场地功能展开所需要的一切设施，具体来说应包括：自然环境、人工环境和社会环境三部分。

（1）场地的自然环境——水、土地、气候、植物地形、环境地理等。

（2）场地的人工环境——即建成空间环境，包括周围的街道、人行通道、要保留的周围建筑、要拆除的建筑、地下建筑、能源供给、市政设施导向和容量、合适的区划、建筑规则和管理、红线退让、行为限制等。

（3）场地的社会环境——历史环境、文化环境，以及社区环境、构成等。

从场地的营建对象来说：场地有"狭义"和"广义"之分。

狭义概念是指基地内建筑物之外的广场、停车场、室外活动场、室外展览场、室外绿地等，即为建筑物之外的室外场地。（基地：当一定面积的土地作为工程项目的主体工程和配套工程的建设用地后，称为基本用地，简称基地。）广义概念是指基地中包含的全部内容所组成的整体，如建、构筑物，交通设施，室外活动设施，绿化及环境景观设施和工程系统等。

场地规划必须被看成是由土地未来的所有者对整个场地和空间的组织，以使所有者对其达到最佳利益，其根本目的是通过设计使场地中的各要素，尤其是建筑物与其他要素能形成一个有机整体，以发挥效用，并使场地的利益能够达到最佳效益，节约土地，减少浪费。

10.2 居住区场地规划的原则

10.2.1 多样性设计

居住区场所环境不仅包括有形的环境，即由建筑物、各类附属设施和绿化休息场地等构成的实体和空间环境；还包括无形的、精神方面的因素，如生活情趣、舒适程度、邻里交往、精神风貌、安全感和归属感等心理和社会环境，它具有满足人生理所需的物质功能和心理所需的精神功能。因此，要满足不同人群的活动需求就要对活动场地有多种处理方法，例如老年人活动主要以静坐聊天为主，很少从事剧烈活动，所以以老年人为主的活动场地就要设置足够的座位及依靠设施（图10.1）。儿童的活动精力比较旺盛，儿童活动为主的活动场地不仅要设置足够的活动设施，还要能启发儿童的创造力（图10.2）。

图 10.1　小区内的休息设施
资料来源：本书编写组．

图 10.2　富有童趣的场所环境
资料来源：www.tgnet.cn

10.2.2 "场所"的营造

开放的、没有边界的空间给人以不稳定或不安定的感觉，就像一个人站在沙漠之中会感到无依无靠，孤立无援(图10.3)。在这样的空间里只会给人以失落感，而不是认同感和归属感，因此采取用构筑物限定空间的办法，让人有安全、稳定的感觉(图10.4)。

图10.3 人在空旷的环境中感觉失落　　　　图10.4 用围合空间限定场所

资料来源：[日]芦原义信. 外部空间设计[M]. 尹培桐，译. 北京：中国建筑工业出版社，1985.

居住区场所要注重归属感的营造。这表现在场地设计要注重地域特点，在遵循当地气候地理特征的前提下，通过场地的组织及设施等体现该地域风俗及文化传统。另外，"场所"营造应当注意场地的舒适性及层次感。居住小区内交往的居民们喜欢三三两两，或成群结队地坐在场地一侧或路边，背后为树木、围墙等空间构架物(图10.5和图10.6)。这是闹市中相对安静的角落和具有后防条件的空间，在这里聊天下棋观看匆匆来往的行人车辆，是闲暇时的乐趣之一。场地设计的层次感是指要注意活动场地中半私密空间设计，这样使得空间更丰富，也能满足部分居民进行交流的需要。

图10.5 环境围合形成的场所空间

资料来源：本书编写组.

图 10.6 丰富的场所空间
资料来源：湖南三江房地产开发有限公司.

同时，居住区场所空间设计时，要充分考虑组团内部的动静分区。居住区规划中往往是组团和组团之间的空地没有充分利用，形成消极空间，实际上该空间恰是小区内的静态空间，非常适合老年人休憩和活动（图10.7）。而组团内庭院是居民日常出行的必经之路，又是儿童活动、邻里交往的适宜场所，因此也成为动态空间（图10.8）。

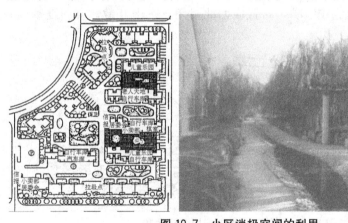

图 10.7 小区消极空间的利用
资料来源：www.baidu.com

10.2.3 良好的日照和通风条件

良好的日照环境对居住区室外活动有重要影响，尤其是对于儿童和老年人。在好天气晒太阳对儿童的成长很有帮助，所以儿童的活动场地要有充足的日照，同样老年人因为活动能力减弱，晒太阳是寒冷季节老年人的主要活动内容。

良好的通风条件主要表现在两个方面，夏季天气炎热，活动场地要有利于通风，通风能够带走热量，对于人在户外活动时减弱闷热感很有帮助。冬季在寒冷地区，寒风对户外

图 10.8 住宅组团空间的利用
资料来源：南京宋都房地产开发有限公司.

活动的影响非常大，所以活动场地的通风能力越弱越好。在多数情况下，这两种情况并不能同时满足，所以就需要在居住区内设置不同的活动场地来满足不同季节的活动要求。同时在居住区或小区规划时要充分考虑住宅建筑与场地的关系，便于形成良好的日照和通风，如上海天钥新村，周围比较空旷，布置成西北封闭，东南开敞，有利夏季迎东南风，冬季挡西北风(图 10.9)。

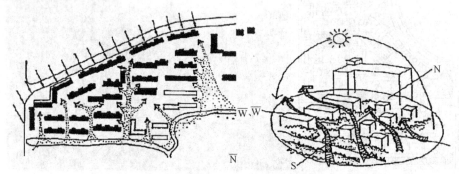

图 10.9 建筑与场地的日照和通风关
资料来源：www.baidu.com

10.2.4 处理好场地与自然地形的关系

居住区场地规划设计遵循"因地制宜、以人为本"的主要原则，强调建筑、人和环境的有机结合，充分利用原有地形、地貌，考虑到居民的均好性。结合场地高差，由外而内塑造层层递进、变化丰富、步移景易、情趣盎然的空间序列。不同功能体块通过交流空间——下沉广场、主题公园、围合庭院等有机组织穿插，塑造空间的人文性、趣味性、流动性、连续性。例如，广西杨家槽小区位于山地地形，地形最大坡度为25%。规划充分考虑山地地形特点和坡度、坡向关系，选择爬坡式、独院式、点式等居住建筑类型，既充分利用山地地理环境，又兼顾景观和生态要求，满足商品房开发建设多样化需求(图 10.10 和图 10.11)。

图 10.10　保利林语山庄鸟瞰图
资料来源：保利房地产股份有限公司.

图 10.11　山地爬坡住宅
资料来源：四川省建筑设计院.

10.3 居住区场地规划条件

1. 控制性详细规划的相关要求

居住区场地设计的具体限定性要求,主要体现在控制性详细规划之中的土地使用和建筑布局等各项细则规定里。这些要求一般包括:对居住区用地范围的控制,地块容积率、建筑密度、绿化率、建筑高度、建筑后退红线距离等方面的指标,以及对交通出入口方位、居住区内停车要求的规定等,这些要求都对场地设计布局产生影响。

1) 对居住区用地范围和道路红线的控制

用地边界线是场地的最外围边界线,它限定了土地使用权的空间界限,以及由此连带的相关经济责任,是场地空间限定的基础。当用地边界线范围内有公共设施(如城市道路)用地时,必须首先保证公共设施的使用。

道路红线是城市道路(含居住区级道路)用地的规划控制线。一般在城市规划中明确划定,由城市规划行政主管部门在用地条件图中标明(图10.12)。道路红线总是成对出现,其间的线形用地为城市道路用地。城市道路包括城市主干路、次干路、支路和居住区级道路等,每种道路用地都包括绿化带、人行道、非机动车道、隔离带、机动车道及道路岔路口等组成部分,由城市的市政、道路交通部门统一建设管理。

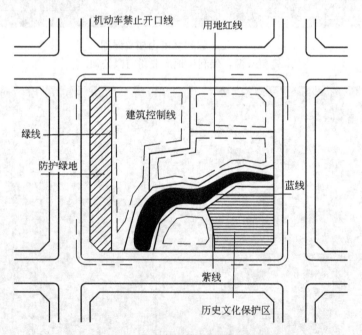

图 10.12 城市地块用地界限控制
资料来源:夏南凯,田宝江.控制性详细规划 [M].上海:同济大学出版社,2005.

2) 其他相关控制要素

建筑控制线:建筑控制线又称建筑线或建筑红线,是建筑物基底位置的控制线。与用地边界线和道路红线不同,建筑控制线并不限制场地的使用范围,而是划定场地内可以建造建筑物的界限，它对建筑物的限制作用（如可突入控制线建造的建筑、建筑突出物等）与道路红线基本相同。

建筑密度控制：建筑密度表明了场地内土地被建筑占用的比例，即建筑物的密集程度，从而反映了土地的使用效率。建筑密度越高，场地内的室外空间越少，可用于室外活动和绿化的土地越少；可见，建筑密度也间接反映了场地内开敞空间的比例，并与场地的环境质量相关。

建筑密度过低，则场地内土地的使用很不经济，甚至造成土地浪费，影响场地建设的经济效益。另一方面，过高的建筑密度又会引起场地环境质量的下降，严重的还会影响建设项目功能的正常发挥。可见，场地的建筑密度应有一个合理的取值，它受到建设项目的性质、住宅层数与形式、场地的位置与地价等诸多因素的制约，应视具体情况进行认真分析。

高度控制：场地内建筑物的高度影响着居住区场地空间形态，反映着土地利用情况，是考核场地设计方案的重要技术经济指标。在城市规划中，常常因航空或通信设施的净高要求、城市空间形态的整体控制，以及土地利用整体经济性等原因，对场地的建筑高度进行控制。另一方面，建筑高度也是确定建筑物等级，防火与消防标准、建筑设备配置要求的重要参数。

容量控制：场地的建设开发容量反映着土地的使用强度，既与业主对场地的投入产出和开发收益率直接相关，又与公众的社会效益、环境效益密切联系，是影响场地设计的重要因素。

容积率是指场地内所建建筑的总建筑面积与该场地总用地面积的比率，表达为一个无量纲的比值。其中的总建筑面积是指场地内各类建筑面积的总和，应包括地上、地下各部分的建筑面积。一般容积率计算以地上所有建筑面积为计容面积。

容积率是场地内单位面积土地上所负载的建筑面积量，容积率的增大势必引起平面上建筑密度增大和空间上建筑层数的提高，从而引起场地内决定日照、通风、绿化条件的室外空间的减少，并使得反映室外环境审美要求的建筑体量膨胀。可见，容积率的大小在一定程度上反映了场地内的环境质量。

2. 绿色建筑评估体系对居住区场地规划的要求

我国的《绿色建筑评价标准(GB/T 50378—2006)》（以下统称《标准》）中的节地、节能、节水、节材等部分对各自涉及的场地领域均进行了详细的要求。例如场地的选址，场地内文物、地貌、自然水系、湿地、基本农田、森林和其他保护区的保护、建筑与周围环境的关系等等；室外环境主要包括日照与采光、声环境、风环境、热环境、绿化与景观等内容；并且，对节地和施工也作了详细要求，其中绝大部分是场地设计的内容（表10-1）。

表10-1 绿色建筑评估体系对居住区场地规划的要求

场地选址	控制项：无洪涝灾害、泥石流等威胁；安全范围内无电磁辐射危害和火、爆、有毒物质等危险源；合理选用废弃场地进行建设 一般项：合理选用废弃场地建设，对已被污染的废弃地，进行处理并达到有关标准
场地保护	控制项：场地建设不破坏当地文物、自然水系、湿地、基本农田、森林和其他保护区
环境要求	控制项：住区建筑布局保证室内外的日照环境、采光和通风的要求，满足现行国家标准《城市居住区规划设计规范》中有关住宅建筑日照标准的要求 一般项：住区环境噪声符合现行国家标准《城市区域环境噪声标准》的规定；居住区室外日平均热岛强度不高于1.5℃；居住区风环境有利于冬季室外行走舒适及过渡季、夏季的自然通风

10.4 居住区场地总体布局和规划要素

10.4.1 居住区场地总体布局的工作内容

居住区场地总体布局是方案设计和初步设计阶段的主要工作内容之一，也是整个设计的关键环节。其主要工作内容有如下几个方面。

(1) 分析工程项目的性质、特点和内容要求，明确场地的各项使用功能。

(2) 分析场地本身及四周的设计条件，研究环境制约条件及可利用因素。

(3) 研究确定场地组成内容之间的基本关系，进行居住区场地分区规划。

(4) 分析各项组成内容的布置要求，确定其基本形态及组织关系，进行建筑布局、交通组织和绿地配置，如图10.13。

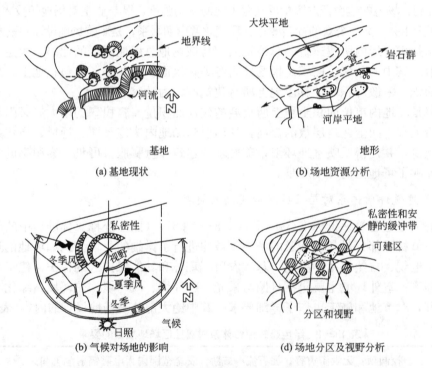

图 10.13 拟建别墅的场地分析

资料来源：刘磊. 场地设计（修订版）[M]. 北京：中国建筑工业出版社，2007.

10.4.2 居住区场地总体布局的基本要求

1. 场地功能使用的合理性

居住区场地规划和建设是为了满足居民生活和娱乐需要，为居民使用提供方便、合理的空间场所。合理的功能关系、良好的日照通风条件和方便的交通联系是场地规划的基本要求，这些要求在场地分区、建筑布局和交通组织等方面都应该体现出来。场地功能合理性分析的过程，就是所需空间的划分，即将性质相同或相近的整合在一起，而将性质相异或相斥的作妥善的隔离，这一划分必须依照空间的特性来进行，如图10.14所示。

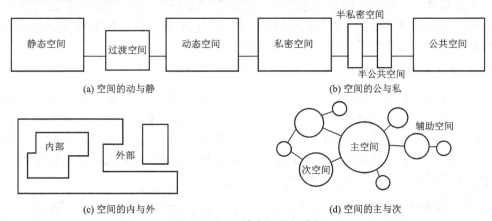

图10.14 场地空间特征分析

资料来源：本书编写组.

2. 技术的安全性

居住区场地中各项内容设施必须具有工程的稳定性，例如居住区中水池的设计必须要考虑儿童的安全；场地的坡地竖向设计必须要考虑雨水的冲刷等因素。居住区场地总体布局除需要正常情况的使用外，还应当考虑某些可能发生的灾害情况，如火灾、地震和空袭等，必须按照有关规定采取相应措施，以防止灾害发生、蔓延或减少其危害程度。例如，住宅建筑的间距安排、疏散通道、消防车道和场地出入口设置等规定，均体现在有关设计规范中，居住区场地总体布局时必须遵照执行。

3. 场地建设的经济性

居住区场地总体布局中对自然地形应本着适应和合理利用为主，适当进行改造的原则，因地制宜，合理有效利用土地进行功能分区、交通组织，避免采用大量挖方、填方及破坏自然植被的方式，这样能有效降低工程造价，获得多重效益。同时，建筑体型本身具有极大的灵活性，应选择尽可能节能、节地的方案（图10.15）。例如北方建筑布局不宜过

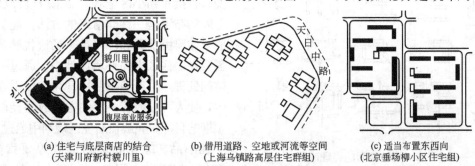

图10.15 合理紧凑布局节约用地

资料来源：姚宏韬. 场地设计 [M]. 沈阳：辽宁科学技术出版社，2000.

分分散，体型变化不宜过多，这样有利于节能；住宅建筑组合时尽量利用自然采光和自然通风，减少人工能耗。

4. 环境的整体性

建筑是场地总体布局的核心，建筑外部空间是从场地外部进入建筑之间的过渡，是建筑的某些功能的延伸，也是建筑形象的衬托。例如，在居住区内，住宅布置应与其外部的绿化景观、活动场地等有机结合，体现一种整体环境品质。

5. 美观要求

场地布局不仅要满足使用的要求，而且应取得某种建筑艺术效果，为使用者创造出优美的空间环境，满足人们的精神和审美要求。优美的外部空间环境不仅取决于建筑单体的设计，建筑群的组合及其与环境的关系往往更为重要。场地的总体布局，应当充分协调各建筑单体之间的关系，把建筑群体及其附属设施作为一个整体来考虑，并与周围环境相适应，才能形成明朗、整洁、优美的室外空间环境。

6. 管线综合布置合理

合理配置居住区场地内各种地上地下管线线路，管线之间的距离应满足有关技术要求，便于施工和日常维护，解决好管线交叉的矛盾，力求布置紧凑、占地面积最小。

10.4.3 场地规划要素

1. 建筑物和构筑物

建筑物和构筑物是工程项目的最主要的内容，一般来说是居住区场地的核心要素，对场地起着控制作用，其设计的变化会改变场地的使用与其他内容的布置。一般居住区住宅都以群体组合作为基本组成单元进行布置，其中各建筑单体相对独立，相互之间不存在功能联系，相邻住宅之间的空间的限定和围合为居民创造了安静有序的生活空间，提供户外活动的场所和尽可能多的绿化面积。住宅群体一般有行列式、周边式、点群式、混合式等布局方式，因而所形成的场所空间也有所不同。

1) 场地空间的引导与暗示

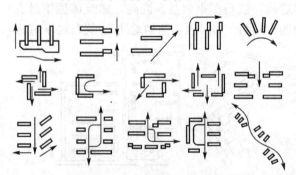

图 10.16 场地空间的心理暗示
资料来源：姚宏韬. 场地设计 [M]. 沈阳：辽宁科学技术出版社，2000.

在居住区场地空间设计中，有节制地不使人直接看到小区全貌，而采取逐渐展开的空间的布置是一种非常好的方法，能引人入胜，体验由景观和环境带来的愉悦感。这就需要在居住区空间环境设计中，通过一定的空间处理，对人的视线、行为加以引导或暗示，使人可以沿着一定的方向或路径而达到预期的目标。一般在居住区规划中通过建筑、景观小品、绿化和道路铺装等要素配置、组合，将产生空间的心理暗示，从而对某些行为的发生进行形成诱导（图 10.16）。

2) 场地空间的渗透与层次

场地空间的渗透是指两个或多个空间采取一定的处理手法模糊局部的空间分隔界定，以期相邻空间产生视觉上的联系，形成空间层次。通过对道路、绿化和小品等形体或界面在空间中延伸、交错，可形成空间的直接渗透。例如将居住区绿地直接引入住宅建筑组合空间中，形成外部空间的延续（图10.17）。

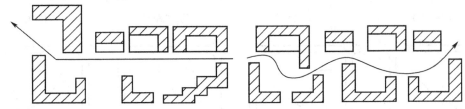

图 10.17 转折空间与视觉变化
资料来源：本书编写组.

另外，传统空间处理中"借景"手法也是加强空间渗透、丰富空间层次和扩大空间外延的好方法。一般在建筑空间组织中，往往可以利用住宅体形的交错、转折或借透空间的建筑形式（如底层架空、过街楼等），既分割、限定各类特定空间，又使相邻空间的景象互相因借、彼此渗透，形成空间的连续与层次，含蓄而富有意境，如图 10.18 所示。

2. 场地内的交通组织

场地交通组织与道路布置是场地设计的重要内容之一，是保证场地设计方案经济合理的重要环节。应根据场地功能布局及其活动规律的要求，合理组织场地内各种人流、车流，并做出具体的安排；充分协调场地内部交通与其周围城市道路之间的关系，在避免场地的交通出入对城市道路交通形成不良影响的同时，有效阻止城

图 10.18 通过景观轴线进行空间渗透
资料来源：www.baidu.com

市道路交通系统中的人流、车流因误入专用场地而干扰场地的正常功能。

场地内道路的组成包括供各种车辆行驶的机动车道、非机动车道和人行道、分隔带、绿化带，以及道路的排水设施、照明设施、地面线杆、地下管线等构筑物和停车场、回车场、交通广场、公共交通站场等附属设施。

1) 场地道路布局的基本形式

场地道路布局受多种因素影响，按其与各建筑的联系形式可分为：环状式、尽端式和综合式3种，在其具体布局上又有内环式、环通式和半环式、尽端式、混合式等多种形式（图10.19）。

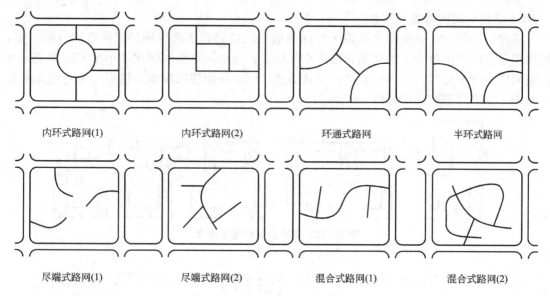

图 10.19 场地内道路布置形式
资料来源：本书编写组.

内环式道路：多围绕建筑布置，并与主要建筑物相平行，辅以内部的支路，组成纵横交错的道路网，使场地各组成部分之间联系方便，利于分区；既便于交通的组织，又能较好地满足交通、消防等要求。这种形式比较适合规模较大、地形条件较好、交通量较大的场地，公共活动中心也常以内环式的道路来组织内向型的广场空间。内环式的道路网，其道路的总长及占地较大，对地形条件要求较高，其应用也受到一定的限制。

环通式和半环式：相比之下，环通式和半环式的道路网比较灵活。环通式道路直接联系场地的出入口与各个部分，线路短、交通便捷、建设经济。特别适宜具有半公共使用特点的场地，如居住区场地交通等。半环式道路将机动交通组织在场地中心以外，避免了机动车对场地内部的干扰，适用于人流量较大的场地，特别是人车分流的道路系统。

尽端式道路：在交通流线有特殊要求或地形起伏较大的场地，不需要或不可能使场地内道路循环贯通，只能将道路延伸至特定位置而终止，即为尽端式道路布局。尽端式道路布局的线路总长较短，但其交通便捷程度不如内环式、环通式，场地内各部分之间的联系不够方便。尽端式道路布局，单枝线路不宜过长，一般宜≤120m，并可根据场地条件布置成各种回车场，以供驶入的车辆掉头。回车场应不小于12m×12m。有大型消防车通行要求时，其尺寸不应小于18m×18m。

2) 场地道路系统的基本形式

场地道路系统的基本形式包括人车分行的道路系统、人车混行的道路系统、人车部分分行的道路系统和人车共存道路系统。道路系统的基本形式在前面章节已讲过，这里不重点讲述。

3. 场地绿化配置

1) 场地绿化的分布方式

居住区中，绿地的分布有集中和分散两种方式。集中式是将场地中大部分绿化用地集中起来,形成一处较大的完整地块;分散式是将全部绿化用地分布在场地各处,每块面积相对较小。一般来说,居住区内集中绿地更能有效发挥绿地的效益,较大面积的成片绿地不仅能优化场地生态环境,而且也会对改善微气候环境起到很好的作用。在居住小区的绿地系统中,有中心绿地、组团绿地和住宅院落绿地等不同层次。其中,中心绿地集中设置,组团绿地、院落绿地则结合住宅群体组合分散布置,以方便居民就近使用,应注意避免采用不让人进入的大片草坪形式,造成好看不好用的结果。

2)场地绿化的基本形态

从场地形态的基本特征来看,场地绿地一般分为点状绿地、线状绿地和面状绿地3种形式。

点状绿地:点状规模的绿地常分布在一些强调景观效果的地方,例如住宅入口前、场地入口附近等视线集中之处,还有用于住宅围合的院落、天井中,以及作为窗口、廊道的对景等。这种形式的绿地还便于与其他内容结合在一起布置,比如将花坛、水景、雕塑之类的设施或与树木一起布置在广场中,不仅可用于分隔广场空间及不同流线,还兼具景观功能(图10.20)。

图 10.20　住宅入口处的点状绿地
资料来源:本书编写组.

线状绿地:线状绿地普遍存在于场地中,如居住区场地边界处、建筑物后退红线而留下的边缘空地、道路两侧的边缘地带等。线状绿地适应性强,能构成场地的绿化背景,有效扩大绿地的总体规模(图10.21)。

面状绿地:面状绿地是集中居住区核心位置的完整一块绿地,可以充分发挥绿地的多重功能。与前两种绿地相比较,其突出特点是具有一定规模,一般可以进入,内部通过包容活动设施来组织一些室外活动,直接作为场地中活动的载体。面状绿地规模越大,其中可组织内容越丰富多样,生态和景观效果也越明显。例如在居住区中心场地中,中心绿地常常成为布局的组织核心或布局结构确立的基点,其位置通常会被优先考虑(图10.22)。

图 10.21 小区内的线状绿地
资料来源：韩秋等. 追溯城市历史重塑人文空间—北京：
香山甲第别墅区环境设计 [J]. 中国园林，2005(4).

图 10.22 小区中心面状绿地
资料来源：时国珍. 全国优秀住区环境设计精品集 [M]. 北京：中国建筑工业出版社，2004.

应 用 案 例

别墅庭院景观的场地规划与空间组织

别墅庭院景观，从广义上来说，应包含私人庭院和公共绿地两部分，两者相辅相成，缺一不可。只有公共绿地与私人庭院同时得到较好的设计和维护，才能使整个社区形成生态化的优良环境。现代意义上的景观规划设计,以协调人与自然的相互关系为己任。同样的,别墅庭院景观为主人提供了模拟的自然环境,使人获得与自然的短暂"和谐"。

1. 规整式庭院

特点:整齐划一,均衡对称,具有明确的轴线引导,讲求几何图案的组织,力图将一切都纳入到严格的几何制约关系中去,一切都明显地表达出一种人工创造的烙印。这种风格企图用一种理性的、程式化和规范化的模式来确立美的标准和尺度。比例、秩序、整齐、平衡是这种风格的原则。

规整对称式庭院庄重大气,给人以宁静、稳定、秩序井然的感觉。和建筑主要景观相对应的中轴线通常决定了庭院的主要通道。各种起景观节点作用的装饰小品占据重要的空间交叉点和视觉焦点。传统的轴线设计方法与规整式庭院如影随形。

不对称式庭园讲究整体均衡,不存在起严格控制作用的中轴线。不同几何形状的构成要素布局,只注重调整庭园视觉重心而不强调重复。相对于对称式庭院,不对称式庭院较有动感且显活泼。

2. 自由式庭院

特点:自由式庭院源于对自然的模仿。滥觞阶段,强调本于自然,高于自然,把人工美与自然美巧妙结合,模拟"虽由人作,宛自天开"的自然美。中国古典园林的创造遵循"外师造化,内发心源"的原则,以心灵感受为纲,借助描摹自然山水的形式,倾心于表达内心的气质和情操,成就高者,甚至可以创造出一种引人入胜的意境。推而广之,自由式指一种与规则式相对的随意性的设计方法,体现一种悠闲而自然的生活方式。平面构图的主要图式为不规则曲线、螺旋线、斜线、不规则多边形、各种相互穿插透叠的图形(图10.23)。

图 10.23 自由式庭院场地布局与空间关系

自由式庭院从模仿纯天然景观的野趣美,不采用有明显人工痕迹的结构和材料,仅强调以有机形创造多样化和戏剧化的艺术效果,完成了对大自然本质的提炼。设计采用自由随意的手法,巧妙地将景观融入周围环境之中,将人们的心情从刻板的生活状态中解脱出来。绿化、天然的木材或当地的石料,代替了生硬的人工材质铺装与砌筑,柔化了生硬呆板的建筑轮廓。

3. 混合式庭院

当前景观规划较为侧重于对几何形式的利用和重视,并且因地制宜地体现庭院个性。因此,大部分别墅庭院兼有规整式和自由式的特点,这就是混合式庭院。归纳起来,混合式庭院大致有3类表现形式:第一类是规整的构成元素呈自由式布局,欧洲古典贵族庭院多有此类特点；第二类是自由式构成元素呈规整式布局，如北方的四合院庭院；第三类是规则的硬质构造物与自然的软质元素自然连接。可以将方形或圆形的硬质铺地与天然的植物景观和外缘不规则的草坪结合在一起。如果一块地既不是严格的几何形状又不是奇形怪状的天然状态，此法可在其中找到平衡（图10.24）

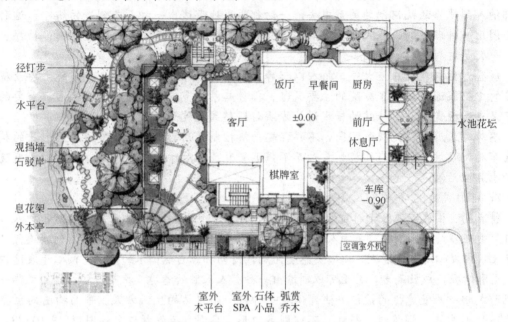

图10.24 混合式场地布局与空间关系

4. 主题庭院

反映需要表达的主题，应该尽量通过形式——点、线、面、形体、运动、颜色、质地、声音、气味、触觉，激发出观者的情绪。在视觉方面，往往是通过一些能引起情绪变化的形式和材料来达到。如规整表示严肃；跳跃、失衡表示轻松、活跃；剧烈变动的折线表示激动；有节奏的平行线表示惬意等（图10.25）。

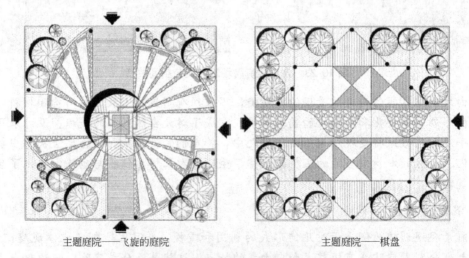

图10.25 主题庭院场地布局方式一

资料来源：黄一兵. 别墅庭院景观的场地规划与空间组织 [D]. 广州：华南理工大学，2009.

本 章 小 结

本章学习的主要内容包括居住区场地规划概念、规划原则、居住区场地规划的前提条件、居住区场地规划总体布局、规划要求和场地规划要素。

场地规划设计是城市规划和建筑设计领域中十分重要的一环,是一个涉及社会、文化、技术、美学等诸多方面的重要领域。居住区场地设计是营造良好居住区空间环境的重要途径,都是决定居住区内建筑与环境关系的最直接的工作内容。

居住区场地规划条件包括在控制性详细规划之中的土地使用和建筑布局等各项细则规定里,以及绿色建筑评估体系对居住区场地规划的要求。这些要求和相关规定是做场地规划的前提条件。

居住区场地总体布局是场地规划最核心的内容,在了解场地规划要求后,要具体从场地规划要素方面进行深入分析,使场地规划符合现代城市生活需求和城市美观,宜居社区要求,以及满足居民生活便利、舒服等要求,实现低碳生态居住区的可持续发展。

思 考 题

1. 居住区场地规划概念和居住区场地规划基本要求是什么?
2. 居住区场地规划条件都包含哪些内容?在规划中应如何将规划条件纳入场地规划中?
3. 居住区场地规划总体布局要求是什么?场地规划要素的核心内容是什么?

第11章 城市旧居住区更新改造规划

【教学目标与要求】
- 概念及基本原理

【掌握】居住区老化的原因、更新改造的理念、公众参与、旧居住区更新改造的类型、旧居住区更新改造的主要方式及适用对象。

【理解】旧居住区更新改造的动力、旧居住区更新改造的方法。

- 设计方法

【掌握】通过对理论的学习,掌握不同老化原因的居住区在改造过程中可采用不同的更新手法。

导入案例

国务院通过房屋征收新条例草案 补偿不低于市价

据新华社北京2011年1月19日电,国务院总理温家宝19日主持召开国务院常务会议,审议并原则通过《国有土地上房屋征收与补偿条例(草案)》。

会议决定,该条例草案经进一步修改后,由国务院公布施行。会议要求,条例公布施行后,各级政府和各部门都要认真学习贯彻,严格按照条例的规定开展国有土地上房屋征收与补偿活动,维护公共利益,保障被征收房屋所有权人的合法权益。

会议提出,考虑到集体土地征收是由土地管理法调整的,国务院有关部门要抓紧对土地管理法有关集体土地征收和补偿的规定做出修改,由国务院尽早向全国人大常委会提出议案。

条例草案具体内容如下。

补偿标准,不得低于市价。对被征收人的补偿包括被征收房屋价值的补偿、搬迁与临时安置补偿、停产停业损失补偿和补助、奖励。对被征收房屋价值的补偿不得低于类似房地产的市场价格。对符合住房保障条件的被征收人除给予补偿外,政府还要优先给予住房保障。

征收范围,符合相关规划。确需征收房屋的各项建设活动应当符合国民经济和社会发展规划、土地利用总体规划、城乡规划和专项规划,保障性安居工程建设和旧城区改建还应当纳入市、县级国民经济和社会发展年度计划。

征收程序,风险评估先行。扩大公众参与程度,征收补偿方案要征求公众意见,因旧城区改建需要征收房屋,多数被征收人认为征收补偿方案不符合本条例规定的,还要组织听证会并修改方案。政府作出房屋征收决定前,应当进行社会稳定风险评估。

工作主体,非营利为目的。政府是房屋征收与补偿的主体。禁止建设单位参与搬迁,承担房屋征收与补偿具体工作的单位不得以营利为目的。

> 超期不搬，取消强制拆迁。取消行政强制拆迁。被征收人超过规定期限不搬迁的，由政府依法申请人民法院强制执行。此外，条例草案还对违反本条例的行为设定了严格的法律责任。
>
> 资料来源：http://news.sina.com.cn/c/2011-01-19/175121841765.shtml

随着城市发展，越来越多的旧居住区在区位经济、配套设施、功能等方面开始无法适应城市高速发展的需求。由于旧居住区拆迁所引起的"钉子户"、"违法拆迁"等问题，不时出现在新闻中，因此国务院就此类问题审议并原则通过《国有土地上房屋征收与补偿条例（草案）》。然而，对于旧居住区，仅仅采用拆除重建的做法远远无法满足需求，而应该针对不同问题具体分析。本章将就居住区老化问题具体问题具体分析，并讨论具体改造应对方式。

11.1 居住区老化与更新改造的理念

11.1.1 居住区老化

随着城市发展，作为城市重要组成部分的居住区会有一个不断老化的过程，其老化的原因大致分为以下3种情况。

1. 结构性老化

城市的结构，城市土地的用途取决于一定时期的城市社会、经济发展的需要。随着城市社会、经济发展战略的调整，城市的整体功能结构将发生变更。这时，作为城市系统结构组成部分的某些居住区，如果不置换成其他使用功能，就会与城市整体结构不协调，影响城市整体功能的发挥。在这种情形下，无论该住区建立的时间长短，结构的新旧程度如何，从城市整体发展的角度来说，都应该被置换。城市经济学用"建筑物的经济寿命"来解释这种结构性老化现象。简单地说，当一个地块上的建筑物潜在的可能用途的房地产价值大于现实用途的价值时，就代表这个建筑物经济寿命的终结，而不论其在物质形态上是否达到了真正可报废的程度。例如，位于重庆市南岸区市中心的珊瑚村小区，始建于20世纪80年代，但由于其紧邻南坪商业圈，作为居住用地土地价值不能得到充分发挥，这就属于结构性老化。

2. 功能性老化

随着城市社会、经济、文化的进步，人们的生活习惯、生活方式、居住形态、社会心理及价值观念等必然随之发生变化。在这种情况下，相应于过去社会经济条件下建成的居住区，如果不随之发生变化，或变化迟缓，就会使其不能满足变化了的居住生活需求。这种状况即属于居住区的功能性老化。具体表现为人口密度增高、住宅面积过小、户型设计不当；公共设施位置不当或数量不足、服务质量下降；道路交通设施缺乏、交通混杂；犯罪等社会问题发生，社区人际关系冷漠、社会生活单调等。居住区是否发生功能性老化同样不能以居住社区建造时间的长短来衡量。建于20世纪八九十年代的居住区基本都属于这种情况。

  3. 物质性老化

  指居住社区的物质环境随着时间的推移而发生磨损，从而使原有的居住功能发生衰退的现象。居住社区的物质性老化程度与居住区使用时间的长短、维护、改善工作的进行状况有关。例如，我国城市住宅的大修周期约为15～20年，但因建设质量和维修管理水平较低，实际上普通住宅8年左右即开始物质性老化过程。

11.1.2 更新改造

  1. 改造

  "改造"，《辞海》中有两种含义。
  (1) 另制，重制。"细衣之好兮，敝予又改造兮。"引申为从根本上改变旧的，建立新的。
  (2) 另外选择。
  两种含义虽有不同侧重，但都是提倡从根本舍弃旧的，建立新的。但人类住区应坚持可持续发展，简单的改造不是旧住区的发展方向。

  2. 更新

  "更新"，顾名思义，更改、更换而获得新生，去旧建新。在《辞海》中，对"更新"这样定义：更新，犹言革新，除旧布新，如："万象更新"。在本章中，更新特指为满足旧居住区居民生活需要而做出的必要的调整与变化。根据吴良镛先生在《北京旧城与菊儿胡同》中的定义，"更新"活动主要体现为以下几方面内容。
  (1) 改造、改建或再开发。其目的是开拓空间，增加新的内容以提高环境容量。在市场经济条件下，对旧居住区物质环境的改造通常表现为房地产开发行为。
  (2) 整治。它是指对现有环境进行局部的调整或者表面的修饰。
  (3) 保护。它是指对历史形成的风貌格局和建筑形式加以维护保持，一般不允许进行改动。

  3. 更新改造

  从吴良镛先生所作的定义看，更新是比改造更为宽泛的一个概念，改造是更新活动的一个方面。为避免混淆，特选取"更新改造"的概念以明确本章所研究的对象不仅仅包括旧居住区的整治或保护，还包括旧居住区的改造。
  根据前面的定义，旧居住区更新改造就是对发生各种老化现象的居住区及居住地段进行的再开发、整治或保护的活动。旧居住区更新改造模式就是对正在进行的或者业已进行完毕的旧居住区更新活动进行综合研究的基础上，提出分别适合不同类型的旧居住区进行更新的普遍方法。

11.1.3 公众参与的发展

  现代城市规划理论的产生在一定程度上是为了解决人们的居住问题，因此旧居住区更新改造与城市规划有着密不可分的关系。由城市规划理论的发展过程可以看出，现代城市规划越来越关注于人的需求，主张从人的需求出发来进行规划，并强调规划应对城市的发展变化做出反应，提倡多元化，综合地来审视。这就要求旧居住区的更新改造同样应具体情况具体分析，不能一刀切。对于各种不同类型的旧居住区应归纳总结不同的富有弹性的更新改造方法。这种更新改造方法应是以居住在其中的人们的根本需求为出发点，在保障居住人群利益的基础上，协调各个方面的利益。

旧居住区更新改造的实施过程，既是功能开发和形态建设的过程，又是社会利益重新分配和社会网络重新建构的过程。因为，归根结底，人是主体，社会关系才是旧居住区更新改造最终的和最本质的影响对象。如何平稳、公正、协调的实现人和社会关系的调整，需要从城市社会学的角度进行剖析。

城市规划中的公众参与自1960年代中期开始已成为西方社会中城市规划发展的重要内容，同时也是此后城市规划进一步发展的动力。Davidoff和Reiner于1962年发表的《规划的选择理论》被认为是关于城市发展中的公众参与的代表作。它从多元主义出发来建构城市规划中公众参与的理论基础，提出了"倡导性规划"的概念，希望城市规划能够将城市社会各方面的要求、价值判断和愿望结合在一起，在不同群体之间进行充分的协商，为今后各自的活动进行预先协调，最后通过一定的法律程序形成规范他们今后活动的"契约"。这样城市规划既成为各类群体意志的表达，又是他们必须遵守的规章。从此，公众参与理论成为城市规划研究的一个重要方面。

经过半个世纪的发展，公众参与理论已日趋完善，根据对现有理论的研究总结，公众参与的类型主要包括以下4种。

第一种是专家主导的公众参与，例如有学者认为，专家的意见才可能是对的，至少在多数时候是对的，公众参与会导致人们的观点分歧和相互之间不信任。还有学者指出，专家的行为往往需要依靠专家之间的控制和监督来达到，客户实际上无法实现这些监督或控制。

第二种是授权型公众参与。它从一开始就是作为对专家主导型公众参与的替代而提出的。由于认为专家主导型公众参与存在这样那样的问题，有学者指出，应该给客户（一般公众）提供资源，让他们自己决策应该做什么，并采取他们认为最好的方式去达到其目标。专家原来在公共参与过程中的主导地位，应该转变为协助者的地位。

第三种是协作型公众参与。研究者力图从理论上证明可以存在一种更民主的实践者（专家、决策者）和客户（大众）的关系。在这一方法论的指导下，公众参与被视为一个促成有关参与者集体学习的过程。

第四种是组织能力构建型公众参与，这一类型的公众参与被视作是对授权型公众参与的补充。

公众参与力度的加强，是我国城市规划民主化的重要表现。旧居住区更新改造直接涉及居住者切身利益，在更新改造过程中加强公众参与的力度有利于避免由市场经济及一元（政府或开发商）主导规划机制带来的利益冲突问题，同时这也是体现社会主义民主政治的重要方面。通过对公众参与发展的梳理，有助于更好地认识公众参与的内涵，认识其发展的阶段过程特点，并可以通过总结提出更好的公众参与方式，以应对旧居住区更新改造过程中的问题。

在旧居住区更新改造过程中，所涉及的三方面利益分别包括政府、开发商和居民的利益,这三方分别有不同的社会角色,三方经常发生角色间冲突,同时又会发生角色内冲突,处理好各种角色冲突是旧居住区更新改造顺利实施的有效保障。

11.1.4 旧居住区更新改造的类型

欧美发达国家的旧居住区改造作为城市更新的首要内容,一般采用综合性再开发的做法,对应于城市更新行为的3种基本方式(再开发、整治、维护),也大体可分为3类。

1. 重建性开发

指对已没有保留价值的旧住宅地块进行拆除清理之后,重新规划设计,调整用地功能或变更住宅形式规模标准,在小区内重建住宅或其他性质的建筑和设施,彻底改善旧居住区的建筑环境质量,优化土地利用。

2. 整治性开发

指对旧城居住区内各种住宅视改造需要分别采取改建、扩建、部分拆除、维修养护、实施住宅内部设施现代化或公共服务设施完善化,明显改善旧居住区居住环境质量,保留旧居住区原有风貌特色,提高土地利用价值。

3. 维护性开发

指对有较大保护价值的旧居住区通过维护住宅正常使用状态,适当整修住宅建筑,改善区内公共服务设施,在旧区内提供投资,增加居民就业机会和促进社区发展等方法,维持或恢复旧居住区使用功能和居住吸引力,保持乃至提升土地的使用价值。

国外中心城旧住区更新主要包括以政府控制为主和以市场调节为主两条不尽相同的道路。在实际发展过程当中,由于社会、政治、经济等多方面的原因,在政府干预和市场机制之间,一直在发生微妙地变化。

总的来说,西方发达国家(地区)城市旧居住区更新改造在政府调控、私人投资、社区建设等方面呈现出一些特点。其更新政策经历了从1970年代政府主导、具有福利主义色彩的更新,到1980年代市场主导、公私伙伴关系为特色的更新,向1990年代以公、私、社区三向伙伴关系为导向的多目标综合性更新转变。一个内涵更加多元化的更新理念,以及一个以多方伙伴关系为取向、更加注重社区参与和社会公平的更新管制模式,正代表更新改造政策的新思路。

11.1.5 旧居住区更新改造的动力

1. 政府推动力

1) 提升城市形象

城市形象是一个城市重要的无形资产,是城市综合竞争力的重要组成部分。城市形象不但关系着政府业绩,同时也与城市居民日常生活休戚相关。城市形象的好与坏深刻影响着居民的生活舒适度。

旧居住区由于建设年代较早,经过长时间的发展,已经发生老化,建筑风貌已经不符合城市现代化的需求。有些旧居住区内环境脏乱差、建筑布局单调、建筑形式古板、建筑色彩缺乏生机，严重影响着城市形象。通过旧居住区的更新改造不但可以改善居民的生活条件，而且还可以提升城市形象，提高城市竞争力，加快城市建设步伐。

2）优化土地利用

城市旧居住区有很多分布在城区中心、城市中心区边缘、滨水地带等区位优势明显的区域，由于其建设较早，建筑多属多层，土地利用效率较低，其经济价值没有得到充分地发挥。对于现代城市来说，人多地少的矛盾本来就很突出，对这些土地利用不经济的旧居住区进行土地的再开发就成为缓解这一矛盾的重要途径。通过旧居住区更新改造，可以优化投资环境，促进功能开发，提升消费能级，调整产业结构，扩大税源基础，发展房地产市场，移植更高效率的生产方式，另外，还可以促进城市土地利用的科学化，引导土地级差地租不断提高，使城市土地不断释放出更多、更富有效率的物理空间，并产生很强的乘数效应，从而带来社会经济的大发展。

3）促进城市发展

旧居住区更新改造离不开经济的投入，没有足够的经济支持旧居住区更新改造寸步难行。近年来，我国城市经济发展速度逐渐加快，政府财政收入持续增加，使得政府有能力有资金进行旧居住区的更新改造。根据统计，城市政府的固定资产投资连年增加，对城镇建设与改造的投资也越来越多，对旧居住区更新改造的经济推动力逐渐显现。

2. 开发商拉动力

1）土地资源紧张

我国自 1987 年开始以深圳为试点进行城镇土地使用制度改革并逐步进行完善。土地的无偿性、无期限使用性和无流动性渐渐为有偿性、有期限性和可流动性所取代，土地价值逐渐被充分认识。随着国家法律法规的出台，国家逐渐加强了对土地批租的管理力度，在 1997 年 3 月底召开的全国土地管理厅局长会议上对土地使用制度的实施和管理作了新的重大调整，实施土地供给总量控制、城乡建设用地区域管制以控制大城市的无序扩张，导致的城市土地资源逐渐稀缺的问题。而且，从长远的角度看，土地总量是不变的，随着城市建设的发展，土地资源总是变得越来越稀缺。

我国各城市为控制城市规模无限制扩大，除了加强了土地批租的管理外，也调整了部分的土地级别，这使得部分开发商郊区拿地的门槛越来越高；同时，通过减免城市建设配套费、地价出让土地等政策鼓励开发商参与到旧居住区的更新改造过程中。因此，城市建设的重心已经越来越多移至城市旧城区，更加关注于城市旧居住区的更新改造。

2）旧居住区更新改造有利可图

现行的旧居住区更新改造是一种以房地产开发为主要内容的更新改造方式。房地产开发商投入资金开展旧居住区更新改造，实际上是以更新改造的名义低价甚至无偿获得了这一地段的土地，并控制了该地段的整个房地产开发过程，不仅可以将土地开发的收益尽入囊中，而且还可以通过突破城市规划、减少拆迁费用等获得更多的收益。

3. 居民需求力

1）居民需求发展

美国心理学家马斯洛认为个体成长发展的内在力量是动机。而动机是由多种不同性质的需要所组成的，各种需要之间，有先后顺序与高低层次之分；每一层次的需要与满足，将决定个体人格发展的境界或程度。一般而言，等级愈低的需要愈容易满足，等级愈高则能得到满足的概率就愈低。而且，这些需要还是发展的和动态的。随着人的地位和年龄的变化，其需要也将随之变化。社会经济愈发达，人的需要也就愈趋向高级。

根据马斯洛的层次需求理论，人对居住的需求同样也是具有层次性的，可以简单地分为基本需求和发展需求两个层次。基本需求包括住房、交通、教育、医疗条件以及就业机会等；发展需求则包括对舒适居住环境的需求，如：室内足够的阳光、室外广阔的空间和大片的绿地等；以及对多样化的娱乐环境和方便的通讯手段的需求等。有很大一部分旧居住区由于建设年代早、建设标准低，甚至连居民的基本需求都不能满足，突出表现在交通条件差、教育设施缺乏上，即使有部分居住区能够满足居民的基本需求，在居民的发展需求方面也较难满足。

近年来，随着社会的发展，居民经济收入的增加，他们的居住需求也在不断变化，他们更多的希望能够有满足现代生活需求的房子居住，从这一点上来说，旧居住区更新改造是关系居民生活和和谐社会建设的重要事件，旧居住区更新改造势在必行。

2）物质环境破败

旧居住区中的住宅多是使用年限较长的建筑，建筑质量较差；部分住区中住房成套率很低，而且由于年久失修，与现代居住标准严重不适应；住房功能过时且生活设施缺乏，很多旧居住区内没有天然气管道，居民依然使用罐装煤气；社区活动场地及交流场所较少，不能满足居民日常需求；有的住区由于公共环境长期无人管理，环境污染已经十分严重，"脏、乱、差"现象严重。物质环境的破败使得旧居住区内的居民有着强烈的更新改造愿望，希望早日摆脱困境。

3）社区安全堪忧

旧居住区，尤其是自然生长型的旧居住区，容易受到火灾的威胁，一方面是由于其中有很多是木结构房屋，另一方面，由于建筑间距窄，导致扑救工作不好开展。同时，旧居住区中又是高犯罪率集中地段，主要有三方面原因。首先，由于经济收入和社会能力限制以及社区阶层化的驱动，旧居住区中的居民多是经济收入低、占有社会资源少的弱势群体，他们的生活水平低，居住环境差，社会不公平状态在他们身上体现的尤为明显。这一现实使他们的心理承受能力更加脆弱，成为居住区社会结构的薄弱带和风险源，这也正是高犯罪率往往发生在旧居住区内的重要原因之一。其次，经济收入高、有能力自主选择居所的人群已经搬出居住区，其原有住房多是选择进行出租，这就带来了居民流动性大，社会归属感降低，容易导致犯罪的发生。最后，在居住区建设阶段由于规划技术的问题，居住区中有很多的"视觉死角"，不利于犯罪的预防，也导致社区安全问题的出现。

11.2 旧居住区更新改造的方法

11.2.1 保护更新模式

1. 适用对象

保护更新模式的更新改造对象是那些在规划布局、建筑形制以及历史保护意义的旧居住区。这部分居住区都是自然生长型居住区，具有自然生长型居住区的共性特点，如物质环境老化严重等，同时这部分住区也具有自身特有的特征。

1）地域特色鲜明

在一个地区的建筑文化遗产中，民居和其他类型的建筑相比，更具自己的地方色彩。在区域内建筑性格淡化的今天，正是各地千差万别的居住区构成了鲜明的风貌特征。

2）功能使用混杂

多功能的混合是这类旧居住区的一个突出特点，由于地理位置小商业、办公、娱乐餐饮等功能自发地融入该区域。这种混合结构不仅激发了居民的各种活动，同时也蕴含着无限的商机。客观地说，这种混合有其存在的合理性，而且是地区保持活力的重要因素，但带有纯粹经济利益的自发性，又缺少设计，常会破坏这类旧居住区的风貌。

2. 更新改造目的

1）保存城市记忆

这类旧居住区是经过长期的自然发展形成的居住性地段，是城市历史文化传统的载体，反映着城市历史文化传统的延续和发展，是一种重要的文化资源。每个城市的形成和发展，都是由其特定的历史和地域所赋予的，是该地区广大人民智慧和劳动的成果，正是这些特定的地域和其中的人文精神形成了独具特色的街区和建筑风貌，并形成了城市的个性魅力。在针对这部分住区的更新改造过程中应注意挖掘其特有的社会风貌、街区风貌及建筑风貌，以保存城市记忆为目的，尽量维持原有的社会结构、建筑使用功能等，不要对其产生破坏性作用。

2）恢复社区活力

居住区经过长时期的自发发展，其中的居民大多具有相同或相似的教育背景、收入水平、职业性质等，同质性结构较为明显，容易建立起认同感。同时由于居民多是在其中生活多年，彼此间十分熟悉，居民间联系颇多，因此社区活力较强。

但是随着社会经济的发展，人们生活方式的多样化，再加上维修管理不善，居住区中的公共空间逐渐被侵占，邻里间交往逐渐减弱，其社区活力也逐渐降低。因此在更新改造过程中不仅应该注意对其物质空间形式的保护修复，而且也应该通过有效的控制手段，对其生活方式进行保留，开拓足够的交往空间，促进居民间的交流，以恢复社区活力。

3. 资金筹措方式

1）旧居住区的更新改造成本主要包括以下两个方面

（1）土地成本。土地资源的稀缺性正是这类居住区"拆"与"保"矛盾产生的根源。因此，土地成本是这类旧居住区更新改造所要考虑的首要因素。尤其在中心城区，土地级差效益明显，土地批租价格和动迁置换费用都较高。一般而言，对这类旧居住区进行更新改造的土地成本总是较新开发地段的土地成本高，而保护所造成的房地产利益损失也非常可观。因此，土地利益的问题如果不能得到根本的解决，则文化保存的前途将十分暗淡。

（2）营建成本。这种模式下的旧居住区更新改造的营建成本主要来自三方面：一是为了因新机能的空间需求而对原空间做增建和改变时所需的建筑成本；二是对老旧建筑进行维护修缮的成本，同时，居住区内的空间环境、绿化设施等也需要整治完善；三是基础设施建设成本包括道路、给排水、电力等公共设施。营建成本随着新功能与原建筑的匹配程度、对原建筑的维护程度、所处地段及社会经济背景等诸多因素而变得极其复杂，具有很强的不确定性。

通常情况下，旧居住区更新改造的土地成本及营建成本都要比新区要高。正是由于这种高成本，且这种改造模式要求以公共利益为主，对文物古迹保护的要求很高，开发商若进行投资，他们会以经济利益为根本目的，要求减少对文物保护的力度，保证其开发利益，从而对这一目的产生影响。因此，应将这种更新改造视为一种社会公益性的住宅政策，而非市场开发。建议以政府财政出资为主。

2) 吸引开发商投资为辅的出资方式进行改造资金的筹措的具体做法

（1）以政府财政出资为主。这样可以保证政府具有绝对的话语权，从而有利于公共利益及文物保护的实现。由于社会主义市场经济也实行"谁投资、谁决策、谁收益"的基本原则，因此在保护更新模式下，应该充分发挥政府投资的作用，保证公共利益的实现。

（2）开发商投资为辅。这类居住区为数不少，物质环境已老化严重，急需改造。但由于更新改造投资巨大，单纯以政府财政出资进行投资，会加重政府财政负担，导致政府更新改造力不从心，延缓旧居住区的更新改造。引入市场机制，以开发商投资作为政府投资的辅助可以缓解这一矛盾。但在开发过程中要对开发商进行严格地控制，既要保障其合理的经济利益，又要防止对城市特色产生建设性破坏。

4. 更新改造原则

1) 整体性

保护更新模式强调的应是保护整体风貌。重点在保护构成居住区景观中各种负载历史信息的遗产和反映景观特色的因素，包括道路骨架、空间骨架；自然环境特征、建筑群特征；建筑房屋、道路、桥梁、围墙、庭院，以及古树名木在内的绿化体系等，都应该仔细研究鉴别，予以保护，从而使历史景观风貌得以延续。同时，需要保护居住区历史文化内涵，包括社会结构、居民生活方式、民风民俗、传统商业和手工业等方面，保持旧居住区的历史环境氛围。

2) 延续性

旧居住区更新是在由历史积淀而形成的城市现状基础上延续进行的，因此，它不能脱离城市的历史和现状。更新的规划设计应当尊重历史和现状，了解该地区物质环境的主要问题及其与地区的社会、经济情况和城市管理等方面的关系，同时尊重居民的生活习俗，继承城市在历史上创造并留存下来的有形和无形的各类资源和财富。这是延续并发展城市文化特色的需要，同时也是确保更新获得成功的基本条件。

3) 协调性

每个城市都有新陈代谢的过程，在城市发展的时空中，这类居住区的空间结构及肌理是在不同历史阶段发展中逐步形成的，每一幢建筑都是城市整体连续统一体中的有机组成部分。既有存在和不断的更新之间的矛盾是永恒的，而人们所能接受的是渐进式的增长和变化。有机渐进能够保持城市成长的连续性，"新老并存"往往符合发展规律。渐进式的发展是以对环境和社会进行保护为前提，以旧居住区展（要满足协调性原则的发展）为目的，来完成对它的改造，以适应现代生活空间的需要。

5. 技术手段

根据保护更新模式、更新改造对象的现状情况及其更新改造目的，保护更新模式应该采用整体性保护的更新改造方式。所谓整体性保护，就是指在更新改造过程中不但注重对物质环境的保护，也注重对社会环境的保护；不但保护历史文物，也保护与其相邻的城市肌理。在更新改造过程中要做到：立足于实现对旧居住区的保护式更新，注重传统居住生活形态和物质空间形态的有机传承和再创造，再现传统居住生活形态的动人魅力，融会现代技术和现代生活追求，创造既有历史色彩又有时代精神，满足居住者物质、精神、文化、环境等综合需求的现代化居住社区。具体的更新改造手段如下。

1) 合理划分保护层次，确定不同保护要求

根据保护更新的整体性原则，这种模式下对旧居住区的更新改造不应只是对具有文物保护价值的单体建筑的保护，更应该包括对周边环境的保护。但若采取同样的保护方式进行更新，一则受社会经济能力所限很难达到这样的要求，二则也不能体现社会的发展变化。因此，应该依据实际情况合理划分这类旧居住区的保护层次，确定不同的保护要求。根据历史保护价值及现状的不同，可以将这类旧居住区的保护层次分核心保护区、建设控制区及风貌协调区 3 个层次。

核心保护区是指具有重要文物保护意义的单体或者空间布局，核心保护区内的建筑的更新要遵循原真性的原则，要求恢复原有的建筑形态，并且严格限制新建、拆建建筑。

建设控制区是指紧邻核心保护区并具有一定文物保护价值的区域。建设控制区内对主要的居住区构成要素，如路径、空间肌理、环境等进行整治，不宜进行大的改动，应以小规模的更新改造方式为主。该类旧居住区内除核心保护区和建设控制区外的区域均为风貌协调区。该区域内可以进行拆迁改造，但应控制开发强度，不应以追求经济利益为目的进行大规模建设，而且新建的建筑在形式、体量、色彩等方面都应与传统建筑相适应，以体现城市特色。

2) 充分调研建筑现状，实施不同更新方式

由于保护更新模式的更新改造对象多是属于自然生长型的住区，经过长时期的自然发展，这些旧居住区中存在着现状差别很大的建筑，有的加建以后拥挤不堪，有的则保护得较好，因此应该在现状调研的基础上对这些建筑实施不同的更新改造方式。更新改造的方式包括如下方面。

（1）修复。即在维持房屋现有质量的基础上稍加改进的更新改造方式。这种方式针对的是历史价值较高、形制具有地方特色的建筑。对这部分建筑的修复主要包括：修复房屋的破损部分，对一些老化的建筑构建如门、窗、局部墙体等以及生活设施进行更新，增加一些新的构件和设施，重新粉刷墙面等。

（2）清理。即对加建、搭建的不合理房屋进行清除，以恢复原有的建筑形态。在对某些院落或者街道进行更新改造的过程中，常会出现由于要容纳过多人口而进行乱搭乱建的现象，这种现象改变了原有的建筑形态，扰乱了原有的空间肌理，应在更新改造中进行清理，恢复一些被占用的公共空间，并达到环境整治的目的。

（3）内部改造。即在保持建筑外有形制的基础上，对建筑的内部进行改造。包括恢复建筑内部各部位的原有使用功能，增设现代居家生活设施，对内部空间进行重新分割，引入市政基础设施等，这些更新改造的目的是为适应现代生活的需求。

（4）重建。即将原有建筑全部拆除，然后在原有地界内重新进行规划设计并建新房。这主要是针对那部分质量低、不能满足居住需求的建筑。新建的建筑应与街区整体风格保持统一，在建筑的体量、构建、色彩等方面与传统建筑融为一体，并利用现代建筑技术及建筑材料，力求有所突破和创新。

3）保障部分居民回迁，维持原有社会系统

社会学认为，社会在人与人之间各种联系的基础上构成一个网络，每个人都生活于这个网络之中，都是这个网络上的一个节点，相对稳定的社会网络有利于人们之间的相互帮助、情感的交流、维系社会的稳定。社会网络的稳定与居住人口的流动性有关系，流动性越大，其社会网络越不稳定，反之亦然。保证一定的回迁率可以有效地控制人口流动，加强社会网络的稳定。同时，对这类旧居住区的更新改造主要是保护其传统的生活状态，生活状态的保持需要依靠原住居民，因此保证一定的回迁率可以更好地保护历史文化资源。

6. 实施方式

保护更新模式涉及诸多问题，不仅需要文物保护方面的经验，也需要规划管理方面的手段，还需要经济、社会、文化、艺术、宗教、考古等多方面知识。

因此应由政府出面组织，成立由多学科专家及居民代表组成的专门机构——规划实施委员会，对这类居住区的规划、管理和监督等工作进行统一的管理和协调。政府委托设计单位提出规划方案，然后该机构对方案进行审查，并负责跟居民沟通，根据居民要求对方案进行必要的修改。方案审查通过后，政府投入资金（该资金包括部分开发商投入的资金）进行方案的实施，该机构负责对实施过程的监督与管理。对于实施过程中产生的各种冲突，由规划实施委员会负责协调。

这样的实施机制可以有效地避免由政府派出机构进行更新改造所引起的居民与政府之间的矛盾，更多地从居民利益出发进行这类旧居住区的更新改造，同时政府仅仅作为投资者，不会产生角色混乱，明确了政府职能。在这个实施机制中，对于部分可获得经济收益的更新改造项目，可以引入开发商进行投资，以减轻政府财政负担，但必须进行严格控制，防止开发商过度追求经济利益对社会利益及居民利益形成损害。

11.2.2 拆迁改造模式

1. 适用对象

拆迁改造模式的更新改造对象是那些完全不适应城市发展的旧居住区，包括发生严重物质性老化的自然生长型旧居住区即危旧房和发生结构性老化的有机生长型旧居住区。

由于政府资金有限，对于数量庞大的旧居住区来说，其更新改造必然要引入开发商的投资，一方面可以缓解政府的财政压力，另一方面也能促进更新改造的快速展开，较快地提高人们的生活水平。但是开发商具有追求经济利益最大化的价值取向，如果更新改造不能带来收益，开发商就不会去投资。因此拆迁改造模式的更新改造对象往往具有如下特点。

1）区位优势明显

开发商从经济利益出发，往往"挑肥拣瘦"地来选择开发地块。有些旧居住区位于繁华地段，交通方便，土地价值高，人口和建筑物密度又相对较低，开发前景十分诱人，这些旧居住区往往得到开发商的垂青，优先进行改造。

2）土地利用效率低下

这些区位优势明显的旧居住区由于建设年代早、建设标准低，多以多层建筑为主，其土地的经济价值没有得到充分的利用。有部分旧居住区紧邻城市中心，其建筑形式单一且老化严重，不但影响了城市面貌而且也不利于城市经济的发展。土地使用方式的转变会带来较高的经济效益，因此，开发商对投资更新改造有浓厚的兴趣。

2. 更新改造目的

1）完善城市功能

功能的协调与完善在城市发展过程中有着重要的作用，如果功能失调常会使城市内部各系统的活动和作用出现混乱。城市总是在不断发展变化的。伴随着城市的飞速发展，旧居住区原有的城市功能不一定能够满足城市需求。这类居住区占有了主要的旧区用地，旧居住区的更新改造是进行城市功能完善与调整的重要契机，通过更新改造可以使作为城市各项功能物质载体的各种设施（如生产生活设施、公共服务设施、文化娱乐设施、交通通信设施、行政管理设施等）的规划布局和建设构成一个衔接便利、配套和谐、运转高效的整体系统，使各设施部门的内在经济及其外在经济趋于最大，而将内在不经济和外在不经济因素减少到最低限度。因此，在旧居住区拆迁改造过程中应以完善城市功能为目的进行改造。

2）发挥土地价值

土地价值与其区位有着明显的关系，按照杜能的区位论，越是靠近中心的城市用地就越应该安排收益高的经济活动。商业服务业需要在中心区聚集形成规模经济效益，同时商业和服务业也有能力支付中心地区高额的地租。然而，由于城市建设及城市的快速发展，原来的城市边缘或者新城逐渐变成城市中心，导致原有的土地价值攀升，但其土地利用方式依然是居住用地，土地价值不能得到充分地体现，影响整个城市经济效益的实现。因此，需要对城市中心区的土地利用进行适当的调整。通过旧居住区的更新改造可以改变其土地利用方式或者土地利用强度以尽可能地发挥其土地价值。

3. 资金筹措方式

由于更新改造目的的不同，导致拆迁改造的资金筹措方式也有所不同。主要分为政府投资和开发商投资两种类型。

一方面，对拆房建绿、违章建筑拆除、交通建设等引起的拆迁改造，由于其拆迁改造基本不会使投资单位获得直接的经济收益，主要是获得社会效益及环境效益，因此应由政府负责投入。这部分更新改造是服从于城市功能的整治和完善进行的，是城市发展不可避免的调整，属于强制性的拆迁更新改造，因此，本文对其不作详细论述。

另一方面，由于政府财政能力有限，难以应对数量庞大的旧居住区更新改造任务，因此要不可避免的引入开发商的投资。对于需要改变土地利用方式或强度的拆迁改造，由于能够获得重大经济利益，可由开发商进行投资。开发商在政府的授权下取得土地的开发权，对土地开发进行投资，通过土地开发获得合理的收益。其中拆迁费用及建设费用均由开发商承担，开发商独享开发权并自负盈亏。

其特点主要如下。

(1) 减轻了政府财政负担,加快了改造速度对旧居住区的更新改造是一项投资巨大的工程,单单依靠政府的财政资金进行投入不能满足城市快速发展的需求。政府经济能力有限,对于大面积的待更新改造的旧居住区来说,政府投资仅仅是其中的一小部分。开发商不仅具有较强的经济实力,而且其空闲资金也迫切需要找到投资途径进行升值,同时,社会主义市场经济大力发展也给开发商资金进入旧居住区更新改造创造了条件。开发商进行旧居住区更新改造的投资一般力度较大,可以快速地对旧居住区实施更新改造,弥补了单纯由政府投资的不足。而土地出让费用作为政府的财政收入又可以投入到更多更紧要的城市建设中去,进一步减轻了政府的财政负担。

(2) 优化了城市土地利用,提升了城市功能。通过开发商进行投资,开发商出于经济利益的考虑多是改变其土地利用方式来获得更多的收益。土地利用方式的转变优化了城市的土地利用结构,发挥了黄金地段土地级差优势,充分发挥了土地价值。

4. 更新改造原则

1) 市场化

早期的旧居住区更新改造多是以政府为主体从头到尾的实施,随着社会主义市场经济的建设,政府逐渐发现这种方式不但导致更新改造由于资金原因实施困难,而且也容易产生社会矛盾。因此,拆迁改造应实行市场化原则。补偿安置是拆迁安置中的核心内容。2001年《城市房屋拆迁管理条例》确立了拆迁补偿安的市场化原则,补偿标准从过去按人口计算转向按建筑计算,还明确规定"货币补偿的金额,根据被拆迁房屋的区位、用途、建筑面积等因素,以房地产市场评估价格确定"。

这一政策,更能体现等价有偿的原则。把补偿安置与户口分离,淡化人口因素,从而摒弃了过去计划经济时期的补偿取向,体现了被拆迁房屋的自然属性,既科学、合理,又有利于被拆迁人理解和简化拆迁补偿安置程序,有利于从法律上保护被拆迁人的财产权,还有利于减少拆迁人与被拆迁人之间的矛盾。但市场化原则也有待于进一步完善。在实际操作中,有相当一部分旧居住区居民家庭存在居住面积狭小而家庭人口众多的情况。对于这些居住困难家庭,完全采取市场化运作机制将是不切实际的。因此,如何结合房屋拆迁对居住困难户开展好住房保障,是在坚持市场化运作机制的主体地位的同时,需要重点开展的工作也就是说,在市场化原则的同时,还要坚持扶贫济困原则。

2) 公平性

所谓公平性原则是指拆迁过程中,拆迁人及被拆迁人的活动应当合乎社会公认的公平观念。社会主义市场经济下,拆迁人与被拆迁人应当根据双方协议,按照法律规范去行使活动。既然如此,拆迁活动就具有以下主要特点。一是拆迁人与被拆迁人地位平等,都是享有财产权利的平等独立的主体,应在平等基础上进行拆迁补偿。二是拆迁人和被拆迁人意志表示自由,无论拆迁人和被拆迁人在经济实力上有多么悬殊,都不允许一方把自己的意志强加于另一方。三是拆迁补偿必须坚持等价原则,这是公平在经济利益上的体现。

3) 合作性

在拆迁过程中涉及地方政府、开发商及原住居民三方面的利益。这三方在利益的取向上各有不同:地方政府想通过旧居住区的更新改造,实现社会稳定繁荣、经济全面增长、环境优化完善的目标;开发商想通过旧居住区的更新改造,获得经济利益,追求的是高的投资回报率；原住居民则想通过旧居住区的更新改造，提高自己的居住水平。三方利益存在一致性也存在冲突性，需要进行协调。

传统的利益协调机制各利益主体之间的关系是一种信息的交换关系，政府与开发商，开发商与原住居民，原住居民与政府之间互相传递着各自的利益追求及对对方的要求，政府在其中不但追求自身利益又协调开发商与原住居民的利益冲突，最终达成三方均可接受和遵守的契约，从而使得旧居住区更新改造得以顺利进行。由于政府作为权力机构可以凭借所拥有的权力来保障自己利益的实现，而开发商持有城市建设所需要的资金来保障自身利益的实现甚至要求政府在必要阶段做出让步。相比之下，原住居民只占有建筑物权，甚至连建筑物权都不占有（其房屋为单位或国家所有），因此在更新改造过程中处于弱势地位，其自身利益不能得到保障。由此会引发各种社会问题的产生。若要从根本上解决这些问题，就应该建立一种新的利益协调机制。

新的利益协调机制应该以合作为主，强调各利益集团间的平等关系，旧居住区更新改造得以开展的前提是地方政府、开发商与原住居民三方利益均衡的实现。这样更新改造就不再是单纯的政府行为或者开发商的经济行为，不再是追求单一目标，由于三方地位的相对平等，更新改造的目标演化为对综合效益的追求。

5. 技术手段

由于拆迁更新模式为的是发挥土地价值，不可避免地要提高土地利用强度或者改变土地利用方式，更新改造方式是对旧居住区拆迁后进行重建，因此其规划技术方法相当于在空白土地上进行建设，可以运用现行的居住区规划理论或其他相应的规划理论进行指导。

6. 实施方式

该模式下，房地产开发企业自筹资金或者向银行贷款，通过土地批租等方式获得土地使用权，利用旧居住区具有的土地极差，开发经营房地产，政府行使监督管理功能，不直接参与到拆迁过程中。

开发商在各项手续齐备的情况下，直接委托动迁实施单位进行拆迁；开发商既是出资人，又是组织者。开发商与居民间是纯粹的市场关系，居民拥有房屋产权及土地使用权，开发商拥有资金，拆迁安置标准由市场规律决定。开发商为居民提供多种选择，可以进行回迁安置、货币安置及现房安置等。居民在与开发商达成拆迁协议后，将按期完成搬迁，否则承担法律后果。开发商与居民之间是平等的关系，这样可以保证居民利益的实现。

政府承担管理、监督和协调职能。政府一方面监督管理开发商的拆迁行为，使其不违法、不违规；另一方面，当拆迁双方出现矛盾时，由政府出面进行协调。由于政府不直接卷入动迁业务，对矛盾的协调可体现一定的公平性。

11.3 旧居住区更新改造实例

1. 金鱼池小区——"房改带危改"改造的成功案例

1）项目更新前的基本情况

位于北京崇文区天坛北侧的金鱼池居住区，是著名作家老舍先生的名作《龙须沟》中那个臭水沟所在地。中华人民共和国成立前,这里是北京市最贫穷居民的聚集地,居住环境十分恶劣。建国后,政府先后两次对金鱼池地区进行改造,虽然一定程度改善了居民的居住条件和居住环境。但限于当时的改造技术和条件,这些简易楼经过了几十年的使用,特别是经过唐山大地震以后,大部分楼房的墙体、屋面变形,严重漏雨,上、下水管道结垢锈蚀严重,又缺少供暖和煤气设备,7800多名居民的居住条件十分艰苦,如图11.1、图11.2、图11.3和图11.4所示。

图11.1 龙须沟旧景

图11.2 龙须沟大街旧景

图11.3 龙须沟建筑旧景

图11.4 龙须沟棚户区旧景

资料来源:http://bbs.oldbeijing.org/

2) 项目实施情况

金鱼池小区于2001年7月动工建设,2002年4月18日竣工,首批居民回迁。规划方案总建筑面积27.32万m^2。其中用于居民回迁住宅建筑面积19.85万m^2,配套设施567m^2,地下公共建筑面积5.73万m^2,综合楼建筑面积1.17万m^2,还有一所建筑面积2.7万m^2的新学校。小区各种公共设施和市政设施配套齐全,建筑依照传统的街巷院落组团,形成开放式的"街坊"式居住模式,注重人居环境的塑造。考虑到"天坛"这一世界文化遗产的历史氛围,部分恢复明清时代的"金鱼池",将居民生活用水经过二次处理后注入池中。小区将居民的活动中心、教育中心、医疗服务设施、车辆停放场地及超市移到地下,居民生活及采暖全部采用清洁能源,如图11.5和图11.6所示。

3) 项目运作模式分析

金鱼池小区的改造,是国家"十一五"计划中"房改带危改"的代表工程,由政府组织,企业投入,公众参与。该项目建成后成功解决了金鱼池地区的危旧房改造问题。

图 11.5 金鱼池危改工程图
资料来源：http://www.chinagarden.cn/

图 11.6 金鱼池小区改造后环境
资料来源：http://blog.163.com/

（1）政府担纲的开发模式。金鱼池地区的危改工程没有一平方米的商品房，全部是回迁用房和配套设施。危改工作有政府组织，所建房屋由政府以优惠的价格，安置危改区内居民购房回迁，居民则以房改购房的形式作为投资共同参与房改。

据了解，金鱼池地区的危改区很早就形成了，10多年前就有开发商到金鱼池地区进行"调研"，但当时这一地区拆迁成本太大，最终没有一个开发商愿意投钱开发。那时在北京市类似这样的危旧房片区有上百片，多数都是开发商不屑一顾的地方。试图依靠开发带动危改行不通了。2000年，市政府出台了加快危旧房改造的19号文件，实行危改加房改的新方法。新政策规定，危改不再由开发商承担，而是政府行为，居民只需掏部分建安费，就能原地住新楼。崇文区的龙潭西里、金鱼池，宣武区的牛街、天桥，丰台区的右外开阳里等5片危改区成为首批试点项目。金鱼池则是当时最大的以简易楼为主的危改项目，也是最受社会瞩目的一片。

由于政府牵头组织实施，从改造运行方案到规划设计，再到施工管理最后到竣工验收，这其中每个环节都体现了高质量的规范化操作，小区还申报了"结构长城杯奖"。住宅的质量有了切实的保障，还特意营造了具有深厚历史文化背景的景观，从各方面提高了小区的居住品质，使得改造后的住区更加成熟和完善。

(2) 较为合理的居民安置方案。金鱼池旧居住区危改，采取了就地回迁、异地回迁相结合的安置方法，还有货币补偿和异地外迁等方式。制定较为合理的拆迁安置和补偿方案，体现了政府对居民的"人文关怀"，充分考虑了居民的切身利益，在改善居住环境的同时，避免在拆迁过程中出现各种矛盾。政府让利于民，使得该工程竣工居民回迁后，普遍受到好评。

4) 金鱼池小区改造的借鉴意义

金鱼池小区危改项目在当时是北京市最大的成片简易楼危改项目。该项目从总规划建筑面积、改造涉及的居民数、改造后的住区规模、回迁居民数量、总户数各方面来讲规模均大于以往进行的危改规模，再加上这次危改采用了"房改加危改"的新政策，受到社会各界的广泛关注，取得了很好的改造效果。金鱼池小区危改项目的成功实施，将北京市危旧房改造工作全面提速，改造工作进入了一个新阶段。

(1) 政府提供有力政策保障。金鱼池小区改造成功最重要的原因在于政府给予的强有力的政策支持，在改善居民居住环境繁荣同时，适当的延续地区原有的历史风貌，取得了社会和环境效益两方面双赢，得到当地居民的普遍认可。

政府提供的有力政策扶持表现在：第一，在建设资金来源上。因为不在依靠开发商投资启动，以就地安置危改区内居民为主，拆危房建新楼，达到社会住房平均水平（人均$27m^2$）内的面积，居民按房改价购买，享受经济适用住房的产权，相当于负担了建房的费用，而政府负责市政投资，并给予上下水、热力、燃气等21项费用减收或免收的扶持政策，降低建房成本；其次，充分重视居民意愿，提供了多种的拆迁安置和货币补偿方法，充分考虑了居民的利益，确保了动拆迁工作的成功完成；第三，配套设施完善。小区新建了一所$2.2万m^2$的新学校，垃圾楼、有线机房、中水处理机房、通风井等配套设施一应俱全，地下公建还配有汽车库、非机动车库及居民活动中心、教育中心、医疗服务设施、超市等。最后，小区还充分考虑了建筑节能技术，采用了中水利用系统，居民生活用水经过二次处理后注入小区景观池，这在当时是比较超前的。

(2) 注重历史文化传承，是项目成功的手段。该项目在规划设计阶段就充分考虑了金鱼池地区深厚的历史文化背景，保存了北京传统住宅的院落格局，在小区内部规划设计了一条展现北京传统文化和"龙须沟"传说的景观街。小区拱门上面刻满有关"龙须沟"旧景象的图案。小区的标志性建筑——小妮子广场上，矗立着一本3m高的雕塑书。小区道路两侧的条石上边刻有老舍先生"龙须沟"剧目的全部台词。东侧地面条石上刻有历代有关"龙须沟"的传说和中华人民共和国成立后中国共产党的领导人及各级政府的题词。名言条石两侧的绿化带草坪为沟式倾斜，形成沟的感觉。小区的所有护栏，都为中国民间剪纸式的图案，内容与"龙须沟"的故事有关。整个小区注重营造良好的人文环境和文化氛围，追求一种似曾相识的感觉，和强烈的归属感，如图11.7所示。

2. 菊儿胡同改造——有机更新的成功案例

菊儿胡同是北京旧城危改的第一个试点工程，同时也是20世纪90年代旧居住区改造的典范工程。该项目由吴良镛教授担纲主持，项目竣工后受到专家学者、政府、居民的普遍好评，获得国内外多项大奖，更获得了亚洲建筑协会的优秀建筑金奖和联合国颁发的世

图 11.7　龙须沟的历史是该小区深厚的文化背景

资料来源：http://blog.163.com/

界人居奖。众多的专家、学者来到这里进行实地考察、学习，甚至连国外的旅游团也将这里当做一个景点，组织大批国外的游客来参观。一个普通的住宅改造工程受到如此多的关注，在中国近代建筑上是绝无仅有的，从一个侧面反映出改造取得了较大的成功。

1) 项目更新前的基本情况

菊儿胡同位于北京东城南锣鼓巷地区的东北角，东起交道口南大街，西止南锣鼓巷，处于北京中心城区危房较为集中的历史地段，全长 438m，占地约 8.2hm^2，住着 200 多户居民，胡同历史悠久，文化背景丰富。这里三号、五号、七号曾经是清光绪年间大臣荣禄的宅邸，后来七号还成为阿富汗驻京大使馆，胡同四十三号原来是一座寺庙，庙里的开山和尚曾经是皇帝的替僧，是一个充满了北京历史传统文化色彩的地区。20 世纪 80 年代，被列为北京市危旧房改造项目。在改造之初，这里是破败拥挤的大杂院，有居民 44 户，138 人，人均住房面积仅 5.3m^2。第一、二期工程 1992 年建成，总建筑面积 14840m^2，安排居民约 260 户。

2) 项目实施的基本情况

吴良镛教授提出的"有机更新"理论，主张按照城市内在的发展规律，顺应城市之肌理，在可持续发展的基础上，探求城市的更新和发展。菊儿胡同的改造工程自始至终都将"有机更新"作为其最基本的改造思路。以胡同第 41 号院作为第一个试点院落进行改造。一期工程从 1989 年 10 月持续到 1990 年 10 月，工程占地 2090m^2，新住宅共 46 套，建筑面积为 2760m^2；二期工程于 1991 年开工，1994 年上半年全部竣工，占地 10500m^2，新住宅 164 套，建筑面积 17900m^2，如图 11.8 所示。

图 11.8　菊儿胡同现状

资料来源：http://image.baidu.com/

菊儿胡同改造过程和其他的大规模改造不同，没有大规模的拆除重建行为，而是具体情况具体分析，有区别的进行改造。首先将胡同内的房屋质量进行确认，依据现状划分为3类，分别予以保留、拆除或者修缮。保留有价值的旧院落和胡同；拆除破旧危房，插入新型四合院住宅；现存房屋质量较好的住宅院落经修缮加以利用。重新修建的菊儿胡同按照"类四合院"模式进行设计，住宅基本院落由2～3层楼房围合而成，院内均保留原有树木，维持了原有的胡同——院落体系。建筑采用具有传统历史文化背景的建筑符号和构件，如白墙、青砖、灰瓦、小坡屋顶、挑檐、阁楼等，具有强烈的民族风格，色彩明朗亲切。底层住户有室外小院，作为"户外公共客厅"，丰富了居民的生活空间，满足居民对空间使用多样化的需要，又通过住宅围合的院落形成了相对独立的邻里结构，这是在设计上充分体现出"类四合院"住宅可以兼具公寓楼房的私密性和四合院居住空间的易交往性两方面的优点。

改造过程中依据吴良镛教授的意见遵循以下几个原则。

（1）为降低建造成本，采用普通建筑材料。

（2）户型设计以中小套型为主，考虑到更多中等收入的家庭可以负担。

（3）原有树木尽量保留，并适当新增绿化，改善居民外部环境。

经过一系列的全面修整、扩建以及内部的整治、装修，菊儿胡同以崭新的样貌公示，极大改善了居民的居住环境，形成一个功能复合、新老建筑并存的多样住区。在保证私密性的同时，利用连接构造和跨院，与传统四合院组成院落，满足了中国传统居住方式中邻里交往的精神需求，保留了中国传统住宅中深厚的邻里之情。同时也极大维护了北京旧城区原有的"胡同—四合院"的城市肌理以及"大干道—大街坊—小胡同"的街巷格局，为北京旧城住区更新做出积极而有意义的尝试。菊儿胡同新四合院改造工程曾获1992年世界人居奖，这也标志着对菊儿胡同及其文化内涵的认同。

3）项目运作模式分析

（1）对传统风格和地方特色的尊重，菊儿胡同改造延续了北京旧住区"街巷—院落"的传统结构体系。并且创造性地将大杂院居住院落演变成为由新的低层和多层有机组合构成的大院落式的台阶型院落合体，改进了传统的大杂院生活方式进而可以使其适应现代化的生活。

（2）项目通过审慎的开发建设取得资金平衡，即通过保留一些老房子、树木和居民为前提取得资金平衡。并且以单元模式为基础进行分期开发，菊儿胡同按照原有的"院落边界"确定开发单位，按照经济适用的原则进行分期开发。

（3）参考居民意愿。菊儿胡同改造工程中提出了居民自由参与、合作以及非盈利的社区合作的更新改造的操作思路和模式，成为我国新时期中心城旧住区更新建设、鼓励公众参与更新的有效楷模。

4）菊儿胡同改造的借鉴意义

菊儿胡同改造工程为北京中心城旧住区更新做出有益的尝试，确立了"类四合院"形式在住宅改造中的可行性。即使在投入使用之后，仍有许多地方不尽如人意，如厨卫面积过小、水电结构不合理、日照不充足等，但其对于推动北京中心城旧居住区更新改造工作具有重大的意义，更难得的是成功地对中国传统居住文化的进行延续和发展。通过实践调研总结其具有借鉴价值的改造方法。

（1）分类改造，以院落边界为实施单位，不同质量房屋现状进行分别改造，采取"质优保留,质中修缮,质差改造"的小型循环改造模式。

(2) 指标控制,菊儿胡同位于北京市历史文化保护区内,建筑限高为3层。建筑层数控制在2～3层,局部为4层,采用低层高密度开发方式。

(3) 合院体系,维护"胡同—院落"体系,通过院落、房屋的高低错落、出入设计,创造胡同四合院的自然和谐氛围与历史归属感,同时兼顾居民现代生活之需求。

(4) 技术创新,采用小规模更新模式,结合新技术、新材料,对住宅进行整体修整,为北京中心城旧住区有机更新理论作了有意义的实践和探索。

(5) 文化传承,采用类四合院模式,在建筑形式、外墙色彩和建筑材料等方面结合传统并加以创新,保持该街区的原有风貌。

菊儿胡同的改造毕竟只是一个试验性的探索,在取得巨大成功的背后,仍然不能抵挡时代进步的潮流。在经济迅速发展的时代,人们对住房质量、面积、环境要求也不断提高,当这些问题显现时,提示在进行改造时必须有前瞻性,考虑居住的发展可能性,如果家庭人口、关系、生活方式出现变化,住宅是否能适应并满足新的居住要求。当然,菊儿胡同最大的成功仍在于其对于理论研究的价值,将北京旧城区"有机更新"的保护理念推向成熟,时至今日,仍然有着巨大的实践意义和研究价值。

应 用 案 例

国外旧居住区住宅改造实例

西方一些国家的政府于20世纪70～80年代相继制定了鼓励旧住宅改造的政策,使旧的住宅改造成为了大拆大建后解决城市居住问题的主要方式。下面详细了解他们住宅改造的实践过程。

1. 德国

20世纪80年代初期,民主德国(东德)在面临房荒的时期,建设了大批模板式住宅楼,建成的板式住宅楼相比今天(也是原西德的)的住宅标准,存在着诸如阳台面积不足、空间分隔过小、暖气不能分户控制温度、缺乏现代化的卫生设施等问题。两德统后,大板楼由联邦政府通过两种方式托管:一种方式是联邦政府直接拨款。1991—1992年,联邦政府拨款对德国东部地区30%的现有住宅进行维修和现代化改建。1994年,又拨款10亿马克用于对旧房的修缮和建造福利住房;第二种方式也是更重要的方式是联邦政府通过免税、优惠税,提供贷款等办法,吸引企业认购,企业通过对房屋进行各项现代化的改造和更新,使其适应新的能源标准和居住生活的要求,再由企业以出租或出售的方式经营。

柏林东部黑勒斯多夫区的大板楼改造实践:该区原属东柏林,人口26万,是德国最大的高层预制板楼区。这些大板楼被联邦政府托管后,有13家公司买下。通过买下这些住宅,公司也就拥有了改造权和经营权。他们首先对这些住宅进行改造,比如更换大阳台、卫生间、厨房的添建与改建,并且增加的阳台在不同位置点缀红、黄色块以加强识别性,同时增加墙面保温层,改换给水供暖管线,增设中央供暖与热水供应,以及交通设施的改建等,然后出租或者以商品房的形式卖掉,全区只剩15%的住宅没有经过现代化改造。

黑勒斯多夫区的板楼改造工程是这一时期住宅区改造的典范,并且改造的进行是在柏林议会和区政府的直接支持,以及居民的直接参与下进行。改造中涉及的问题很多,从中也积累了大量的经验形成了一套"hellersdorf 模式",这一模式在柏林周边其他相似片区中正积极的应用。

黑勒斯多夫"hellersdorf 模式",实质是全新的住宅产业战略的长远发展模式,其中包含了6点战略思想。

战略一:作为社区的经营者,从长远出发,对住房进行持续的更新和经营。
战略二:提供多样化的住宅,以保证社区居民结构的多样化。
战略三:营建社区中心,形成城市里一个完善的功能片区。
战略四:改善居住环境,完善配套设施,开展社区活动,提高生活质量。
战略五:社区建设结合自然。
战略六:坚持规划过程的民主化和居民的充分参与。

黑勒斯多夫模式对我国最大的启发是,改造中能保证住户在室内正常的生活起居;从住户的角度去考虑,提供了多样化的住宅,保证了不同人群的需求;社区各项服务设施的配套完善,为住户提供一个和谐健康的环境;居民是社区的主人,自主管理建设社区等。这些方式也许都是建筑师和规划者们能想到的,笔者认为应该借鉴德国黑勒斯多夫的一些有利与我国现实情况的改造方式,形成一套完整的体系,并且切实在一个地区长期实践。

2. 荷兰

同样,荷兰的旧城改造工作,从20世纪70年代起摒弃了全部推倒重建的方法,进入了一个新的阶段。20多年来,经过不断实践和总结,形成了一整套完整的经验,取得了很大的成功。

荷兰政府意识到旧城改造是一项极为复杂的系统工程,涉及许多问题和部门,并且组织工作的有效与否是非常关键的。因此,在旧城改造的组织工作上政府下了很大工夫。首先,从中央到地方政府都设有专门管理部门,由此可见政府对这一工作给予高度重视,并对旧城改造的项目提供大量财政补贴。比如鹿特丹市政府就曾在1979年把旧城改造列为当年的首要工作;其次,当确定一个居住区要进行改造时,首先就会成立一个"工程领导小组"(project group),这是在组织系统中一项极重要环节,小组负责整个居住区从规划设计到实施的全部工作。工程领导小组的成员包括政府官员、居民代表和建筑师、社会工作者等专业人员。市政府的有关部门定期听取各小组的反馈意见,以便及时了解问题采取措施,使改造工作顺利进行。另外,居民在旧区改造中的参与作用也是非同寻常的。在荷兰,从政府到专业人员已经形成一种共识,即一个居住区的改造若没有居民的参与就不可能成功。因此在改造的过程中,工程领导小组要不断地征求居民的意见,所有的方案都要公布于众,小组中的居民代表更是代表了居民的利益,居民始终都是"主角"。而旧区中的居民大多是低收入者,目前很大比例为外国移民。

荷兰对旧住宅采取的改造工作,都要先做详细的调查,确定改造中需要保留什么,增加什么,然后才提出改造的方案。住宅方案中,根据居住区内现有住宅的具体情况,对旧住宅采取改造和拆除两种方法。改造又分为各种级别,有一般修缮、更换门窗、增加设备、加层、还有保留结构内部全面改造。同时,他们又提出在改善居住区物质条件的同时,还要使居民的经济条件、社会地位有所提高。在改造结束后,会考虑继续保留工程领导小组,为居民提供更持久的工作。

荷兰旧住宅改造对我国最大的启发是:改造中政府的意识具有超前性,明白住宅改造工作的重要性；其次，能根据具体的情况，区别对待不同问题，而不是"一刀切"；再者，把住宅改造作为一个长期的持续的工作。这些经验在我国的住宅（区）改造中都有很好的借鉴作用。

3. 瑞典

瑞典在工业化时期建设了大量的住宅，那时候城市为了解决大规模涌向城市的移民，新建住房成为当时主要出路。因此在20世纪60年代，瑞典许多城镇经历了大规模的居住区拆除重建运动。导致了大量有价值的居住区大规模拆迁，人们对大规模拆迁的更新改建方法也提出了激烈批评。

在20世纪70年代初期的更新工作中，主要任务集中在改造那些古老、破旧不堪的建筑物，使之现代化。这些建筑物在改建之前，普遍条件恶劣。通过各方面的努力，建筑结构得到了维修；建筑基础设施得以完善，装上了自来水、下水道、暖气，还配备了新的厨房、浴室；同时在可能的情况下提高了面积标准，一般的小公寓单元合并成大的套房。20世纪70年代后期，随着公众需求的提高，许多对新建住房的要求，如节能、垃圾处理和无障碍设计等，也尽可能地应用到旧居住区的改建中去。

20世纪80年代初期，由于居住标准的进一步提高，瑞典开始对20世纪50年代、60年代甚至70年代所建的住房进行改建。这些住房往往已具有现代化设备，只是暖气设备泄漏，通风和卫生系统需要更换，以及室外环境、停车设施需要调整等。住宅区的居民对原地改建工作产生了更多的兴趣，公众参与起到了很好的作用。

20世纪70年代的后期和20世纪80年代的初期平均每年改建12000套公寓房，许多建于20世纪60年代的居住区的户外环境也由于有了改善环境的拨款而得到了升级，提高了旧居住区的整体水平。

瑞典住宅改造的成功在于，国家通过其建筑法规、建筑条例以及瑞典建筑规范来保证旧居住区更新改造的良好质量以及居民生活品质的提高。瑞典的住房更新法制定了住房应满足的最低可接受标准，包括每所公寓都应该配备暖气、冷热水、排水、卫生间、盆浴或淋浴、供电、厨房装备和储存空间。同时，建筑规范规定了许多应予以适当满足的要求，这些要求和对新建住宅的要求是相同的。显然这样增大了改造的难度，有关人员对建与各个阶段的住宅建设和室外环境设施的特点、存在问题以及值得保留的一般质量和典型特征进行周详仔细地研究后，采取了有针对性的改建措施。其中，建筑内部空间方面涉及以下几个方面。

（1）调整公寓的户室比，将两个小单元组合成一套大单元。

（2）在住宅内部增设垃圾道、电梯、轮椅通道。

（3）调整住宅内部空间的使用以扩大厨、卫、辅助用房，拆除部分层数等。

瑞典旧住宅改造对我国最大的启发是：改造分阶段分目标的进行，根据实际情况，提出不同的解决策略；以及法律、法规健全和不断完善。整个改造过程是一个动态的变化过程，而不是固定不变的。

资料来源：白雪. 80年代住宅内部空间更新改造研究——以重庆为例［D］. 重庆：重庆大学，2007，11-15.

本 章 小 结

本章主要学习的内容是居住区老化的原因、更新改造的理念、公众参与、旧居住区更新改造的类型、旧居住区更新改造的主要方式及适用对象、旧居住区更新改造的动力、旧居住区更新改造的方法等。这些内容是在完成了居住区规划所有理论基础后的有益补充，通过理论的讲解和实例的评析，有助于学生对所学知识的实际应用进一步加深。

居住区会有一个不断老化的过程，其老化的原因大致为结构性、功能性和物质性。

旧居住区更新改造就是对发生各种老化现象的居住区及居住地段进行的再开发、整治或保护的活动。旧居住区更新改造模式就是对正在进行的或者业已进行完毕的旧居住区更新活动进行综合研究的基础上，提出分别适合不同类型的旧居住区进行更新的普遍方法。

旧居住区更新改造的方法一般分为保护更新、拆迁改造两种模式。

本章重点掌握的内容，是居住区老化及更新改造的理念、公众参与、旧居住区更新改造的类型、旧居住区更新改造的主要方式及适用对象。

思 考 题

1. 居住区老化的原因有哪些？
2. 旧居住区更新改造有哪些相关概念？
3. 公众参与的含义是什么？
4. 旧居住区更新改造有哪些主要方式及适用对象？

第12章
居住区规划的技术经济分析

【教学目标与要求】
- 概念及基本原理

【掌握】用地平衡表的内容；各项用地划分的技术性规定；主要技术经济指标概念；居住区用地平衡控制指标；住宅建筑净密度控制指标；住宅建筑面积净密度控制指标。

【理解】用地平衡表的作用；综合技术经济指标项目；技术经济指标分类；居住区用地定额指标；人均居住区用地控制指标；居住区总造价的估算。

- 设计方法

【掌握】居住区各项用地计算方法；用地分析方法；技术经济指标的计算方法；居住区总造价估算方法；规划设计方案技术经济指标比较。

导入案例

《北京市新建改建居住区公共服务设施配套建设指标》的主要内容

1. 关于"居民汽车场库"

在三环路以外的地区，按每千户 500 个车位标准设置；在三环路以内、二环路以外的地区，按每千户 300 个车位标准设置；二环路以内旧城及危旧房改造区、历史文化保护区等特殊地区车位标准应另行研究。中高档商品住宅按每户 1 个车位标准设置，高档公寓和别墅按每户 1.3 个车位标准设置。

2. 关于"养老设施"

养老设施从原来 6~10 万人设一处，改为 5 万人设一处，每处床位数从 30~40 床增加至 200 个床位。

此外，老年文化活动设施、老年医疗设施都应增加，但考虑管理方便，与街道文化活动站、医疗门诊等结合设置。

3. 关于"教育设施"

考虑到提高教育质量的需要，每个学生的建筑面积和用地面积，都比"94指标"有了较大的提高，尤其是中小学。中学每学生的建筑面积从平均 $5.5m^2$ 提高到 $9m^2$ 多，小学每学生的建筑面积平均从 $4.8m^2$ 提高到 $6.8m^2$。

4. 关于"文化体育设施"

考虑到人民生活水平的不断提高，在居住区建设配套中，增设文化广场（户外健身场地），每万人配置用地 $1000m^2$，可考虑与街心绿地或避难空地统筹设置。

5. 关于"商业服务设施"

由于社会主义市场经济的不断完善和发展，居住区配套商业服务设施基本上作为商品房出售，不列入住宅成本，且受市场因素调节。

6. 关于"物业管理用房"

在新建小区中设置"物业管理处",内容包括房管和维修、绿化、环卫、保安、家政服务等。

7. 关于"居住区公共服务设施的总指标"

"本指标"居住区公共服务设施建筑面积千人指标为 6018~20825m^2,即人均公共服务设施建筑面积为 13.4m^2;用地面积千人指标为 4931~5762m^2,即人均用地面积为 5.3m^2;指标提高的主要是,医疗卫生、文化体育、金融邮电、老人服务设施和居民汽车场库、物业管理及市政公用等设施指标;教育、商业服务等设施指标略有降低。

资料来源:http://www.southcn.com/law/fzzt/fgsjk/200510120260.htm

公共服务设施配套建设指标是居住区规划技术经济指标之一,是居住区规划重要核心内容,该指标与其他技术经济分析指标一样,是从量的方面对居住区规划设计方案的规划质量和综合效益进行衡量和评价。居住区规划的技术经济分析,一般包括用地分析、技术经济指标的比较及造价估算等几个方面。

12.1 用地平衡表

12.1.1 用地平衡表的作用

(1) 对土地使用现状进行分析,作为调整用地和制定规划的依据之一。
(2) 进行方案比较,检验设计方案用地分配的经济性和合理性。
(3) 是审批居住区规划设计方案的依据之一。

12.1.2 用地平衡表的内容

用地平衡表的内容见表 12-1。

表 12-1 居住区用地平衡表

项目		面积/hm^2	所占比例/%	人均面积/(m^2/人)
居住区用地(R)		▲	100	▲
①	住宅用地(R01)	▲	▲	▲
②	公建用地(R02)	▲	▲	▲
③	道路用地(R03)	▲	▲	▲
④	公共绿地(R04)	▲	▲	▲
其他用地(E)		△	—	—
居住区规划总用地		△		

注:"▲"为参与居住区用地平衡的项目。

资料来源:中华人民共和国建设部. 城市居住区规划设计规范(GB 50180—93,2003 年版)

12.1.3 各项用地界限划分的技术性规定

根据我国《城市居住区规划设计规范》(GB 50180—1993，2002 年版)的规定，各项用地的界限划分和计算应符合下列规定。

1. 规划总用地面积确定

(1) 当规划总用地周界为城市道路、居住区(级)道路、小区路或自然分界线时，用地范围划至道路中心线或自然分界线。

(2) 当规划总用地与其他用地相邻，用地范围划至双方用地的交界处。

2. 住宅用地面积的确定

(1) 以居住区内部道路红线为界，宅前宅后小路属住宅用地。

(2) 如住宅与公共绿地相邻，没有道路或其他明确界限时，通常在住宅长边以住宅高度的 1/2 计算，住宅的两侧一般按 3~6m 计算。

(3) 与公共服务设施相邻的，以公共服务设施的用地边界计算。

(4) 如公共服务设施无明确的界限时，则按住宅的要求进行计算。

3. 公共服务设施用地面积的确定

(1) 有明确用地界限(如围墙等)的公共服务设施按基地界限划定。

(2) 无明确用地界限的公共服务设施，可按建筑物基底占用土地及建筑四周实际所需利用的土地(如建筑后退道路红线的用地)划定界限。

4. 底层公共服务设施住宅或住宅公共服务设施综合楼用地面积的确定

(1) 当公共服务设施在住宅建筑底层时，将其建筑基底及建筑物四周用地按住宅和公共服务设施项目各占该幢建筑总面积比例分摊，并分别计入住宅用地或公共服务设施用地内。

(2) 当公共服务设施突出于上部住宅或占有专用场地与院落时，突出部分的建筑基底、因公共服务设施需要后退红线的用地及专用场地的面积均应计入公共服务设施用地内。

5. 底层架空建筑用地面积确定

应按底层及上部建筑的使用性质及其各占该幢建筑总建筑面积的比例分摊用地面积，并分别计入有关用地内。

6. 居住区用地内道路用地面积的确定

(1) 按与居住人口规模相对应的同级道路及其以下各级道路计算用地面积，外围道路不计入。

(2) 居住区(级)道路，按红线宽度计算。

(3) 小区路、组团路，按路面宽度计算。当小区路设有人行便道时，人行便道计入道路用地面积。

(4) 居民汽车停放场地，按实际占地面积计算。

(5) 宅间小路不计入道路用地面积。

7. 公共绿地面积的确定

(1) 公共绿地包括规划中确定的居住区公园、小区公园、住宅组团绿地，不包括住宅日照间距之内的绿地、公共服务设施所属绿地和非居住区范围内的绿地。

（2）院落式组团绿地面积计算起止界应符合规定：绿地边界距宅间路、组团路和小区路边 1m；当小区路有人行便道时，算到人行便道边；临城市道路、居住区级道路时算到道路红线；距房屋墙脚 1.5m（图 12.1）。

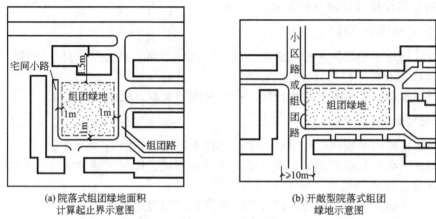

(a) 院落式组团绿地面积
计算起止界示意图

(b) 开敞型院落式组团
绿地示意图

图 12.1 院落式组团绿地界限划定

资料来源：中华人民共和国建设部．城市居住区规划设计规范(GB 50180—93，2003 年版)

（3）开敞型院落组团绿地计算应符合规定：至少有一个面面向小区路，或向建筑控制线宽度不小于 10m 的组团级主路敞开，并向其开设绿地的主要出入口和满足图 12.1 规定。

（4）其他块状、带状公共绿地面积计算的起止界同院落式组团绿地。沿居住区（级）道路、城市道路的公共绿地算到红线。

8. 其他用地面积的确定

（1）规划用地外围的道路算至外围道路的中心线。

（2）规划用地范围内的其他用地，按实际占用面积计算。

12.2 技术经济指标

12.2.1 综合技术经济指标项目

居住区综合技术经济指标的项目包括必要指标和选用指标两类，其项目和计量单位应符合表 12-2 规定。

表 12-2 综合技术经济指标系列一览表

项目	计量单位	数值	所占比重/%	人均面积/(m²/人)
居住区规划总用地	hm²	▲	—	—
1. 居住区用地(R)	hm²	▲	100	▲
① 住宅用地(R01)	hm²	▲	▲	▲

(续)

项目	计量单位	数值	所占比重/%	人均面积/(m²/人)
② 公建用地(R02)	hm²	▲	▲	▲
③ 道路用地(R03)	hm²	▲	▲	▲
④ 公共绿地(R04)	hm²	▲	▲	▲
2. 其他用地(E)	hm²	▲	—	—
① 居住户(套)数	户(套)	▲	—	—
② 居住人数	人	▲	—	—
③ 户均人口	人/户	▲	—	—
④ 总建筑面积	万 m²	▲	—	—
3. 居住区用地内建筑总面积	万 m²	▲	100	▲
① 住宅建筑面积	万 m²	▲	▲	▲
② 公建面积	万 m²	▲	▲	▲
4. 其他建筑面积	万 m²	△	—	—
① 住宅平均层数	层	▲	—	—
② 高层住宅比例	%	△	—	—
③ 中高层住宅比例	%	△	—	—
④ 人口毛密度	人/hm²	▲	—	—
⑤ 人口净密度	人/hm²	△	—	—
⑥ 住宅建筑套密度(毛)	套/hm²	▲	—	—
⑦ 住宅建筑套密度(净)	套/hm²	▲	—	—
⑧ 住宅建筑面积毛密度	万 m²/hm²	▲	—	—
⑨ 住宅建筑面积净密度	万 m²/hm²	▲	—	—
⑩ 居住区建筑面积毛密度(容积率)	万 m²/hm²	▲	—	—
⑪ 停车率	%	▲	—	—
⑫ 停车位	辆	▲	—	—
⑬ 地面停车率	%	▲	—	—
⑭ 地面停车位	辆	▲	—	—
⑮ 住宅建筑净密度	%	▲	—	—
⑯ 总建筑密度	%	▲	—	—
⑰ 绿地率	%	▲	—	—
⑱ 拆建比	—	△	—	—

注：▲必要指标；△选用指标。
资料来源：中华人民共和国建设部. 城市居住区规划设计规范(GB 50180—93，2003 年版)

12.2.2 主要技术经济指标

1. 主要技术经济指标概念

(1) 住宅平均层数：是指住宅总建筑面积与住宅基底总面积的比值(层)。

(2) 高层住宅(大于等于 10 层)比例：是指高层住宅总建筑面积与住宅总建筑面积的比率(%)。

(3) 中高层住宅(7～9 层)比例：是指中高层住宅总建筑面积与住宅总建筑面积的比率(%)。

(4) 人口毛密度：是指每公顷居住区用地上容纳的规划人口数量(人/hm^2)。

(5) 人口净密度：是指每公顷住宅用地上容纳的规划人口数量(人/hm^2)。

(6) 住宅建筑套密度(毛)：是指每公顷居住区用地上拥有的住宅建筑套数(套/hm^2)。

(7) 住宅建筑套密度(净)：是指每公顷住宅用地上拥有的住宅建筑套数(套/hm^2)。

(8) 住宅面积毛密度：是指每公顷居住区用地上拥有的住宅建筑面积(m^2/hm^2)。

(9) 住宅建筑面积净密度：是指每公顷住宅用地上拥有的住宅建筑面积(万 m^2/hm^2)。

(10) 建筑面积毛密度：是指也称容积率，是每公顷居住区用地上拥有的各类建筑的建筑面积(m^2/hm^2)或以居住区总建筑面积(万 m^2)与居住区用地(万 m^2)的比值表示。

(11) 住宅建筑净密度：是指住宅建筑基底总面积与住宅用地面积的比率(%)。

(12) 建筑密度：是指居住区用地内，各类建筑的基底总面积与居住区用地的比率(%)。

(13) 绿地率：是指居住区用地范围内各类绿地面积的总和占居住区用地的比率(%)。绿地应包括：公共绿地、宅旁绿地、公共服务设施所属绿地和道路绿地(即道路红线内的绿地)，其中包括满足当地植树绿化覆土要求、方便居民出入的地下或半地下建筑的屋顶绿地，不应包括屋顶、晒台的人工绿地。

(14) 停车率：是指居住区内居民汽车的停车位数量与居住户数的比率(%)。

(15) 地面停车率：是指居民汽车的地面停车位数量与居住户数的比率(%)。

(16) 拆建比：是指拆除的原有建筑总面积与新建的建筑总面积的比值。

2. 技术经济指标分类

(1) 用地平衡指标。包括居住区规划总用地、居住区用地、住宅用地、公建用地、道路用地、公共绿地、其他用地。住宅用地、公建用地、道路用地、公共绿地这 4 项用地之间存在一定比例关系。用地平衡指标主要反映土地使用的经济性和合理性。

此外，在规划用地内还包括一些与居住区没有直接配套关系的其他用地，如外围道路、保留的区外单位用地、不可建的土地等，其中外围道路如城市道路在规划中必定存在，因此其他用地也是一个基本指标，"居住区用地"加上"其他用地"即为"居住区规划总用地"。

(2) 规模指标。包括居住户(套)数、居住人数、户均人口、总建筑面积、居住区用地内建筑总面积、住宅建筑面积、公建面积、其他建筑面积。规模指标主要反映人口、住宅和配套公共服务设施之间的相互关系。

(3) 层数密度指标。包括住宅平均层数、高层住宅比例、中高层住宅比例、人口毛密度、人口净密度、住宅建筑套密度(毛)、住宅建筑套密度(净)、住宅建筑面积毛密度、住宅建筑面积净密度、居住区建筑面积毛密度(容积率)。层数密度指标主要反映居住区土地利用效率和技术经济效益。

(4) 环境质量指标。包括停车率、停车位、地面停车率、地面停车位、住宅建筑净密度、总建筑密度、绿地率。环境质量指标主要反映环境质量的优劣情况。

(5) 经济类指标。主要指拆建比。拆建比可反映开发的经济效益，是旧区改建中一个必要指标。

12.2.3 居住区用地的定额指标

定额指标包括用地平衡控制指标(表12-3)和人均居住区用地控制指标(表12-4)。

表12-3 居住区用地平衡控制指标(%)

用地构成	居住区	小区	组团
① 住宅用地(R01)	50～60	55～65	70～80
② 公建用地(R02)	15～25	12～22	6～12
③ 道路用地(R03)	10～18	9～17	7～15
④ 公共绿地(R04)	7.5～18	5～15	3～6
⑤ 居住区用地(R)	100	100	100

资料来源：中华人民共和国建设部. 城市居住区规划设计规范(GB 50180—93，2003年版)

表12-4 人均居住用地控制指标(m²/人)

居住规模	层数	建筑气候区划		
		Ⅰ、Ⅱ、Ⅵ、Ⅶ	Ⅲ、Ⅴ	Ⅳ
居住区	低层	33～47	30～43	28～40
	多层	20～28	19～27	18～25
	多层、高层	17～26	17～26	17～26
小区	低层	30～43	28～40	26～30
	多层	20～28	19～26	18～25
	中高层	17～24	15～22	14～20
	高层	10～15	10～15	10～15
组团	低层	25～35	23～32	21～30
	多层	16～23	15～22	14～20
	中高层	14～20	13～18	12～16
	高层	8～11	8～11	8～11

注：本表各项指标按每户3.2人计算。
资料来源：中华人民共和国建设部. 城市居住区规划设计规范(GB 50180—93，2003年版)

12.2.4 住宅建筑净密度与住宅建筑面积净密度控制指标

1. 住宅建筑净密度

在一定的住宅用地内，若住宅建筑净密度越高，表示住宅建筑基底占地面积越高，空地率则越低，宅旁绿地面积也相应降低，日照、通风等也受到影响，而居住人口增加。因而住宅建筑净密度是影响居住区居住密度和居住环境质量的重要因素，必须合理确定。

影响住宅建筑净密度的主要因素是住宅建筑的层数和日照间距。当用地面积不变时，住宅层数越高（日照间距越大），住宅覆盖率越低，空地率越高；反之，住宅层数越低（日照间距越小），住宅覆盖率越高，空地率越低。

中国居住区规划建设中存在建筑密度日趋提高的倾向，为了保证居住区有合理的空间，保证居住环境质量，国家标准特别对不同地区、不同层数住宅建筑净密度最大值进行了控制，住宅建筑净密度最大值不应超过表 12-5 规定。

表 12-5 住宅建筑净密度控制指标（%）

住宅层数	建筑气候区划		
	Ⅰ、Ⅱ、Ⅵ、Ⅶ	Ⅲ、Ⅴ	Ⅳ
低层	35	40	43
多层	28	30	32
中高层	25	28	30
高层	20	20	22

注：混合层取两者的指标值作为控制指标的上、下限值。

资料来源：中华人民共和国建设部. 城市居住区规划设计规范（GB 50180—93，2003 年版）

2. 住宅建筑面积净密度

在一定的住宅用地内，住宅建筑面积净密度越高，该居住区的环境容量也越高，反之，居住容量越低。影响住宅建筑面积净密度的主要因素是住宅的层数、居住面积标准和日照间距。中国居住区规划建设中存在的问题主要表现为提高密度以最大可能地提高经济效益，而忽视居住环境质量。因而国家标准对不同地区、不同层数的住宅建筑面积净密度最大值进行了控制，住宅建筑面积净密度的最大值不宜超过表 12-6 规定。

表 12-6 住宅建筑面积净密度控制指标（万 m^2/hm^2）

住宅层数	建筑气候区划		
	Ⅰ、Ⅱ、Ⅵ、Ⅶ	Ⅲ、Ⅴ	Ⅳ
低层	1.10	1.20	1.30
多层	1.70	1.80	1.90
中高层	2.00	2.20	2.40
高层	3.50	3.50	3.50

注：① 混合层取两者的指标值作为控制指标的上、下限值。
② 本表不计入地下层面积。

资料来源：中华人民共和国建设部. 城市居住区规划设计规范（GB 50180—93，2003 年版）

12.3 居住区总造价的估算

12.3.1 居住区的造价

居住区的造价主要包括地价、建筑造价、室外市政设施、绿地工程和外部环境设施造价等。此外，勘察、设计、监理、营销策划、广告、利息以及各种相关的税费也都属于成本之内。居住区总造价的综合指标一般以每平方米居住建筑面积的综合造价作为主要指标。

12.3.2 地价

土地在资本主义国家作为商品可以买卖，因此有明显的价格。我国大陆地区虽然不存在土地买卖，但在市场经济体制下实行土地的有偿使用，因而在我国主要指土地的有偿使用价格。地价对居住区建设的总成本，特别是对每平方米居住建筑面积的综合成本起着决定性的作用。

12.3.3 建筑造价

建筑造价包括住宅与配套公共服务设施的造价，住宅造价一般与住宅层数密切相关，如一般不设电梯的多层住宅的造价只有高层住宅造价的 1/2 左右。但需要注意的是，虽然高层住宅造价高于多层住宅，但高层住宅能节约用地，提高土地的利用效益，减少室外市政工程设施投资及征地拆迁等费用。

12.3.4 室外工程造价

室外市政设施费用：包括指居住区内的各种管线和设施的费用，如给排水、供电、供暖、燃气、电信(电话、电视、电脑等)等管线和设施的费用。
外部环境设施费用：包括绿化种植、道路铺砌、环境设施小品等建设费用。

本 章 小 结

本章主要学习的内容是用地平衡表、技术经济指标、居住区总造价的估算，这些内容是从量的方面对规划设计方案的规划质量和综合效益进行衡量和评价。

用地平衡表包括居住区用地、住宅用地、公建用地、道路用地、公共绿地、其他用地、居住区规划总用地等内容，住宅用地、公建用地、道路用地、公共绿地这4项用地之间存在一定比例关系，居住区用地与其他用地之和即为居住区规划总用地。用地平衡表主要反映土地使用的经济性和合理性。

居住区规划的主要技术经济指标包括住宅平均层数、高层住宅（大于等于10层）比例、中高层住宅（7~9层）比例、人口毛密度、人口净密度、住宅建筑套密度（毛）、住宅建筑套密度（净）、住宅面积毛密度、住宅建筑面积净密度、建筑面积毛密度、住宅建筑净密度、建筑密度、绿地率、停车率、地面停车率、拆建比。必要指标是反映规划设计方案经济性和合理性的基本数据，一般必须选用；选用指标一般较少采用，可根据规划需要进行选用。

重点掌握的内容，是居住区用地平衡表内容、各项用地界限划分的技术性规定、主要技术经济指标概念、用地平衡控制指标、住宅建筑净密度最大值控制指标、住宅建筑面积净密度最大值控制指标。

思 考 题

1. 用地平衡表有哪些作用？用地平衡表的内容包括哪些方面？
2. 居住区各项用地界限划分的技术性规定有哪些？
3. 居住区道路规划设计的原则有哪些？
4. 居住区道路规划设计时，应考虑哪些基本要求？
5. 居住区规划的综合技术经济指标有哪些？如何计算各项技术经济指标？
6. 综合技术经济指标可分为哪些类型？每种类型的指标可反映居住区土地利用什么信息？
7. 居住区内各项用地平衡控制指标包含哪些内容？
8. 如何理解和选用人均居住区用地控制指标？
9. 住宅建筑净密度和住宅建筑面积净密度的最大值是如何进行控制的？

第13章 居住区规划设计实例分析

【教学目标与要求】
- 概念及基本原理

【掌握】运用居住区规划理论进行规划设计方案评析

【理解】国内外居住区规划理论与实践

- 设计方法

【掌握】居住区规划理论与方法

实例一 南昌保集半岛（图 13.1）

保集半岛规划设计由加拿大 KFS 国际建筑事务所完成。保集半岛位于江西省南昌市市区南侧、南昌县西部的象湖新城内，总用地面积 $53hm^2$。规划采用人车交通分行道路系统，设置了步行路与车行路两套独立的路网系统。车行路分级明确，围绕住宅群落布置，并以枝状尽端路形式伸入到各住户入口。步行路贯穿于居住区内部，将体育运动岛、老人儿童活动岛、生态植物岛等一系列主题岛屿联系起来，形成了一个长约 500m、宽 40～90m、总面积达 2 万 m^2 的中心景区。

规划设计注重人与水的亲近性，小区傍水而建，住户下楼即可以沿着溪流缓缓散步，溪流、喷泉、叠水交相辉映，为居民创造了静谧的家居生活气氛。

一期南部情景洋房组团的下沉式庭院不但丰富了空间尺度的变化，而且将地下空间的雨水集中收集后引入绿地的人工湖中，实现了人与自然的和谐统一。

图 13.1 南昌保集半岛

资料来源：胡延利. 风景区景观设计宝典（下册）[M]. 武汉：华中科技大学出版社，2008.

实例二　天津华苑居华里小区(图 13.2)

天津市华苑居住区荣获"全国第八届优秀工程设计银奖","全国城市住宅试点小区金牌奖",位于天津市的西南部,占地 13.12hm^2,总建筑面积为 159300m^2;平均住宅层数 5.6 层,容积率为 1.21,绿化率为 38.2%。小区道路规划成曲线形,以限定机动车的速度,减少机动车对居民的心理压力。主干道入口处两侧均规划了一条 10m 宽的林荫带作为人行道,做到人车分流,互不干扰。

针对天津地区的天气气候特点和用户要求,住宅布局力争良好的朝向,做到 95%以上朝南,在保证满足日照、通风、消防、抗震和管道埋设要求的基础上,提高了建筑密度,并在局部进行了节地、节能住宅的试验。

图 13.2　天津华苑居华里小区

资料来源:聂兰生,舒平,李大鹏. 现代住宅小区规划设计选萃一[M]. 天津:天津大学出版社,2000.

实例三　全国居住小区规划设计获奖方案(图 13.3 和图 13.4)

规划地块位于黑龙江省鸡西市,总用地面积 19hm^2。采用人车混行与人车分行相结合道路系统,由北至南规划布置了一条步行景观轴,优化了小区的空间环境。住宅为高层、多层和别墅结合,主要采用了周边式规划布置方法,与东北冬季寒冷气候相适宜;地块周边采用了点群式布局,增加了空间的通透性;别墅采用联排式布置。步行景观轴、小区中心绿地及宅间绿地形成了一个绿化网络,提升了小区环境品质。

实例四　大庆市油田乐园北部居住区(图 13.5 和图 13.6)

该居住区位于大庆市让胡路区,西侧为让胡路泡,北部为区段的核心商务和办公区。南侧为油田乐园,东南侧为明湖,自然环境优美。规划构思主要是以建设生态空间为目标,创造一个环境优美的现代化生活区,该社区规划功能定位为和谐、宜居的现代生活,同时打造多功能、高效率、高档次的生活区。本次规划实现健康运动项目策划和居住区规划设计有机结合。规划结构为"一轴、三带、六组团",规划占地 32.67hm^2,容积率 1.44,绿化率 41.5%。

第13章 居住区规划设计实例分析

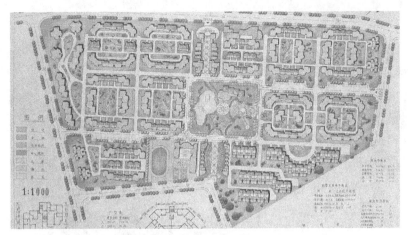

图 13.3　全国居住小区规划设计获奖方案规划总平面图
资料来源：本书编写组.

图 13.4　全国居住小区规划设计获奖方案鸟瞰图
资料来源：本书编写组.

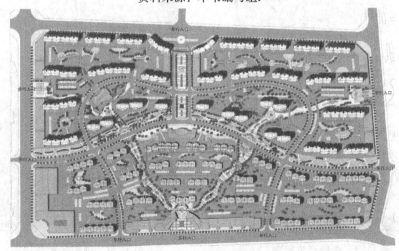

图 13.5　大庆市油田乐园居住区
资料来源：哈尔滨工业大学城市设计研究所

图 13.6　大庆市油田乐园居住区鸟瞰图
资料来源：哈尔滨工业大学城市设计研究所

实例五　新疆维吾尔自治区永生东郊花苑小区（图 13.7 和图 13.8）

规划方案以人为本原则为指导，以步行尺度为基准，强调完整而有序的外部空间。通过中心集中开敞空间加两翼楔形渗透绿化，创造密度适宜，尺度亲切的居住组团，组团之间以步行为主的联系轴紧密关联，其总体结构特征是：集中绿地、楔形渗透、相互穿插、串联式布置。规划建筑布局根据用地现状条件和规划用地布局，结合道路系统结构，居住小区内的建筑布局主要采用内围式布局；结合规划结构，采取围绕中心的围合式或半围合式组团，形成区内多层次的空间。

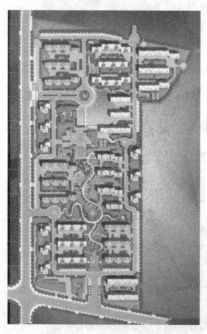
图 13.7　规划总平面图

图 13.8　规划结构分析图

资料来源：余柏椿等. 华中科技大学城市规划作品选集［M］. 北京：中国建筑工业出版社，2006.

实例六　武汉市锦绣龙城小区(图 13.9)

锦绣龙城位于东湖新技术开发区内的民院大道与中环交叉处，紧邻鲁巷光谷商贸核心区，毗邻中南财经政法大学。小区占地约 43.89hm²，总建筑面积约 80 万 m²，容积率约 1.79，绿化率 37%，总规划约 6500 户，是光谷地区超大规模的生态人文社区。

本小区结合原有地形地貌特征，通过对小区建筑的有机布局，强调住宅与环境互融互动的主题景观园林规划特色，充分利用了贯穿东西走向的起伏坡地和绿化生态，既突出新区的整体绿化生态景观体系，又充分强调小区各组团、庭院绿化景观的均衡性、怡人性及特色性。

图 13.9　武汉市锦绣龙城小区鸟瞰图
资料来源：刘金燕. 武汉市优秀住宅小区 2005—2006 [M]. 武汉：武汉出版社，2007.

实例七　上海绿色细胞组织社区(图 13.10)

上海绿色细胞组织社区规划为隐喻式布局，整体布局形式以植物细胞为原形，将细胞组织"细胞核—细胞质—细胞膜"，抽象为相象的规划形态语言："房包围树，树包围房，房树相拥，连绵生长"，如同细胞核裂变繁殖的自然生态。让缺乏自然生态和山水景色的喧嚣的上海人感受"房在树丛，人在画中"的悦目怡情。

实例八　北京百顺达花园社区规划(图 13.11)

北京百顺达花园用地位于北京市顺义区河南村，规划用地为 356.3hm²，规划构思以步行为先导，形成有吸引力的社区中心，打造高品质的街道空间，以水、绿化构成社区的基本脉络，促进人文环境与自然环境的相互结合，规划布局自然形态。

实例九　全国居住小区规划设计获奖方案(图 13.12)

规划地块地处黑龙江省山地，用地面积 19hm²。顺应地形布置了环状路网，将空间要

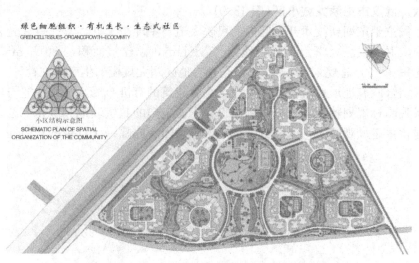

图 13.10 上海"绿色细胞组织"社区

资料来源：黄光宇. 山地城市规划与设计 黄光宇(1959—2002)作品集 [M]. 重庆：重庆大学出版社，2003.

图 13.11 百顺达花园社区规划

资料来源：周舸. 图解·思考：周舸规划作品集 [M]. 大连：大连理工大学出版社，2007.

素建筑依山就势围绕道路排列，变现出强烈的向心性，形成了向心空间布局，具有良好的日照通风条件和开阔的视野。

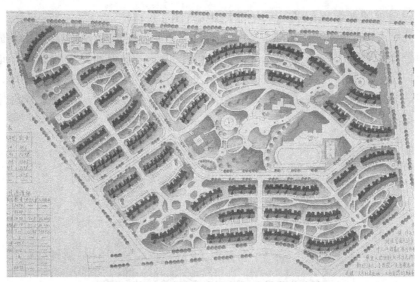

图 13.12　全国居住小区规划设计获奖方案

资料来源：本书编写组.

实例十　跨世纪住宅小区方案竞赛(图 13.13)

巴音小区位于新疆库尔勒市西部，规划用地 20.08hm²。小区总体布局由围绕一个公共绿地中心分布的 5 个组团所组成。小区道路分 3 级布置，与空间领域的划分相适应，小区主干道"顺耳不穿"。针对库尔勒市夏季炎热，日照强烈的气候特点，屋面采用坡屋面隔热，并重点进行了坡屋面上安置太阳能集热器的新课题研究，有效利用了太阳能，妥善解决了集热器安置与建筑形式的关系，既满足了使用要求，同时又丰富了外部造型。

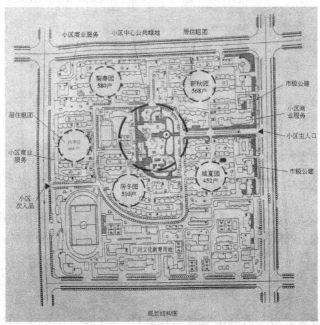

图 13.13　新疆库尔勒巴音小区

资料来源：跨世纪住宅小区方案竞赛组委会. 跨世纪住宅小区方案竞赛图集[M]. 北京：中国建筑工业出版社，1997.

实例十一　美国加利福尼亚圣玛格丽塔中心(图 13.14)

小路、公园和开放空间构成的综合系统把各邻里相互连接，也形成了社区最重要的风景区。大湖公园中有铺砌的小路达 2km，是社区中散步、慢跑和轮滑的最佳场地。社区内有独立式独户住宅、联排住宅、公寓楼和高档住宅等多种类型的住房可供选择，增加了社区人口类型的多样性，也实现了国家发展经济适用型住宅的目标。住宅式样采用时下流行于南加利福尼亚州的西班牙式。

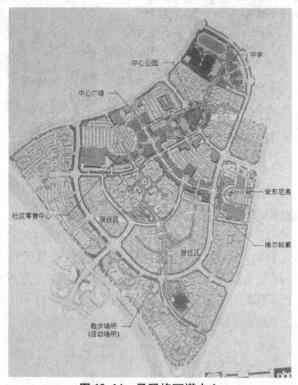

图 13.14　圣玛格丽塔中心
资料来源：美国城市土地利用学会.世界优秀社区规划［M］.
杨旭华　汤宏铭，译.北京：中国水利水电出版社，2002.

实例十二　法国南特(Nantes)附近的大型居住区(图 13.15)

该小区由 3 个居住组团组成，每个住宅组团是围绕一所小学布置的，3 个住宅组团之间，设一所中学；住宅组团之间由林荫小路分割，在小区的中心偏居住区干道处设有小区一级的商业中心。从小区的规划结构可以看出，居住区是由带有中学的小区构成的，而小区又由带有小学的住宅组团组成。为了防止居住区以外的车辆从汽车道上过境，规划用一栋 5 层住宅横卧于汽车道，挡住了过境车辆，过了这栋房子，则变成了无汽车通行的林荫道，是全区居民的活动中心。居住区总用地为 156hm^2，居住人口为 26000 人，7500 户。

实例十三　德国汉堡市　斯泰尔晓普居住区(Steilshoop)(图 13.16)

斯泰尔晓普居住区位于汉堡市北郊，距市中心 7.5km，有地铁和公交车方便的联系，其东南部和西部有工业和商业区可为居民提供就业岗位，区位条件良好。

第13章 居住区规划设计实例分析

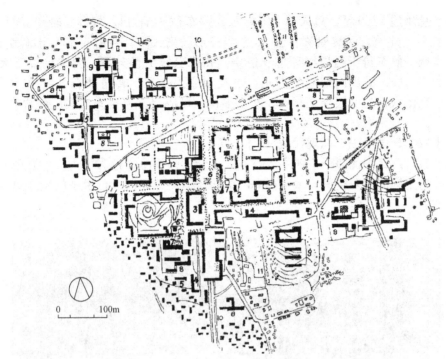

1—16层住宅；2—20层办公楼；3—12层住宅；4—5层住宅；5—4层住宅；6—大广场；
7—商业中心；8—小学校；9—中学；10—汽车道；11—原有的低层住宅区；12—作坊

图 13.15 法国南特(Nantes)附近的大型居住区

资料来源：沈继仁，玉佩珩，许德恭. 国外住宅规划实例 [M]. 北京：中国建筑工业出版社，1981.

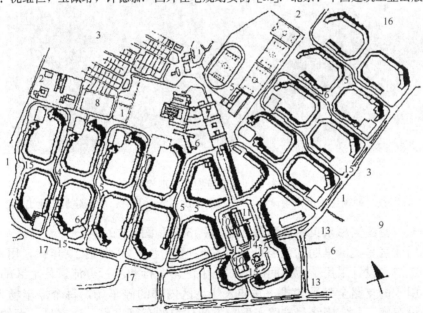

1—游戏场、公园；2—小学；3—分配的花园；4—社会活动中心；5—商店；6—教育中心小学、图书馆、俱乐部；
7—儿童日间管理中心；8—运动场地；9—游泳池；10—商业中心；11—周末市场；12—教区中心；
13—老年人居住中心；14—地下铁道车站；15—公共汽车站；16—低层建筑开发区；17—商业区

图 13.16 德国汉堡市斯泰尔晓普居住区

资料来源：李德华. 城市规划原理 [M]. 3版. 北京：中国建筑工业出版社，2001.

居住区总用地 175hm², 总人口 24000 人, 停车位 1 辆/户。规划是轴线式对称布局, 轴线上布置公共建筑, 两翼对称布置 20 个半环形公寓大院, 并由一条 V 形林荫道串联。居住区沿东南一侧车行干道以半环形支道绕向每个公寓大院外围, 停车场设于大院入口处, 车辆免于入内。公寓内部庭院供儿童游戏和成人休憩, 转角处有过街楼, 可步行入内。公寓层数由入口处 9 层降至 5 层, 套型多样, 可满足多种要求, 底层住户有 50m² 的独家花园。

实例十四　韩国巨提 2 期现代城(图 13.17)

小区具有广阔无垠的海洋主题主入口空间设计;强调海洋色彩的中央主题公园;以海洋红螺和蚌为主题的游乐空间;象征白海鸥的居民运动空间;以传说中的美人鱼为主题的自然散步道。

图 13.17　韩国巨提 2 期现代城

资料来源:朴明权. 韩国住宅区景观设计 [M]. 权基洪, 译. 北京:中国建筑工业出版社, 2005.

实例十五　美国洛杉矶贝尔德温居住区(图 13.8 和图 13.9)

贝尔德居住区是美国早期的低层低密度住宅区, 建于 20 世纪 40 年代, 用地 29hm², 规划户数 627 户。设计采用了雷德朋的尽端路手法, 车行和步行分流。住宅区的四周布置车行干道, 引入的支路全为尽端式, 并伸入住宅区内部的停车场, 每个停车场为 48 户服务, 每户均设车库, 住宅围绕尽端路布置, 方便住户的车辆进出。住宅另一面的生活院落为步行进出口。由步行道可达山村中部的中心花园。中心花园沟通了住宅之间的生活院落, 形成一个渗入住户门口的绿化系统。中心花园与城市干道间设社会活动中心, 内有行政与娱乐设施。

第13章 居住区规划设计实例分析

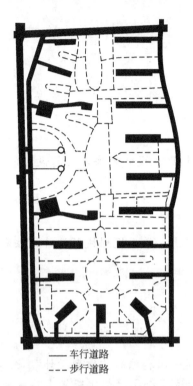

1. 住宅
2. 车库
3. 停车场
4. 中心花园
5. 公建设施

—— 车行道路
--- 步行道路

图 13.18　车行道与步行道的组织　　　图 13.19　居住区总平面图

资料来源：同济大学建筑城规学院. 城市规划资料集（第 7 分册：城市居住区规划）[M]. 北京：中国建筑工业出版社，2005.

第14章
详细规划快题设计

- **概念及基本原理**

【掌握】快题设计的时间分配原则、快题设计的构思及设计方法、快题设计的主要表现技法及设计注意事项。

【理解】快题设计的重要性及实际应用。

- **设计方法**

【掌握】在详细规划全部理论知识学习结束的基础上,学习规划快题设计方法和技巧,使学生能够熟悉并掌握规划快题设计考试方法。

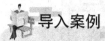导入案例

长江大学城建学院"快题设计"比赛很"疯狂"

一张纸、一道题、一张桌子、一套工具……这是一次特殊的"快题设计"比赛,也是参赛者智力、体力等综合实力的PK。比赛时间长达4个小时,比赛场上热闹非凡吸引不少学生驻足观看。

2011年5月15日上午,在长江大学13教前,记者被眼前独特、壮观的比赛场景吸引住。经了解得知,该校城建学院在举行其特色活动"专业基本功大赛——快题设计"。

参赛选手共125名,分别来自长江大学城建学院建筑专业和城市规划专业。比赛分大二、大三两个年级组其设计题目分别为"公厕"和"大学生活动中心"。

据城建学院团总支书记颜学俊老师介绍,此次活动的宗旨在"提高学生对专业知识和基本技能的学习兴趣,激发广大学生的创新设计理念以及参与设计的热情,培养大学生的设计、绘图等动手实践能力,在更大的范围内营造优良的学习氛围。"

资料来源:http://www.jznews.com.cn/article/jingzhouxinwen/368483.htm

快速设计,又称快题设计,是指设计人员在规定的短时间内完成指定的设计内容。快题设计是城市规划设计教学中一项重要的基本技能,它着重考查学生对于设计题目的快速反应能力和徒手画功夫,检验城市规划专业学生基本专业综合技能的掌握情况。由于快题设计具有时间限制性,因此虽然学生的作业水平不如平时课题设计深入和系统,但就是这短短几个小时的时间中,往往可以发现学生那未经雕琢的创造性的火花,也许尚显得粗糙,但却质朴、真实。而且快题作业对于学生的知识面、表现能力和反应能力都提出了更高的要求,所谓"功夫在诗外",如果学生没有平时的积累,是难以适应快题作业这样一种训练形式的。因此,在提倡素质教育的今天,快题作业的教学需要重新审视其在城市规划专业教学中的地位和作用,而决不是一个可有可无的教学项目。本章将按照规划快题设计步骤分节讲解。

14.1 快题设计构思

14.1.1 设计理念

城市规划快速设计的设计时间有限,因而要求设计者对规划条件及要求和相关法律、规范较为熟悉并且具备较强的空间想象力与创造力以及较强的徒手绘制能力。

城市规划快速设计注重整体的设计理念,不必刻意追求细部;城市规划快速设计注重设计的合理性,并非单纯的平面图形;也有别于平面设计,城市规划快速设计要求具备一定的建筑知识,对常见的建筑平面类型与尺寸(如住宅的进深开间尺寸)较为熟悉,以便下一阶段方案的深化。城市规划快速设计要求设计者有扎实的徒手表现能力。在电脑辅助设计日益普及的今天,用手工绘制效果图已十分鲜见了。然而在快速设计中电脑很难代替手工。在表现内容单一或孤立或太过秩序化而显得单调沉闷的情况下,运用手绘效果的表现形式则更理想。

14.1.2 设计构思

1. 设计过程

规划快速设计中设计构思过程常常是跳跃性的。虽然它也遵循从平面功能组合到形体组合的一般顺序,但两者常常互相影响。在单体快速设计中甚至出现先以满足基本功能为前提来构思三维立体效果,再根据三维效果图来布置平面功能的设计程序。这要求设计者不仅有扎实的徒手功底,更要对组成各类型单体建筑的必要功能块的要求做到了然于胸。设计者通过扎实的手绘功底将设计的灵感快速、直观的展现在图面上先构思三维效果,再完善平面功能,显示了设计者较强的设计能力。

城市规划快速设计是设计者在规定的较短时间内对规划用地的周边环境、规划用地的条件、设计任务进行理性分析和空间形象。创造性思维同时将分析和思考的结果加以综合,形成初步的方案,设计并在图纸上表达的过程。城市规划快速设计注重整体的布局和设计的合理性,因而其分析方法以宏观整体思考为主,同时可以考虑重点局部细化的可能。从设计者接触到设计任务书开始直到设计图纸的绘制完成整个过程,始终要把握住整体与局部的关系整体构思来指导局部设计,局部设计来完善整体布局,两者相辅相成。简言之,快速设计是从整体到局部,又再从局部到整体的循环往复的设计过程。在整个过程中所涉及的分析思考问题概括起来包括以下内容。

(1) 大体的了解设计任务的要求和基本情况,如项目类型(小区规划、城市中心商务区设计或者城市广场设计等)、基地的周边环境(尤其注意规划用地在城市中所处的地位,如城市道路对用地的影响、周边的自然山体、水体以及文物古迹能否纳入设计的景观视线等)、用地自身的条件(如用地内是否有水面,水面该如何处理?是通过改造形成景观,还是填平以增加实际可利用的土地面积;同时注意地形因素合理处置地形的高差等)、用地功能、规划用地面积、交通状况、主要视线、上一层次规划对本地规划用地的要求，在分析这些因素后，结合自身情况安排设计时间的分配计划等。

（2）分析设计任务书的具体要求，拟定设计理念，根据各种规划设计类型、要求与特点，合理划分各功能用地并确定功能、结构关系，大体空间尺度等。

（3）根据整体空间形态意向，合理解决与外部的交通联系。组织用地内部交通，确定主要道路骨架，包括线形和走向动静交通的布局步行道路系统的安排等。

（4）按功能关系组织建筑布局，并结合空间形态进行空间环境设计构思景观轴线，确立景观节点，根据用地最主要的特色，创造出别具风格的空间意象，对方案进行逐步细化和微调核对设计要求基本敲定设计方案图。

在城市规划快速设计的前期，构思过程中，设计者一般通过简练、概括的线条来辅助思维。这一过程中，不必过分注重图面效果，主要目的是能清晰地反映设计者思维的发展脉络，记录设计者的思考过程，是设计方案的酝酿阶段——草图阶段。这一阶段也是快速设计中，纯设计的阶段。常常用设计者自定的符号、图案来记录设计构思，对重要的设计点加以文字记录，图文并茂。草图阶段一般应确定设计方案的主体构思，应该对下一阶段的工作进行统筹安排，对重要地段的空间效果进行全局性考虑，这是整个快速设计过程的根基与骨架。只有把骨架建构好，表现才能更好为之服务，设计才能更出彩。

2. 注意事项

在城市规划快速设计中有些需要特别注意的问题，现列出如下以供参考。

1）用地性质的规定

即根据所给定的规划类型（一般是控制性详细规划或修建性详细规划）及用地性质，一般可以快速确定建筑类型及配套设施的要求。规划用地性质是由上一层次的城市规划所给定的，《城市用地分类与规划建设用地标准》明确规定了城市建设用地（H）分 8 大类、35 中类、43 小类。各类用地均有不同的设计思路、不同的配套设施要求及不同的使用服务对象，设计者应根据各自特点来合理考虑构思方案。

2）建筑高度的限制

即指地块内允许的建筑（地面上）最大高度限制简称建筑限高。根据建筑类型和建筑限高可确定建筑层高和层数。这里涉及极限高度的问题，即建筑物的最大高度，以控制建筑物对空间高度的占用，以保护空中航线的安全及城市天际线的控制等。

3）容积率的限定

容积率是一定地块内总建筑面积与规划用地面积的比值。它是表述地块开发强度的一项重要指标。各类规划都有特定的容积率要求一般在设计任务书中给出。一般来说，容积率为 1 以下时应考虑低层；1~2 时可以考虑设置低层或多层；2 以上可考虑多高层混合；4 以上可以考虑设置高层和超高层。

4）建筑密度

即地块内所有建筑物的基底总面积占规划用地面积的百分比。它是控制地块容量和环境质量的重要指标。一般在设计任务书中有建筑密度的要求从而保证合理的空地便于景观绿地、道路广场等其他用地的布置和安排。

5）建筑后退红线的距离

各地规划部门对各类建筑后退道路红线有明确规定，以保证城市建设的里间效果以及市政管网，强弱电的敷设等。

6) 建筑间距的确定

建筑间距要考虑日照间距和消防间距这两方面的因素。日照间距是从满足日照要求出发的建筑主要采光面之间的间隔距离。该条在城市规划快速设计中尤其是在小区规划中的地位非常突出。设计者在设计居住区(小区)时，应该对间距的尺度有个大概的概念。这样在设计初期的时候就可以把误差控制在一个较小的范围里。迅速地进行功能分析、排列布置，这是有利于初步设计的。一旦平面确定，透视和立面等问题都可以得到快速解决。

例如，北方城市哈尔滨的日照间距系数为 1.8，普通多层建筑高度控制在 24m 以下，目前多为 6～7 层，以 6 层为例，则两栋住宅楼南北方向间的距离为 $6 \times 3 \times 1.8 = 32.4$ m。

14.1.3 时间分配

对于规划专业的学生而言，他们考虑得更多的是如何使自己在短期内提高规划快速设计的能力，以及如何更好地面对应试中的各种考题。因而，根据城市规划快速设计的时间规定，依据个人自身特点合理安排时间进度尤为重要，在下笔前制定一个合理且可行的进度安排表是必不可少。只有做到心中有数，才能临危不乱，有条不紊，从容面对设计过程中出现的各种问题。

依据经验，笔者认为时间分配上一般前期构思约占总用时间的 5%～10%，总平面构思与绘制约占总用时的 40%～45%，各类分析图绘制及图框、设计说明书、各项指标计算等杂项约占总用时的 8%～10%，各类效果图绘制约占总用时的 32%～40%。

另外，在平时学习的过程中，对快题流程不断熟悉。可熟练掌握 2～4 个常用功能布局方案，以便在实际考试过程中，迅速将已有方案套入所给地形，可有效减少设计时间，不失为一种取巧良方。

14.2 快速表现混合技法概述

快速设计，顾名思义强调的是"快"，这似乎和慢工出细活的观点相悖，但细细分析其实不然。快速设计并不是只讲求速度，不讲求质量。它主要是训练、培养设计人员的思维敏捷度和短时间内获得创作意图的能力。如今，设计市场的竞争日益激烈，有时要在很短的时间内拿出设计方案去投标、竞标，有时又急需拿出设计方案供领导决策或提供给甲方，这些都要求设计人员具备快速设计的能力，以应对可能会遇见的各种工作状况。其实，快速设计与"慢"又是紧密相连的。快速设计思维的形成，并不是在短短几次快速设计训练中就能形成的，它是通过长期的设计工作实践的潜移默化，随着经验的逐渐积累，从而培养、锻炼出快速设计的思路。设计人员在平时的设计工作中，要不断总结设计中的心得体会，同时，以严谨的态度对待每一个环节。只有这样，在设计工作中，才能日积月累，不断进步，才能在快速设计中得心应手，在快速设计中求快、求新。

手绘的最突出特点是灵活、快捷，手绘效果的最大特点也就是灵动，具有独有的灵气。运用手绘来表现的时候更要突出这一特点。夸张透视本来就是手绘的一种表现风格。有些甚至扭曲透视一样很漂亮这也是手绘灵活性的一个特点。相比之下，一些单体的感官上纯电脑表现的作品往往没有手绘的自然、灵活。手绘表现是设计师应有的基本功，同时要注意设计不是单纯手绘的表现，而是通过手绘表达设计的概念。手绘应该将设计与艺术相结合，否则就成为一种纯绘画的作品。所以在追求设计艺术手法的同时，需要将设计的精髓融入其中。

目前境外的许多很精致的手绘，很多是职业插图画家画的，从业者有部分是从设计师转行的。无论背景如何他们看重的是用手绘表达自己的设计。因为有时用电脑是来不及描述想法的，我们看到的比较挥洒简练的设计草图应该是更接近设计师工作本色的，是设计师灵光一闪的意念，更是设计师设计思想和艺术修养的结晶。快速设计中的图面内容是设计者灵感火花的闪现，是设计者设计思维的直观表达。因而扎实的徒手绘制能力是设计者用设计语言快速表达设计理念与设计思维的有效工具。

所谓景观设计混合技法，也就是非单一工具表现法，是多种工具及技法的综合运用。任何一种工具或单一的技法都是有局限性的，表现力往往不够丰富，混合技法的优点就是将多种方式结合产生丰富的图面效果。

14.2.1 钢笔表现

钢笔画是设计者绘制草图、表达设计意图的常用方式。同时也是设计师日常做视觉笔记，灵感捕捉，素材积累的有效手段。因此笔者建议初学者勤于练习为设计打下坚实的基础。钢笔画使用的工具是具有相对坚硬的笔尖，使用单色（一般为黑色）的墨水作画。因而它具有以下特点。

钢笔的笔触痕迹不易掩盖或抹去，因而要求线条要肯定，任何含糊犹豫的笔触都会暴露无遗。钢笔画要求设计者下笔前做到胸有成竹，在快速设计中可先做草稿（用透明纸，如拷贝纸、硫酸纸等），然后再上正图，以免出现错误，同时也方便在上正图时对方案进行微调完善设计。

14.2.2 马克笔表现

1. 马克笔表现简介

马克笔是快速设计中渲染图面的常用工具，在设计人员中运用非常广泛，也是笔者较为推崇的一种快速表现工具。马克笔一般分油性马克笔和水性马克笔两种。水性马克笔相对于油性马克笔而言，颜色易于调整和把握，色彩鲜亮且笔触界线明晰，和水彩笔结合又有淡彩的效果。但是缺点是重叠笔触会造成画面脏乱。笔触之间的衔接较为生硬。油性的特点是色彩柔和笔触优雅自然，加之淡化的处理效果很到位，缺点是难以驾驭需多画多练才行。笔者在这里着重介绍的是市面上最为常见的水性马克笔。

常用的几种水性马克笔的标号为 1、4、6、7、11、12、15、18、21、22、24、30、32、40、41、42、48、52、53、54、60 等。当然上面这些只是在设计中较多涉及的，读者还可以根据个人的喜好和用途适当增加以求更好的效果。马克笔的线条以直线为主，在一幅图中把握马克笔的排线规律性（如线条的等宽垂直或者倾斜），对于体现图面的整体效果十分有用，同时也能增加图面的整体性与秩序性。大面积的色块渲染大多通过一系列平行的线条来表现。结合钢笔线条的勾勒就可以很好地塑造形体和表达设计构思了，但是要注意由于马克笔笔触比较硬,单独使用不容易渲染出一些渐变效果。

2. 马克笔表现步骤

用马克笔进行快速设计表现,具有规律性,色彩效果基本可以预知。设计者可以记住一些快速设计中常用的渲染方法,并记住主要笔号与渲染程序,在平时多加练习,熟练掌握,就能够迅速提高渲染的效果与速度,提高工作效率,以下列出一些快速规划设计中常用配景的渲染程序和步骤。

(1) 建筑主体留白,西北方向 45°描建筑阴影。建筑主体留白,可使图面干净利落,且节省大量时间。按建筑高度描绘阴影可使平面图迅速产生较好的图面效果。同时可为行道树上阴影,可选择墨绿色,如时间来不及,可将平面树留白。

(2) 道路。道路是规划快速设计的重要骨架,也是平面表现中最主要的线形因素,常采用偏灰色(可采用标号为 26、12、21 的马克笔)来表现清晰明朗的交通脉络,如图 14.1 所示。

图 14.1　道路景观

资料来源:http://www.qsedu.net/

(3) 水体(图 14.2 和图 14.3)。灵活流动的水体,常常是规划快速设计中用来组织景观空间最主要的元素。如果表现得好,不仅为图面效果增色,更能成为设计方案的亮点。

图 14.2　水景表现

资料来源:http://www.ddove.com/

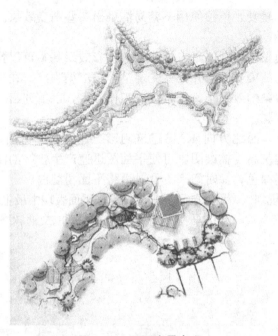

图 14.3　平面水景表现

资料来源：夏鹏. 城市规划快速设计与表达［M］. 北京：中国电力出版社，2006.

在平面水体的渲染中，用线条确定水体边界后，可先将高光、需留白的区域用铅笔勾勒出来再用较浅的蓝色(可采用标号 51、53 的马克笔)铺上一层底表达主要的水面然后用较深的蓝色(可采用标号 60 的马克笔)对水体边缘加以勾勒丰富水面层次。在水体的渲染中，常采用涂抹的方式来表达平静宽广的水面，用点的方式来表达水面的荡漾。

(4) 草坪(图 14.4)。草坪的表现在平面配景表现中占据面积较大，场合平面树相结合，共同形成画面的主体色彩。草坪的表现要注意明暗的变化，层次的区分，一般使用墨绿、草绿、柠檬黄等色彩来表现，慎用翠绿，以免图面太艳。最后用少数红色点缀，丰富图面效果。

图 14.4　草坪表现

资料来源：http://image.baidu.com/

(5) 硬质铺装(图 14.5)。硬质铺装的表现也是平面表现中常用的部分之一。硬质铺装可用来衬托建筑空间布局，常和建筑平面的表达形成"图底"关系。在硬质铺装的渲染中，常采用建筑平面色彩的对比色系，为了使图面不至于太跳，常选用浅灰色系列(如黄灰、红灰、灰色等)。在硬质铺装的渲染中同样要注意层次的区分，明暗的表达。

图 14.5　铺地表现

资料来源：夏鹏. 城市规划快速设计与表达 [M]. 北京：中国电力出版社，2006.

(6) 分析图。分析图必须应该简洁、明快、突出要表达的内容。分析图切忌绘制是将平面每个细节建筑均一一体现，这种方法既费时费力，又无法取得良好效果。

(7) 鸟瞰图。鸟瞰图是最考验设计者绘画功底的内容。很多同学也认为鸟瞰是最难完成的部分。但实际上鸟瞰图有时会比平面图更简单。可以熟练准备 2～4 个中心广场鸟瞰图作为不要求画全景鸟瞰考试的万用表现，在设计中只需根据表现内容加入相应细节就可以完成一份很好的快题，如图 14.6 所示。如考试要求全景鸟瞰，也可利用试题纸一般是硫酸纸或拷贝纸的透明特性，蒙在平面图上，垂直平移，这种画法虽不够美观，但可较为简单地完成鸟瞰图。

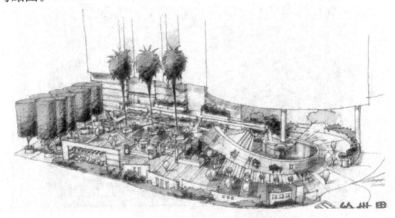

图 14.6　简单的景观鸟瞰图

资料来源：http://image.baidu.com/

14.2.3 彩色铅笔表现

彩色铅笔也是快速设计表现中的常用工具。用彩色铅笔绘制出的表现图图面色彩柔和淡雅,彩色铅笔一般有 12 色、24 色、48 色的颜色套装组合。有的彩色铅笔还带有水溶性,可以结合小毛笔画出水彩的效果。彩色铅笔的总体特点是表达快速设计中的色彩效果和质感效果,它能广泛应用于分析图、平面图和透视图的表现上,但缺点是,不如马克笔速度快,如无一定把握,对以时间宝贵的快速设计并不适合作为主要表现方法。

14.3 居住小区规划设计

1. 居住小区设计主要内容(图 14.7)

居住小区是具有一定规模的城市居民聚居地,是组成城市的重要单元。随着近几年房地产热潮的掀起,如何进行高质量的小区规划设计和住宅建筑设计越来越为人们所关注。居住小区规划设计的质量直接关系到城市居民的生活和城市景观的建设。

图 14.7 居住小区总平面图
资料来源:http://file0.ddyuanlin.com/

居住小区规划设计中一般包括以下内容。
（1）选择确定用地的位置和范围核定用地面积。
（2）确定该用地所容纳的人口数量。
（3）拟定居住建筑类型数量布局形式等。
（4）拟定公共服务设施的内容规模数量分布和布置方式。
（5）拟定各级道路的走向及线型宽度与横截面。
（6）拟定各级公共绿地的类型和布局。
（7）确定小区规划的设计方案。
（8）依据方案计算有关用地平衡和技术经济指标以及造价估算。

在快速设计中基本上是按照以上 8 条内容来完成小区规划设计。但依据不同的具体要求和设计阶段有所偏重。

2．居住小区设计具体要求

居住小区的规划布局是在综合考虑内部路网结构，公建与住宅布局建筑群体组合，绿地系统及空间环境等的内在联系后，通过一系列专业知识设计手法、建造技术等，来构成一个完善的有机整体。其具体要求如下。

（1）有宜人的居住环境，住宅套型设计合理要满足不同层次的各种使用者的要求。住宅公共服务设施道路公共绿地的设置比例恰当，服务设施项目齐全，设备先进，使用方便等。

（2）用地布局合理公共服务设施的规模及布点恰当，且与住宅联系方便，路网结构合理，做到"人车分流、顺而不穿、通而不畅"，并合理安排停车场。

（3）有完善的给水，雨水与污水排水，煤气与集中供暖系统，空气新鲜洁净，没有气体粉尘等污染，日照充足，通风良好，无干扰居民生活的噪声，公共绿地面积达到相应的指标要求。

（4）有完善的安全防卫措施，对防止火灾地震等自然灾害和空袭等战争灾害有周密的考虑，并应利于统一的物业物流管理。

（5）有令人赏心悦目的景观群体，建筑与空间层次在协调中富有变化的植被，丰富建筑物与绿化掩映交织，相得益彰。

3．居住小区设计注意事项

在居住小区快速设计中交通流线的组织，建筑群体的布局，绿化的安排布置，是主要的几个问题。下面将分别进行介绍。

1）道路

小区中根据道路服务的对象通行的功能要求道路一般分为 3 级：第一级居住小区级道路，第二级住宅组团级，第三级宅前小路，对于一些用地较小的小区规划设计中也常将道路级别减少为两级（即组团级—宅前小路），另外，还有一些景观步道的设置。其宽度根据规划设计要求确定，一般应与景观节点休憩娱乐设施相结合。路面材料多样，是组织小区内游玩路径的重要因素。

2）建筑平面的布局

可选择行列式、周边式、点群式、混合式等。依照地形灵活运用，需注意满足日照间距、容积率及建筑密度要求，尽量围合构图，易于形成中心景观。

3) 居住环境设计

（1）整体空间环境。

（2）中心绿地的设计及宅旁绿化的安排布置。

（3）道路断面设计。

（4）广场铺装设计。

（5）竖向设计。

（6）环境小品设施的安排布置。常见的环境设计小品大多和绿地景观水面等结合布置或置于景观轴线上形成视觉焦点。

应 用 案 例

景观设计快速表现混合技法研究

1. 快速表现混合技法概述

所谓景观设计混合技法，也就是非单一工具表现法，是多种工具及技法的综合运用。任何一种工具或单一的技法都是有局限性的，表现力往往不够丰富，混合技法的优点就是将几种工具的优势结合起来，将快速与效果融合，形成一种特色风格。它是在充分地掌握了多种技法特性之后的一种行为。事实上，许多熟练的设计师，最后都是采用混合技法，以一种工具为主，配合其他工具，根据需要决定取舍，恰当地表现对象，自然是一件了不起的事。

混合技法用什么工具，如何混合因人而异。常见的技法有铅笔表现法、钢笔表现法、水彩表现法、水粉表现法、彩色铅笔表现法、马克笔表现法等。下面主要谈谈实践中总结的一些心得体会。主要工具：钢笔、马克笔、彩色铅笔、白色水粉。钢笔的作用主要是打线稿，用钢笔完成对最后效果起到极其重要作用的速写方案底稿；马克笔是主要效果表现工具；白色水粉提亮光及反光，起到画龙点睛的效果；彩色铅笔辅助表达一些过渡。如果平时多加练习，熟练掌握它们的特性和技术要求，这些工具、方法可以在快速设计中表现出色的效果。

2. 混合技法中的钢笔表现法

除了传统的钢笔之外，这里所说的钢笔也包括签字笔。用钢笔和墨水表现设计效果，与铅笔不同的是：钢笔表现的黑白、明暗对比更加强烈。而中间过渡的灰色区域，更多地需要用笔的排线和笔触变化来实现。即使整张图纸只有一种单色，也可以采用不同笔宽规格的针管笔，形成多种不同的明暗调子和肌理效果，视觉冲击力较强。马克笔有很好的透明性，不会覆盖钢笔的线条，即使在成品图中，钢笔的线条依然清晰。

3. 混合技法中的马克笔表现法

马克笔又称记号笔（从英文 Mark 音译而来），后起之秀马克笔用来绘图，其历史不长，但已成为现今快速设计最常用工具之一。它的特点是方便、快速、便于操作、颜色固定，不用调和，且干的速度较快。有油性和水性两种类型。

马克笔适合用于光滑、不易书写的表面，如油漆表面、塑料、厚铜版纸等，水性马克笔适用于一般的绘图纸。马克笔的笔头采用化工材料制成，形状成有一定角度的方楔形或粗细不等的圆形，使用时不同的笔法可以获得多种笔触，有上百种不同颜色可供选择，可以根据自己的配色习惯选择常用的笔号。

用马克笔画效果图用笔要直爽，不要颤抖，不要来回地描，其实马克笔很容易掌握，它的颜色不会乱跑。效果图用笔长的地方最好先借助尺子来控制。画效果图开始多用灰色，如果下笔前无法把握颜色是否正确，先在白纸上试色。马克笔常用的颜色品种往往几十种即可，没有的颜色可以调出来。把颜色画得略稀疏，经过两次或多次覆盖，颜色就会产生混合，可以出现多种可能的颜色。当然这种调色法可控性较差，覆盖过多容易产生脏颜色。所以凡事关键在于控制"度"。

4. 混合技法中的彩色铅笔表现法

彩色铅笔往往可以独立正式地绘制效果图。一般在快速设计表现中，较多的采用水溶性彩铅。它的特点是操作方便，不易失误和笔触质感强烈。常用的有12色、24色、48色等各种组合。彩色铅笔笔触较小，大面积表现时应考虑到深入绘图所需要的时间，常和钢笔或马克笔配合使用。用彩铅上颜色，不要一次画够，否则会造成颜色倾向。没有的颜色可以用两种或者几种颜色交叉补出来，产生空间混合，可以画出无限可能的颜色。

其实方法再多，最后掌握的和惯用的就是适合的，把几种喜欢的工具和方法结合起来，再加上一些绘图中自己发现的技巧，就是一种新的混合画法。里面有自己的个性、风格、特点、气质，那种风格与众不同，因此有了独特的魅力，独特的审美价值。经过先局部，后单体，再全局的步骤，经过集中时间的大量练习深入，经过从无法到有法再到无法的过程，所有的一切都会水到渠成。

资料来源：江滨. 景观设计快速表现混合技法研究［J］. 园林，2008(10)，52-53.

本 章 小 结

本章主要学习的内容是快题设计的构思、设计、落图、表现直至成图过程。快题设计作为城市规划专业学生考研和找工作的必考内容，其重要性不言而喻。本章旨在通过理论知识的学习，使学生在了解快题设计过程的基础上，可以应用于实践。

快题设计一般分为构思设计、落图表现、查缺补漏几大部分。

由于时间有限，快题设计重在时间把握及表现手法的熟练程度上下工夫。

本章重点掌握的内容，快题设计的时间分配原则、快题设计的构思及设计方法、快题设计的主要表现技法及设计注意事项。

思 考 题

1. 快题设计的构思过程是怎样的？
2. 快题设计如何进行时间分配？
3. 快题设计有哪些表现手法？

第15章
控制性详细规划编制内容与方法

【教学目标与要求】
【掌握】控制体系；土地使用控制内容；公共设施与配套服务设施控制；控制性详细规划的深度要求；控制性详细规划成果；控制体系制定方法。
【理解】城市特色与环境景观控制；控制性详细规划基本编制方法与程序。
● 设计方法
【掌握】控制性详细规划成果表达方法

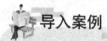
导入案例

控规控什么

《城乡规划法》通过制度设计确立了控规在规划实施体系中的核心地位。然而基于目前的技术和认识水平，控规规定的编制内容和方法在法定程序要求下暴露出的不适应性越来越明显。因此，控规内容设定与编制方式如何符合《城乡规划法》的有关规定，控规应该控什么，控规的本质是什么，规划实施中的容积率指标等都成为讨论的重点。

1. 控规的本质和属性

控规的制定有3个最重要的属性：第一个是不确定性，因为城市的发展速度快，未来的城市发展需求如何，有很大的不确定性，导致控规也有很大的不确定性。第二个是地方性，全国各地不同的城市或者同一个城市的不同地区的实际情况都不相同，如果用同一种要求的控规是很难表达的。第三个是公共政策性，从公共政策的角度来看，控规应该按照公共政策制定的程序制定，公共政策的制定、审批、执行、评估、监督、完善有一个过程，但是目前控规有些环节做得不好，比如控规的评估等。

2. 控规怎么控、控什么

第一，控规的控制应当有适度性，适度地控制人们能把握的内容，将能掌握的控制住。第二，有阶段性地控制，不同阶段应该有不同的控制和要求，试图一次性将所有指标和要求都确定是不可能的，应该阶段性地进行控制。第三，有层次性地控制，不同的层次提出不同的要求，分层进行控制。第四是基于国情的规划动态性的问题，应当在控规里面真正把动态性体现出来，而不是总想着一次性把什么都弄完。

3. 关于"容积率"指标的讨论

控制容积率的目的只是实现人们规划的设想，而不是一定要按照容积率去做控制。从管理角度来讲，缺少容积率的控制肯定是不可行的，如果准确的定不下来，也要确定大概的容积率，这对整个城市本身体现了一种适度的控制。对于容积率的控制要改变以往单向指标控制的惯性思维，可以通过软硬两项指标反映出来，分别是合理容积率和标准容积率，凭借合理容积率来控制容积率的上下浮动范围，而通过体现城市的意图来做标准容积率的引导，实现规划管理对容积率的弹性和刚性的控制。

资料来源：孙安军，潘斌. 控规控什么 [J]. 城市规划，2010(1)，64-65.

控规怎么控、控什么，一语道破控制性详细规划的特点和内容要求，对于这些内容的理解有助于学习控规的基本编制方法与程序，以及控规的深度要求和成果表达。

现行的控制性详细规划主要依据《城市规划编制办法》以及《城市规划编制办法实施细则》的规定。包括编制内容和成果要求两部分。在具体的规划实践中，有过许多变革发展与完善，但都在这一框架中。控制性详细规划是实施规划管理的核心层次和最重要依据，也是城市政府积极引导市场、实现建设目标的最直接手段。

15.1 控制性详细规划编制的内容

15.1.1 建立"整体性控制—街区控制—地块控制"的三级控制体系

基于现行控制性详细规则的控制体系、内容和指标单一化、雷同化，控制无侧重等问题，现代城市控规应以城市总体规划、分区规划及其他相关规划为依据，从对城市及地区土地利用整体发展调控角度考虑，研究规划地区的整体性控制，建立地区"整体性控制—街区控制—地块控制"的三级控制体系，既"向上"与城市总体规划进行了有机衔接，又"向下"通过街区控制的提出，对地块控制提供依据和指导，形成了清晰的控制层次。

1. 强调城市整体性控制

首先，在城市总体规划的基础上进一步研究规划地区的发展目标、发展规模、功能定位与空间结构，理清规划地区建设发展的调控重点，因地制宜地确定规划地区的建设控制框架。其次，对规划地区内土地利用的总体布局、总量构成与总量平衡、强制性内容（主要是指道路红线、绿化绿线、水系与湿地蓝线、文物保护紫线、基础设施黄线及公益性的公共设施用地）进行控制。第三，通过对规划地区的地价、自然环境、通信、历史文化、景观等因子的综合评价，确定规划地区内建设开发的总容量、建设高度分区、建设开发强度分区等。

2. 街区控制

城市平面形态是由城市道路、街区和街区内的若干地块三者构成的。由于土地使用制度改革、土地的集约化利用、对零散开发的控制以及形成良好的城市面貌等多方原因，各地都强调新区建设应以街区为单位进行土地整体出让。街区控制指标比地块指标简化，只侧重于若干重要指标控制（如容积率、建筑高度和建筑密度等），而且，街区控制指标比分地块的控制指标要"优惠"（如地块容积率若为1.2，街区容积率可能为1.4），但规定街区容量指标一般不超过分地块累加后的20%。这样，通过指标"优惠"的办法来促进地块合并开发的积极性,以提高土地利用率,实现成街成坊建设,改变以往控规只有"控制",而无"引导"的状况。在配套设施上,街区配套设施的控制防止了以往无街区概念、分地块控制时,用地规模被划小后,应配设施被随之取消的不利情况,由于提出有些配套设施的布置可根据实际的开发变化再行确定具体的地块选择(但仍在街区内),一定程度上提高了开发的弹性。

3. 地块控制

地块控制是地区整体性控制和街区控制的最终落实,它直接关系到控规的合理性与科学性。控规应根据规划地区、街区和地块的区位环境特点,构建适合本地区的规划控制体系,即"地域化的控制体系"。从控制形式上分,地块控制体系主要分为指标控制体系和要素控制体系。指标控制主要是通过量化指标对地块的开发建设和环境质量进行控制,主要由土地使用强度指标、环境控制指标、交通控制指标和经济效益指标等构成。

15.1.2 城市土地使用性质的细分

我国的城市用地分为8大类,35中类,43小类,控规可以根据不同的要求分别采用大、中、小分类标准。可以在规划方案的基础上进行用地细分,一般细分到地块,成为控规实施具体控制的基本单位。地块划分考虑用地现状和土地使用调整意向、专业规划要求如城市"六线"、开发模式、土地价值区位级差、自然或人为边界、行政管辖界限等因素,根据用地功能性质不同、用地产权或使用权边界的区别等,有时可依据有偿出让和转让以及产权划分的要求进行划分。经过划分后的地块是制订控规技术文件的载体。

(1) 定性:确定城市土地具体地块性质,按照《城市用地分类代码》,分至小类。

(2) 定量:确定每片、块建设用地面积及建设用地上所设定项目的用地面积、可开发建筑量。

(3) 定位:确定大、中、小类城市用地,特别是小类以下建设用地或建设项目(如中小学、幼托等)的规划范围或规划的具体位置、界限。

15.1.3 主要公共设施与配套服务设施控制

1. 以现状问题为导向制定公共配套设施规划

控制性详细规划对公共配套设施进行规划控制的目的是要满足城市居民的服务需求,解决居民生活中的实际问题。然而在目前规划中存在的一种不良情况是,规划编制人员偏重于以相关的规范标准作为规划依据,而忽略了现状问题的求解,导致规划方案的针对性不足、可行性和可操作性低,公共配套设施尽管符合规范要求却无法满足居民生活的现实诉求。

例如,2004年常州市在编制《常州生态市规划》时,并未就规划的编制而编制,而是首先从经济因素、土地利用与开发、自然因素、环境与生态、社会因素以及管理因素等6个方面,寻找出与常州市生态城市建设相关的77个问题,并就这些问题提出的妥当性和可行性在全国范围内广泛征求意见,为科学制定常州市生态规划打下了坚实的基础。2006年4月1日开始实施的新《城市规划编制办法》第十二条规定:……针对存在问题和出现的新情况,从土地、水、能源和环境等城市长期的发展保障出发……进行前瞻性研究,作为城市总体规划编制的工作基础。这些都从不同的方面印证出"以问题为导向"的规划工作思路对保证城市规划的针对性和实效性所具有的重要作用。

"以问题为导向"的规划工作思路应当是贯穿整个规划体系的。在控规编制中对公共配套设施的规划布局,通常是由于忽视了现状调查分析的重要性而导致前期研究工作的深度和广度不够,或因为方法手段的落后,造成现状调查分析的指导性不强,无法从中发现导致公共服务效果不好的根本问题所在。因此,规划思路应该朝着"以问题为导向"制定公共配套设施规划对策的方向转变,应当形成"深入全面的现状调查—科学务实的资料分析—以问题为导向辅助规划决策"这样一种工作模式。

2. 控规层面的公共服务设施配套规划

公共配套设施布局是实现设施在城市用地上具体落实的关键工作,其合理性、可行性和可操作性是为居民提供高效、优质和便捷服务的根本保证。但传统的公共配套设施布局主要以"千人指标"和"服务半径"为导向,缺乏对设施布局一些重要影响因素的综合考虑,相应导致了布局的公共配套设施服务效果不尽理想。以下主要针对这方面问题,探讨控规中公共配套设施布局规划导向的转变。

1) 建立多层次规划统筹的公共服务设施规划体系

多层次的规划统筹是指将上下层次规划对同一地区的公共配套设施布局内容进行协调,消除各级规划的矛盾,实现规划在建设中的统一指挥。从规划编制的实际情况来看,总体规划、分区规划中都有公共配套设施布局内容,一些已编制的修详方案、城市设计中对公共配套设施都有所考虑。城市规划作为一个完整的体系,只有各个层次规划相互衔接,彼此协调,才能有统一的目标与行动准则,在实施的过程中才有可能得到很好的贯彻落实(图 15.1)。

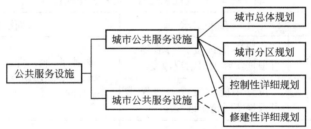

图 15.1 公共配套设施与规划层面的对应关系

资料来源:本书编写组.

2) 强调公共设施与城市公交、步行系统的结合

城市的公交和步行系统是维持城市运转和各项功能活动最主要的支持系统。传统的居住区规划造就的是一个个封闭独立的单位小区,与城市的隔离自然也就导致了与公交系统的脱节。这样便造成了公共配套设施的规划较少与公交、步行系统结合,居民使用公共设施的出行距离过长,公共设施的使用效率低、便捷性差。公共配套设施规划的目的是要满足城市居民尽可能方便、快速的使用。因此,深入研究城市公交系统、步行系统的结构形式,并将公共配套设施的布局与这两类与居民生活密切相关的交通系统充分合理地结合起来,是使居民享有便捷服务的必要措施,如图 15.2 所示。

3) 各类公共配套设施的刚性与弹性控制内容

目前,控制性详细规划中将公共配套设施等强制性内容统一划入刚性指标,既没有突

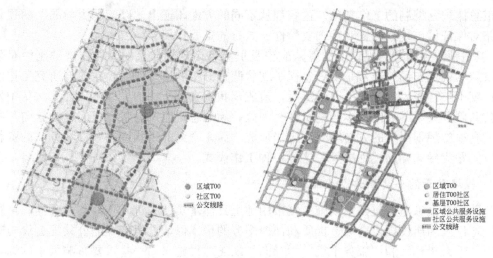

图 15.2　城市公共设施与公共交通结合的布局

资料来源：杨潇. 控规层面公共配套设施布局规划导向与方法［D］. 重庆：重庆大学，2007.

出需要控制的重点，又没有体现出应有的弹性。其中刚性控制的设施主要是非盈利性的公共配套设施项目(表 15-1)。除此之外，市政公用设施中除环卫设施外的其他设施也属于刚性控制的项目，而盈利性设施包括超市、购物中心、日常商业、储蓄等商业服务设施则划入弹性引导的公共配套设施项目。此外，公益性设施中的福利院、养老院、托老所和残疾人托养所等设施主要由政府主导配置，而且需配置的规模和数量需要根据民政局等相关部门的专项规划确定，因此控规不宜提出强制性配套要求，也不划入弹性引导的项目类别。

表 15-1　刚性控制的公共配套设施项目

类别	代码	项目	控制要求	面积要求
居住区公共服务设施及用地	R22	中学	位置不能改变，用地界线可根据实际项目情况改变	单独占地，九年制学校用地面积≥2400m²，初级中学、完全中学≥17000m²，旧城酌减
		小学	位置不能改变，用地界线可根据实际情况改变	
		幼儿园	位置和用地界线可根据实际项目情况改变	4班以上单独占地，用地面积≥3500m²，3班及3班以下可与居住等建筑混合建设，但应有独立的出入口和相应的室外游戏场地及安全防护设施
		社区服务中心	位置和用地界线可根据实际项目情况改变	建筑面积≥250m²
		社区居委会	位置和用地界线可根据实际项目情况改变	建筑面积≥250m²，含社区警务室≥15m²，社区服务站≥50m²
		街道办事处	位置不能改变，用地界线可根据实际项目情况改变	单独占地，用地面积≥1300m²
		派出所	位置不能改变，用地界线可根据实际项目情况改变	单独占地，用地面积≥1300m²

(续)

类别	代码	项目	控制要求	面积要求
居住区公共服务设施及用地	住区配套	物业管理	位置和用地界线可根据实际项目情况改变	凡新建住宅小区(含组团)以及10层(含10层)以上的高楼宇项目,必须配建相应物业管理用房,面积满足:总建筑面积在10万 m² 以下的项目,比例按 0.4% 配置,但面积不小于 100m²,含社区医务室;总建筑面积在 10万 m² 以上、30万 m² 以下的项目,比例按 0.3% 配置,但面积不小于 400m²,含社区医务室
		文化服务设施	保证建筑面积的情况下可结合本地块内其他建筑设置(必须临街设置)	建筑面积≥1500m²
		居民健身设施	结合对公众开放的绿地设置	----
商业服务用地	C26	农贸市场	位置和用地界线可根据实际项目情况改变	可与居住建筑混合建设,建筑面积或用地面积≥3500m²
医疗卫生用地	C6	医疗卫生设施	位置不能改变,用地界线可根据实际项目情况改变	单独占地
环卫设施		公共厕所	保证建筑面积的情况下可结合本地块内其他建筑设置(必须临街设置)	建筑面积≥60m²

15.1.4 城市特色与环境景观控制

在这个信息时代,人们生存的这个巨大的星球已经被"全球化"的趋势变成一个小小"地球村"。随之而来地,许多人发现,作为人类文明的精华所在,那些原本千姿百态、各自精彩的城市,也正在变得越来越相似,因此"城市特色"控制越来越重要。控制性详细规划中应加强城市地域文化特色和特色景观风貌控制。

环境容量控制是为了保证良好的城市环境容量,对建设用地能够容纳的建设量和人口聚集量做出合理的规定。其控制指标主要包括:容积率、建筑密度和绿地率3项,相应延伸的指标还有空地率、人口密度和人口容量等。城市环境容量主要分为城市自然环境容量和城市人工环境容量两方面。

城市自然环境容量包括在日照、通风、绿化等方面的控制。城市人工环境容量主要表现在市政基础设施和公共服务设施的负荷状态上。目前,我国快速城市化过程中,很多大城市人口增长过快,而城市市政设施和公共服务设施建设落后,各种设施超负荷运转,服务质量下降,城市人工环境受到不利的影响。

15.2 控制性详细规划基本编制方法与程序

现行控制性详细规划的在规划编制有了明确规范的要求之后,规划编制的方法如下。

15.2.1 前期研究

控制性详细规划以前期研究工作开始,主要是对上一层次的规划,总体规划或分区规划进行必要的研究梳理,以获得规划依据;对现状条件的综合分析以获得规划设计原则与构思。在前期研究中一般还涉及各类专项研究,包括城市设计研究、土地经济研究、交通影响研究、市政设施、公共服务设施、文物古迹保护、生态环境保护等方面。这些研究成果应该作为控制性详细规划编制的总体要求、系统要求和具体要求,也为控规的科学性提供支持和逻辑基础。

15.2.2 控制性详细规划所需基础资料

(1) 总体规划或分区规划对本规划地段的规划要求,相邻地段已批准的规划资料。
(2) 正确反映现状的地形图。
(3) 土地利用资料现状:①用地性质、范围、容量、用地平衡;②红线位置以及周围的用地情况;③土地分类至小类。
(4) 现状人口资料:人口密度、人口分布、人口构成等。
(5) 建筑物现状资料:工业民用建筑的建筑质量、房屋用途、产权、建筑面积、层数、保留价值等。
(6) 实施的规划、分布、用地范围、级别等。
(7) 工程设施及管网资料。
(8) 土地经济分析资料:地价等级、土地极差效益、有偿使用现状、开发方式等。
(9) 城市及地区历史文化传统、建筑特色、风貌景观等资料。
(10) 其他有关资料。

15.3 控制性详细规划的成果

15.3.1 控制性详细规划的深度要求

控制性详细规划的编制深度既应深化、补充、完善总体规划和分区规划意图,又应将其全面具体的落实到相应的建设用地上并加以控制,为规划管理提供实施规划的技术性管理文件和土地租让招标条件的要求,并为修建性详细规划提供依据。

(1) 满足规划管理工作的要求,规划要点应明确、简练、具体,便于城市每片、块土地租让提供招标条件与规划准则。
(2) 要求规划具有一定的弹性。
(3) 符合总体规划意图。
(4) 作为编制修建性详细规划的依据。

同时,针对城市实际建筑情况和规划目标,应有不同深度的规划控制,一般可分为3个层次的控制深度。

(1) 针对成片综合开发区、市郊远期开发区、大企业、大专院校以及现状基本完好的地区,只需进行一般整体性控制,原则规定区内土地使用性质、容量指标等。同时,控制指标不宜过多,应当有较大的调整范围。

(2) 对于近期开发区、零星开发地块,则需要进行较具体的规划控制,详细规定土地、建筑、环境容量、设施配套、城市设计等各个方面的内容。

(3) 对于旧城区、城市重要的控制区、历史保护区等,则需要更为严格、详尽的规定。

15.3.2 控制性详细规划成果表达

控制性详细规划的成果内容包括规划文件和图件两部分。

1. 规划文件

规划文件包括规划文本和附件。规划文本是规划的法制化和原则化的体现,以简练、明确的条款格式,阐述规划依据和原则,主管部门以及管理权限,土地使用和建筑规划管理通则、地块划分、控制原则和设计要点,各地块的控制指标和控制要求等。附件中包括规划说明和基础资料汇编。

2. 规划图件

规划图件包括规划图纸和分图图则。规划图纸主要表明对规划范围内的系统性控制要求,一般应包括区位图、现状图、用地规划图、道路交通及竖向规划图、工程管网规划图、各种分析图、地块编号及索引图等。分图图则以街坊或地块为单位,采取图、文、表相互对应的方式,标注出具有针对性的具体的控制要求,图纸比例一般采用1/1000~1/2000。

1) 规划用地位置图(区位图)(比例不限)

表明规划用地在城市中的地理位置,与周边主要功能区的关系,以及规划用地周边重要的道路交通设施、线路及地区可达性情况。

2) 规划用地现状图(比例:1/1000~1/2000)

表明土地利用现状、建筑物现状、人口分布现状、公共服务设施现状、市政公用设施现状。

(1) 土地利用现状包括表明规划区域内各类现状用地的范围界限、权属、性质等,用地分类至小类。

(2) 人口现状指表明规划区域内各行政辖区边界人口数量、密度、分布及构成情况等。

(3) 建筑物现状包括标明规划区域内各类现状建筑的分布、性质、质量、高度等。

（4）公共服务设施、市政公用设施现状标明规划区内及对规划区域有重大影响的周边地区现有公共服务设施（包括行政办公、商业金融、科学教育、体育卫生、文化娱乐等建筑）类型、位置、等级、规模等，道路交通网络、给水电力等市政工程设施、管线的分布情况等。

3）土地使用规划图（比例：1/1000～1/2000）

规划各类用地的界限，规划用地的分类和性质、道路网络布局，公共设施位置；须在现状地形图上标明各类用地的性质、界线和地块编号，道路用地的规划布局结构，标明市政设施、公用设施位置、等级、规模，以及主要规划控制指标。

4）道路交通及竖向规划图（比例：1/1000～1/2000）

确定道路走向、线型、横断面、各支路交叉口坐标、标高、停车场和其他交通设施位置及用地界线，各地块室外地坪规划标高。

（1）道路交通规划图。在现状地形图上，标明规划区内道路系统与区外道路系统的衔接关系，确定区内各级道路红线宽度，道路线型、走向，标明道路控制点坐标和标高、坡度、缘石半径、曲线半径，重要交叉口渠化设计；轨道交通、铁路走向和控制范围；道路交通设施（包括社会停车场、公共交通及轨道交通站场等）的位置、规模与用地范围。

（2）竖向设计规划图。在现状地形图上标明规划区域内各级道路围合地块的排水方向，各级道路交叉点、转折点的标高、坡度、坡长，标明各地块规划控制标高。

5）公共服务设施规划图（比例：1/1000～1/2000）

标明公共服务设施位置、类别、等级、规模、分布、服务半径，以及相应建设要求。

6）工程管线规划图（比例：1/1000～1/2000）

（1）给水规划图：标明规划区供水来源，水厂、加压泵站等供水设施的容量，平面位置以及供水标高，供水管线走向和管径。

（2）排水规划图。标明规划区雨水泵站的规模和平面位置，雨水管道的走向，管径及控制标高和出水口位置；标明污水处理厂、污水泵站的规模和平面位置，污水管线的走向、管径、控制标高和出水口位置。

（3）电力规划图。标明规划区电源来源，各级变电站、变电所、开闭所平面位置和容量规模，高压线走廊平面位置和控制高度。

（4）电信规划图。标明规划区电信来源，电信局、所得平面位置和容量，电信管道走向、管孔数，确定微波通道的走向、宽度和起始点限高要求。

（5）燃气规划图：标明规划区气源来源，储配气站的平面位置、容量规模，燃气管道等级、走向、管径。

（6）供热规划图：标明规划区热源来源，供热及转换设施的平面位置，规模容量，供热管网等级、走向和管径。

（7）环卫、环保规划图（比例：1/1000～1/2000）：标明各种卫生设施的位置、服务半径、用地、防护隔离设施等。

7）空间形态示意图（比例不限）

表达城市设计构思与设想，协调建筑、环境与公共空间的关系，突出规划区空间三维形态特色风貌，包括规划区整体鸟瞰图，及重点地段、主要节点立面图和空间效果透视图及其用以表达城市设计构思的示意图纸。

8) 城市设计概念图(空间景观规划、特色与环境保护)

表达城市构思、控制建筑、环境与空间形态、检验与调整地块规划指标、落实重要公共设施布局。须表明景观轴线、景观节点、景观界面、开放空间、视觉走廊等空间构成元素的布局和边界及建筑高度分区设想；标明特色景观和需要保护的文物保护单位、历史街区、地段景观位置边界。

9) 地块划分编号图

标明地块划分具体界线和地块编号，作为分地块图则索引。

10) 地块控制图则(比例：1/1000～1/2000)

表示规划道路的红线位置，地块划分界线、地块面积、用地性质、建筑密度、建筑高度、容积率等控制指标，并标明地块编号。一般分为总图图则和分图图则两种。地块图则应在现状图上绘制，便于规划内容与现状进行对比。图中则应表达以下内容。

（1）地块的区位。

（2）各地块的用地界线、地块编号。

（3）规划用地性质、用地兼容性及主要控制指标。

（4）公共配套设施、绿化区位置及范围，文物保护单位、历史街区的位置及保护范围。

（5）道路红线、建筑后退线、建筑贴线率，道路的交叉点控制坐标、标高、转弯半径、公交站场、停车场、禁止开口路段、人行过街通道和天桥等。

（6）大型市政通道的地下及地上空间的控制要求，如高压线走廊、微波通道、地铁、飞行净空限制等。

（7）其他对环境有特殊影响设施的卫生与安全防护距离和范围。

应 用 案 例

承上启下的通州新城控制性详细规划

2007年，北京市人民政府批复了《通州新城规划(2005～2020年)》(即"通州新城总规")，提出："要在通州新城总规的指导下，构建立足东部发展带、服务首都、面向京津冀乃至环渤海的区域服务中心；打造为首都文化中心服务、现代文化资源聚集、运河文化彰显的文化产业基地；建设具有多样化高端服务设施和良好人居环境的滨水宜居新城"，(图15.3)。

1. 承上——落实新城总规

通州新城街区层面控规面临的首要任务便是落实新城总规，将新城总规确定的城市性质、规模、布局进一步落实到街区层面，并依据各项专项规划的技术支撑与保障，将生态保护要求、产业布局、基础设施安排等各项空间资源在街区层面进行全面的整合与配置。

2. 启下——为工作的进一步开展打下良好基础

前提：综合前期研究，尊重实际需求在编制通州新城街区层面控规之前，通州区规划主管部门引入规划编制的创新机制。通州新城还编制了教育、医疗、消防、旅游、文保等28个专项规划。这些专项规划由各主管部门组织编制，由区政府、区人大审核审查。这种编制管理模式使专项规划以尊重专业规范、体现行业需求为基础，突出了规划编制的科

图15.3 通州新城功能结构图

学性和实际可操作性。先期进行的地块层面控规和专项规划的研究，为通州新城街区层面控规在短时间内的完成打下了良好的基础。本次通州新城街区层面控规的编制，是采用"专项规划落地、地块反推街区、街区指导地块"的循环模式，在多次沟通和磨合的基础上精益求精、不断完善的情况下完成的，为街区层面控规能够实际、有效地指导下一层面控规编制和城市建设提供了可靠的前提条件。

核心：分解总量控制，落实三大设施街区层面控规的核心内容和首要任务就是对各街区分别提出建设用地及居住人口总量控制要求，并将公共服务设施、市政交通基础设施以及城市安全设施落实到地块。为保证这些刚性控制内容的科学性和可实施性，在通州新城街区层面控规编制工作中，首先进行了大量的现状调研工作。通过文字资料收集和向区、镇政府乃至村集体了解情况，并与土地权属测绘资料充分衔接，对各街区的现状人口结构、用地功能、权属、建设强度、三大设施建设情况等进行了翔实的摸底。再以总体规划的空间结构和强度分区为依据，提出各街区总量控制要求。

实施：进行分类型分析，提出规划方案。

一是侧重考虑旧区的保护。通州历史文化悠久，大运河作为文化遗产保护对象见证了城市的变迁。大运河与新华大街的交点处为通州的老城区，这一地区历史建筑、文化遗迹较多，同时又是通州新城未来发展的核心区域。在通州新城街区层面控规的工作中，在突出重点(大运河与旧城保护)的前提下，对大量历史遗迹，如西海子公园等提出了明确的保护措施，对燃灯塔的视觉景观走廊进行了严格的控制，同时，结合新华大街的改造与老城区旧村的改造进行了综合、全面的部署，做到了保护与发展的和谐相处。

二是新老区并存。通州新城在老城区外围存在大量新老并存的区域，例如中部的永顺、南部的梨园等地区。在通州新城街区层面控规工作中，在对现状保留建筑进行全面、细致的摸底与取舍后，结合发展的需要，提出了旧区优化整合完善、新区高标准建设的规划布局思想，并在此思想指导下，进行了完善基础设施，综合进行开敞空间与绿化系统等的协调布局，为新区与老区的融合提供了技术保障。

三是新的建设和发展。新城的扩大将周边大量农用地等地区纳入到城市可建设用地的范围，对新区的建设，重点考虑城市基础设施的承载能力以及城市安全、景观等的需要。例如南部新区的规划涉及重点项目选址、轨道交通1号线支线线位选择、大型基础设施布局、城市安全保障等诸多因素，东北部规划文化创意产业园区还涉及了旧村拆迁安置和城市景观等问题，通州新城的街区层面控规对此均进行了大量深入、细致的研究，提出了一系列区域联动、近远期协调等切实可行的行动方案。

资料来源：禹学垠，邢宗海，朱佳祺，彭珂. 北京新城控规编制办法的创新与实践 [J]. 北京规划建设，2009(增刊).

本 章 小 结

本章主要学习的内容是控制性详细规划的内容、规划编制方法与程序以及控制性详细规划的成果要求。控制性详细规划的内容应从城市及地区土地利用整体发展调控角度考虑，研究规划地区的整体性控制，建立地区"整体性控制—街区控制—地块控制"的三级控制体系。依据城市土地利用分类，进行城市地块的定性、定量和定位的分析，成为控规实施具体控制的基本单位。公共设施与配套服务设施控制，应以现状问题为导向制定公共配套设施规划，同时依据控规层面的公共服务设施配套规划，进行规划布置，同时要依据刚性与弹性控制手段，进行灵活布局。城市特色与环境景观控制中，应加强城市地域文化特色和特色景观风貌控制，注重城市自然环境容量和城市人工环境容量两方面控制。控制性详细规划编制方法与程序部分，强调规划前期研究和基础资料收集、整理、分类。

控制性详细规划成果应满足一定深度，同时又要符合现实规划管理和建设的要求。控制性详细规划的成果内容包括规划文件和图件两部分，是城乡规划管理的依据和地方管理的法定文件。

思 考 题

1. 控制性详细规划编制的主要内容有哪些？
2. 控制性详细规划前期调研需要调查哪些资料？
3. 控制性详细规划成果所包含的内容？

第16章
控制性详细规划的控制体系

【教学目标与要求】
【掌握】控制性详细规划指标体系；规划控制指标的类型
【理解】控制性详细规划指标的弹性和混合性
● 设计方法
【掌握】控规指标确定的方法；控规中弹性指标的确定方法；容积率的确定方法。

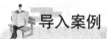
导入案例

北京新城控规编制办法的创新与实践

1. 新城控规编制体系的完善创新

针对以往控规编制和管理存在的问题，北京市对新城控规提出了"两个层级、三位一体"的整体改革思路。为适应土地一级开发（政府主导）和土地二级开发（市场主导）建设模式的变化，增强控规的适应性，将新城控规分为"街区层面—地块层面"两个编制层级。从规划成果形式上看，分为新城控制性详细规划（街区层面）、街区控规深化方案和拟实施区域地块控规3个层次，分区、分步、有重点地分解落实新城规划确定的功能定位、建设总量和三大公共设施安排等规划内容，为新城规划管理和各项建设提供基本依据。新城控规成果体系由图则、规则、法则"三位一体"共同组成。

2. 基于保障政府职能、公众利益和远期目标的"街区控规"

街区控规规划的重点是确定街区主导功能、进行建设总量控制、落实三大公共设施安排、明确城市设计整体框架。通过制定一个相对刚性的规划框架，明确应当控制和引导的内容，为规划实施留出多种可能性。创新成果表达形式，在新城整体性图纸的基础上，每个街区都配有一张街区现状图则和一张街区规划图则，将相关信息和控制要求详细、明确、全面地进行标识。在规划图则中，详细标注了街区性质与规模、三大设施控制要求、城市设计框架、规划实施以及需要进一步落实的问题等内容。

3. 基于长期动态维护的深化方案

深化方案是以街区控规为依据、结合新城建设的实际情况和发展要求，在地块层面上的继续深化和落实完善，除对街区内各个规划地块的各项控制指标进行细化外，还必须对街区控规中提出的各项强制性控制要求进行严格落实，需要专题说明对街区控规所确定的刚性规划内容（街区主导功能、街区建设总量、三大公共设施等）的落实及深化情况。

4. 基于适应近期建设需求和动态变化特征的地块控规

地块控规是基于市场需求的、区一级的、近期实施启动项目的具体落实与安排，是按照街区控规和深化方案，根据土地开发时序和实际建设具体要求，对近期需要实施的区域制定详细的规划控制指标，经规划行政主管部门审查、审批，作为新城开发建设和建设工程规划管理的依据。由于地块控规编制与实际建设需求和建设时序结合紧密,因此,可以在一定程度上,避免今后对地块控规调整的随意性。

资料来源:马哲军,张朝晖.北京新城控规编制办法的创新与实践[J].北京规划建设,2009(增刊).

北京新城控规编制办法的创新与实践,对于化解当前控规中存在的突出矛盾问题,起到了积极的作用,为完善控制性详细规划控制体系,增强规划编制和管理的实效性,较少利益群体的冲突,提出了主动创新策略和积极应对措施。

16.1 规划控制指标体系的内容

城市的建设活动按其控制内容分,主要包括土地使用、设施配套、建筑建造、城市设计引导和行为活动等5个方面(表16-1)。

表 16-1 规划控制要素、指标体系及与城市设计的关系

控制要素	控制要素分类	控制指标	指标类型	与城市设计的关系
规划控制指标体系	土地使用	用地使用控制	用地面积	G	城市设计对其有作用力
			用地边界		
			用地性质		
			土地使用兼容性		
		环境容量控制	容积率	G	城市设计对其有作用力
			建筑密度	G	
			居住人口密度	Z	
			绿地率	G	
			空地率		
	设施配套	市政设施配套	给水设施		城市设计与其作用关系不大
			排水设施		
			供电设施		
			交通设施		
			其他设施		
		公共设施配套	教育设施		城市设计对其有作用力
			医疗卫生设施		
			商业服务设施		
			行政办公设施		
			文娱体育设施		
			附属设施		
			其他		

(续)

控制要素	控制要素分类	控制指标	指标类型	与城市设计的关系
规划控制指标体系	建筑建造	建筑建造控制	建筑高度	G	城市设计重点内容
			建筑后退		
			建筑间距		
		城市设计引导	建筑体量	Z	城市设计重点内容
			建筑色彩	Z	
			建筑形式	Z	
			其他环境要求	Z	
			建筑空间组合	Z	
			建筑小品设置	Z	
	行为活动	交通活动控制	交通组织		城市设计对其有作用力
			出入口方位及数量	G	
			装卸场地规定		
		环境保护规定	噪声振动等允许标准值		城市设计与其作用关系不大
			水污染允许排放浓度		
			水污染物允许排放量		
			废气污染物允许排放量		
			固体废弃物控制		
			其他		

(注:G 指由《城市规划编制办法》所确定的规定性指标;Z 为指导性指标)

16.1.1 土地使用

1. 土地使用控制

土地使用控制是对建设用地上的建设内容、位置、面积和边界范围等方面作出规定。其控制内容为土地使用性质、土地使用的兼容性、用地边界和用地面积等。土地使用性质按用地分类标准规定建设用地上的建设内容,土地使用兼容性通过土地使用性质宽容范围的规定或适建要求,为规划管理提供一定程度的灵活性。

2. 环境容量控制

环境容量控制是为了保证城市良好的环境质量,对建设用地能够容纳的建设量和人口聚集量做出合理规定。其控制内容为容积率、建筑密度、人口容量、绿地率等指标。容积率为空间密度的控制指标,反映一定用地范围内建筑物的总量;建筑密度为平面控制指标,反映一定用地范围内的建筑物的覆盖程度;人口容量规定建设用地上的人口聚集量;绿地率表示在建设用地里绿地所占的比例,反映用地内环境质量和效果。这几项控制指标分别从建筑、环境和人口3个方面综合、全面地控制城市环境质量。

16.1.2 设施配套

设施配套是生产生活正常进行的保证,即对建设用地内公共设施和市政设施建设提出定量配置要求。公共设施配套包括文化、教育、体育、医疗卫生设施和商业服务设施等配置要求。市政设施配套包括机动车、非机动车停车场(库)及市政公用设施容量规定,如给水量、排水量、用电量、通信等。设施配套控制应按照国家和地方规范(标准)作出规定。

16.1.3 建筑建造

1. 建筑建造

建筑建造控制是对建设用地上的建筑物布置和建筑物之间的群体关系做出必要的技术规定。其控制内容为建筑高度、建筑间距、建筑后退等,还包括消防、抗震、卫生、安全防护、防洪及其他方面的专业要求。

2. 城市设计

城市设计引导是依照美学和空间艺术处理原则,从建筑单体环境和建筑群体环境两个层面对建筑设计和建筑建造提出指导性设计要求和建议。其中建筑单体环境的控制引导,一般包括建筑风格形式、建筑色彩、建筑高度等内容,另外还包括绿化布置要求及对广告、霓虹灯等建筑小品的规定和建议。建筑色彩一般从色调、明度和彩度上提出控制引导要求;建筑体量一般从建筑竖向尺度、建筑横向尺度和建筑形体三方面提出控制引导要求;对商业广告、标识等建筑小品的控制则规定其布置内容、位置、形式和净空限界。建筑群体环境的控制引导即是对由建筑实体围合成的城市空间环境及其周边其他环境要求提出控制引导原则。一般通过规定建筑组群空间组合形式、开敞空间的长宽比、街道空间的高宽比和建筑轮廓示意等达到控制城市空间环境的空间特征的目的。

16.1.4 城市设计引导

城市设计引导多用于城市中的重要景观地带和历史文化保护地带,以创造美好的城市景观环境。一般从城市空间环境角度对建筑单体和建筑群体空间关系,提出指导性综合设计要求和建议,同时辅以具体的城市设计方案进行引导。

建筑单体环境的控制引导,一般包括建筑风格形式、建筑色彩和建筑高度等内容,同时还包括场地绿化布置要求及对广告、沿街夜景的规定和建议。

建筑群体环境的控制引导,即是对建筑实体围合成的城市空间环境及其周边其他环境要求提出控制引导原则,一般通过规定建筑组群空间组合形式、开敞空间的长宽比、街道空间的高度比和建筑轮廓线示意等达到控制城市空间环境的目的。

16.1.5 行为活动控制

行为活动控制即是从外部空间环境的控制角度,对建设项目涉及的交通活动和环境保护两方面提出控制要求。

交通活动的控制在于维护交通秩序，一般规定允许出入口方位和数量，交通运行组织规定，地块内允许通过的车辆类型，以及地块内停车泊位数量和交通组织、装卸场地位置和面积等。

环境保护控制是通过限定污染物排放量最高标准，来防治在生产建设或其他活动中产生的废气、粉尘、有毒物质、噪声、电磁波辐射等对环境的污染和危害，达到对环境保护的目的。

16.2 规划控制指标的类型与控制方式

16.2.1 规划控制指标的类型

控制性详细规划指标体系中指标类型的划分有：按照所控制的对象，控制指标可分为土地、建筑物、设施配套和行为活动；按照控制的方式，控制指标可分为量化指标、条文规定、图则标定以及城市设计引导；按照构成要素，控制指标分为土地使用控制指标和建筑空间环境控制指标。目前普遍采用的是《城市规划编制办法实施细则》(1995)中对控制指标的划分：规定性指标和指导性指标。规定性指标是必须遵照执行的指标，指导性指标是参照执行的指标。前者具有"刚性"的特征，后者具有指导性和建议性的特征。

1. 规定性指标

规定性指标也称指令性指标，一般为以下各项：①用地面积；②用地性质；③建筑密度；④建筑控制高度；⑤容积率；⑥绿地率；⑦交通出入口方位；⑧停车泊位及其他需要配置的公共设施。

2. 指导性指标

指导性指标也称引导性指标，一般为以下各项：①人口容量；②建筑形式、体量、风格要求；③建筑色彩要求；④其他环境要求。

上面的指标体系内容包含的是基本控制要素，在实际实践中针对不同情况可合理增减控制要素。控制性详细规划指标体系内容的确定应因地制宜，针对不同类型地区制定不同内容的指标体系，要有侧重点和针对性，不能"一刀切"。比如，新发展区、建成区、旧城更新区等，指标体系的控制内容的侧重点就不同。而且，在市场经济条件下，面对市场的不确定性和不可预见性，控规更要建立灵活的控制指标体系，应对瞬息万变的城市环境，达到3个效益的统一，实现城市和地区的可持续发展。

16.2.2 控规指标确定的方法

控制性详细规划指标确定的方法也称为"指标赋值法"，是将控规研究的成果以一种恰当的形式表达出来的方法，方法的科学与否直接影响到控规成果的科学性和合理性。

沈德煦在《对控制性详细规划的几点认识》中将指标赋值法分为两种：①反馈法，试做形体布局的详细规划，然后结合土地有偿使用进行研究、调整，再将各项设计要素抽象和反算成明确的控制指标；②比较法，对各城市不同性质用地的现状和规划指标进行调查分析，为规划提供参考数据。

李志宏在《控制性详细规划中几个值得注意的问题》一文中将指标赋值法分为5种：除了反馈法和比较法外，还有①标准法：根据城市总体规划规定的人口容量，结合国家或地区有关人均规划建筑面积标准的规定，制定出总建筑面积标准，再推算出建筑密度、容积率、高度等指标。②容量法：根据居住条件、道路交通设施、市政设施、公共服务设施等现状，预测改造后的饱和容量，计算可能承担的人口，进而确定各项指标。③经济法：通过对房地产开发经营的效益分析，计算出规划容积率的临界值，以此确定一系列控制土地使用强度指标。

《城市规划资料集》第四分册中将指标赋值法分为3种。①形体布局模拟法：通过试做形体布局的规划设计，研究出空间布局及容量上大体合适的方案，然后加入社会、经济等因素的评价，反推成明确的控制指标。②经验归纳统计法：将已规划的和已付诸实施的各种规划布局形式的技术经济指标进行统计分析，总结出经验指标数据范围，并将它推广运用。③调查分析对比法：这种方法是通过对现状情况作深入、广泛的调查，以了解现状中一些指标的情况和这些指标在不同区位的差别，得出一些可供参考的指标数据，然后与规划目标进行对比，依据现有的规划条件和城市发展水平，定出较合理的控制指标。

由上可知，形体布局模拟法和反馈法、调查分析对比法和比较法相近，可以认为控制指标确定的方法主要有以下6种：形体布局模拟法、经验归纳统计法、调查分析对比法、容量反推法、标准法、人口推算法。其特点如下。

1. 形体布局模拟法

这种方法是目前采用较多的方法。优点是直观性和形象性强，对研究环境空间结构布局有利，便于掌握，但工作量大，指标带有较大的主观性和局限性，不太适用于建筑形态非常丰富，对景观环境要求高的地段。

2. 经验归纳统计法

经验归纳统计法优点是准确、可靠，缺点是得出的这些经验指标只可运用到与原有总结情况相类似的地方，如有新的情况出现则难以准确把握。另外，经验指标的科学性和合理性也依赖于统计数据的普遍性和真实性。

3. 调查分析对比法

调查分析对比法较为现实可靠，得出的指标也较为科学合理，但它需要作大量广泛的调查。另外，它只是参照依据现状指标数据，难以考虑到其他的影响因素，因而也难免存在一定的局限性。

4. 容量反推法

容量反推法优点：准确、严密，为可行性分析提供了方便；但涉及面广、参数众多，计算量大，较多适用于旧城改造与居住区规划，对城市总体形象考虑不充分。

5. 标准法

该方法主要适用于以居住生活区为主的规划地段，而对其他区域则不大适用，且该方法对城市建筑的整体形象缺乏考虑,不利于城市总体形象的塑造。

6. 人口推算法

根据总体规划或分区规划对控制性详细规划范围内的人口容量以及城市功能的规定,提出人口密度和居住人口的要求;按照各个地块的居住用地面积,推算出各地块的居住人口数;再根据规划近期内的人均居住用地、人均居住建筑面积等,就可以推算出某地块的容积率、建筑密度、建筑高度等控制指标。此方法资料收集简单,计算方法简易,缺点是对上级规划依赖性强,对新出现的情况适应性不强,且只适用于以居住为主的地块。

人口推算法推算主要控制性指标过程如下。

规划范围内居住用地总面积＝人口容量×人均居住用地面积

按功能分区组织要求划分地块,分配居住用地。

地块人口容量＝地块居住用地面积/近期人均居住用地面积

地块居住建筑量＝地块人口容量×人均居住建筑面积

同理,计算出其他类型建筑量,与地块居住建筑量加和求得地块建筑总量。

地块容积率＝地块建筑总量/地块面积

地块停车位个数＝地块建筑量×停车位配置标准。

16.2.3 控制性详细规划控制的弹性与混合性

1. 现实中存在的问题

现行的控规是一种基于依法裁定的规划,对用地的建设开发进行了"终极蓝图式"的控制,对于土地开发性质和强度做出了极为明确的规定,尽管在编制中采用了增加适建性的方式(如兼容性用地、待批用地等)体现出一定程度的弹性,但从实施效果来看,由于体现的是政府事权,涵盖面还是过窄,无法消化市场反馈,对于大量的用地变更问题仍是无能为力。譬如,绝大多数兼容只在允许用地小类间进行;能实施中类兼容的,大多是将经营性用地改为公益性用地(如绿地、市政设施用地),几乎不具备实际操作的可能。

2. 土地利用的弹性和混合性

1) 弹性用地

"土地使用弹性"是控规为应对多元化的市场机制,在所确定的规则框架下对土地使用功能提供互换选择的程度。从20年来控规编制发展来看,对土地功能使用的适建规定经历了从"刚性"走向"弹性"的渐变过程,这一过程也直接反映了控规编制由"政府主导型"逐步向"市场选择与政府干预并重"的演进规律,市场的运作与反馈日渐成为控规是否具备可操作性的关键因素。

作为政府建设和管理城市的重要依据,控规的重要目的之一是确保城市公共利益,在此前提下为城市的土地开发提供多样化的市场选择。基于这些分析,将城市建设用地按照"强制性"与"弹性"进行了划分,即对保障和体现城市公共利益的用地或设施予以严格控制,将其划归为"强制性用地";而除此以外的经营性用地,可全部划归为"弹性用地",对土地的用途给出建议性的规定,在相应的制度框架内,根据市场运作需求保留充分的可变更调整的空间(表16-2)。

表 16-2 强制性用地/弹性用地分类表(以居住用地和公共服务设施用地为例)

强制性用地			弹性用地		
R	居住用地		R	居住用地	
	R5	居住教育配套用地		R1	一类居住用地
		R51 中学用地		R2	二类居住用地
		R52 小学用地		RC	保护区用地
		R53 托幼用地			
		R54 中小学合校			
C	公共设施用地		C	公共设施用地	
	C1	行政办公用地		C2	商业服务设施用地
		C11 市属办公用地			
		C12 非市属办公用地			
	C3	文化娱乐用地		C3	文化娱乐用地
		C31 新闻出版用地		C38	游乐用地
		C32 文化艺术团体用地		C39	旅游休闲用地
		C33 广播电视用地			
		C34 图书展览用地			
		C35 影剧院用地			
		C36 康娱设施用地			
		C37 社区服务用地			
	C6	教育科研设计用地		C6	教育科研设计用地
		C61 高等学校用地		C66	经营性教育设施用地
		C62 中等专业学校用地			
		C63 成人与业余学校用地			
		C64 特殊学校用地			
		C65 科研设计用地			
		C67 学生公寓用地			

资料来源：于一丁，黄宁等. 控规编制的若干新思路 [J]. 城市规划学刊，2006(3).

2) 混合用地

混合用地是指在单一地块中实现两种或两种以上使用功能的用地。遵循外部效应最大化原理，混合用地多表现为居住与公共服务设施特别是商业设施的混合，并且多出现在城市中心地段或大型公共交通站点周边。该概念的提出主要是针对现行控规中居住和商业用地无法实现大类兼容，"商住用地"中商业建筑面积比重又过小的矛盾。混合用地的关键因素还体现在各类功能所占的建筑面积比重。一般可以在控规中提出，非主导功能的建筑面积达到总建筑面积的20%~40%才能被确定为混合用地(之所以确定下限,是为了有别于单一功能用地,例如,在居住用地中允许设置20%以下商业建筑面积),相比单一功能用地可以适当提高容积率,即开发强度(表16-3)。

表16-3 混合功能用地分类表

F		混合用地	多用用地的混合情况
	F1	居住兼容公建及其他用地	以居住、公建及其他为主的用地,公建及其他建筑面积低于总建筑面积的40%
	F2	公建及其他兼容居住用地	以公建及其他居住为主的用地,居住建筑面积低于总建筑面积的40%
	F3	数类设施的混合用地	除居住之外的数类设施的混合用地

资料来源:于一丁,黄宁等. 控规编制的若干新思路[J]. 城市规划学刊,2006(3).

16.2.4 规划控制的方式

针对不同用地和不同建设项目以及不同开发过程,应采用多手段的控制方式。

1. 指标量化

通过一系列控制指标对建设用地进行定量控制,如容积率、建筑密度、建筑高度、绿地率等。

2. 条文规定

通过一系列控制要素和实施细则对建设用地进行定性控制,如用地性质、用地使用兼容性和一些规划要求说明等。该控制方式适用于对规划地块作使用性质规定或提出其他特殊要求时采用。

3. 图则标定

用一系列控制线和控制点对用地和设施进行定位控制,如地块边界、道路红线、建筑后退线、绿化绿线和控制点等。

4. 城市设计引导

通过一系列指导性综合设计要求和建议,具体的形态空间设计示意,这些控制要素都为开发控制提供管理准则和设计框架。如建筑色彩、建筑形式、建筑体量、建筑群空间组合形式、建筑轮廓线示意图等。一般在城市重要景观地带和历史保护地带,为获得高质量的城市空间环境和保护城市特色时采用。

5. 规定性与指导性

控制性详细规划的控制内容分为规定性和指导性两大类。规定性是在实施规划控制和管理时必须遵守执行的,体现为一定的"刚性"原则,如用地界限、用地性质、建筑密度、限高、容积率、绿地率、配建设施等。在建设部2002年下发的《城市规划监督管理强制性条文》中,强制部分基本上是选取了控制性详规中的规定性内容。指导性内容是在实施规划控制和管理时需要参照执行的内容,这部分内容多为引导性和建议性,体现为一定的弹性和灵活性,如人口容量、城市设计引导等内容。

应 用 案 例

新形势下控制性详细规划的变化趋势

新的时期,随着控制性详细规划编制、修编的不断进行,以及各种规模控规调整的不断出现,城市规划的编制和管理部门在规划的编制实施上也逐渐积累着越来越多的经验,不同的城市针对不同的情况均作了积极的努力,在逐渐探索一条更加适合自身的控规编制的方法。近年来,在新的形势下,我国一些城市开始了新一轮的控规编制,在这一系列的积极实践中,许多城市都制定了控制性详细规划编制办法的具体指导文件,在传统的控规编制方法的基础上,均有所创新。

1. 变化一:对控规编制区域进行层次划分,分层控制

1)事件

在几个城市新一轮的控规编制办法中,各地普遍引入了分层的概念,从城市到地块,根据相应的划分原则,将地域划分为若干个编制层次,根据不同层次提出不同的控制要求。基本上形成了"片区-街区-地块"的结构,每一个层次都是对上一层次规定内容的具体化和对下一层次的规划提出要求和建议,具有承上启下的作用。有些城市又进一步提出了控规编制基本单元的概念,作为控规编制的最小单位。

各地编制层次的划分各不相同,但内涵相近,基本为"片区-街区-地块"的层级体系,有些城市还提出了"规划单元"的概念,作为控规编制的最小或基本单位。如北京市中心城控规划定了"片区-街区-地块"层级划分;北京新城控规;济南划定了"片区-街坊-地块"层级划分;天津市划定了"城市-分区-控规编制单元"的层级,规定"控规编制单元"是控规编制的最小单位;南京市划定了"综合分区-分区-规划编制单元-图则单元-地块"五级体系,规定"规划编制单元"是编制控制性详细规划的基本单元等。

2)新控规编制方法

结合北京市中心城和新城各自特征,按照统一的规定,将中心城及新城划分为若干个片区,再以片区为基础划分街区及地块,从而形成"中心城(新城)-片区-街区-地块"。四级层次的工作层面,做到宏观、中观、微观多层面的科学规划和管理,如图16.1所示。

南京市确定了"综合分区-分区-规划编制单元-图则单元-地块"五级体系的城市规划地域划分,通过合理的编码,确保每一地块的唯一性。五级体系中,规划编制单元是编制控制性详细规划的基本单元。

规划编制单元一般是开展控制性详细规划的基本单位,也可在规划编制单元之下进一步划分"次单元"。开展控制性详细规划编制时,也可将若干规划编制单元合并,项目名称应是同时列若干规划编制单元,图则单元的确定及地块编号仍从属其原有规划编制单元进行。

图则单元是为实现"一张图管理"而建立的地域单元。应以图则单元为载体,进一步通过划分地块全面表达规划确定的各类强制性及指导性指标。地块是用地强度赋值的基本单位。

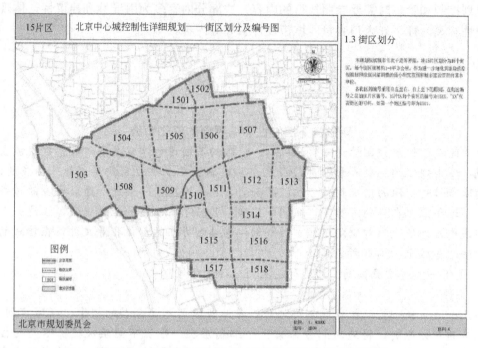

图 16.1 北京中心城控规第 15 片区街区划分及编号图

2. 变化二：进一步明确强制性内容与指导性内容

1）事件

在新一轮的控规编制办法中，各地普遍将控制内容进行了刚性与弹性的划分，即明确了强制性内容和指导性内容的划分，规划成果普遍由强制性文件（法定文件）和指导性文件（技术文件）构成。比如，南京市控制性详细规划成果分总则和分则两部分，总则是本地区南京市控制性详细规划的内容总述，包括规划的强制性内容，分则是指导具体规划管理的技术图则，包括图则单元和地块控制引导的要求；广东省城市控制性详细规划成果主要包括技术文件、法定文件和管理文件三部分；济南市控制性规划的成果包括强制性成果、引导性成果；深圳法定图则包括法定文件和技术文件两部分，其中法定文件为强制性内容。

2）新控规编制方法

强制性与指导性应当是政府体现自身职责和应对市场不确定性的两种策略。新一轮的控规编制办法中，各地都普遍意识到了市场与政府作为两大调控力量，性质不同、目的不同、职责不同，都开始去主动适应市场的不确定性，并且加强政府公共职能的体现。笔者认为，新一轮的控制性详细规划编制中，刚性与弹性的加强主要体现在以下几个方面。

（1）强调"六线"的控制。建设部颁布的《城市规划编制办法》中规定了"四线"的控制，即道路红线，各种功能绿地的保护范围绿线，划定河湖水面的保护范围蓝线历史建筑保护范围紫线，新一轮的控规编制中，各地普遍采用了"六线"的概念，但是各地根据具体情况，"六线"的内容也有所不同。南京市的"六线"是指道路红线、绿地绿线、文物保护紫线和城市紫线、河道保护蓝线、高压走廊黑线、轨道交通橙线，其控制内容应在进行专项研究和系统规划基础上，确定线位、规模及所附属的控制要求。在规划编制总则内容部分进行具体控制和要求。

济南市"六线"包括道路红线、城市绿线、城市紫线、城市蓝线、城市黄线、城市橙线,其规划内容应在总体规划和已有定线的基础上,进行"六线"系统规划。

(2) 强调公共服务设施和市政基础设施的控制。除了"六线"的控制外,各地的控规编制中均明确强调对公共服务设施和市政设施的控制。

(3) 增强控制指标的弹性。改变传统控规在规定性指标上"一刀切"的模式,不在要求按照统一的深度进行地块指标的设定。二是根据不同的区域、不同的开发模式、不同的开发时期进行不同的要求。在增加地块控制指标的弹性上,以济南市控规编制方法的变化最为明显。

(4) 进行土地兼容性规定,突出用地弹性。《城市规划编制办法》规定,控制性详细规划编制应当划定规划范围内各类不同使用性质用地的界线,确定各类用地内适建、不适建或者有条件地允许建设的建筑类型,但是对土地利用的兼容性考虑不足。

新一轮的控规编制中,几个城市均对土地利用兼容性做出了相关规定。可在规定地块用地性质的同时,规定特别允许的土地利用兼容,但原则上还应控制此类性质相对弹性用地的规模,设置兼容的原则与标准,避免因大量弹性用地的性质调整而改变图则单元的主导属性。

资料来源:于灏. 控制性详细规划编制思路的探索 [D]. 北京:清华大学,2007.

本 章 小 结

本章主要学习的内容是控制性详细规划指标体系、规划控制指标的类型与控制方式。控制性详细规划中首要的内容,就是控制体系的确定。

控制性详细规划指标体系,依据城市的建设活动按其控制内容分,主要包括土地使用、设施配套、建筑建造、城市设计引导和行为活动等5个方面。这些内容是城市规划管理和建设的核心内容。

控制指标的类型分为规定性指标和指导性指标,是采用定性和定量控制的核心指标内容。同时,应在具体实际中加强城市地块的弹性控制,以符合土地的经济性和节约性。规划指标控制的方式一般采取指标量化、具体法定条文、图则标定和城市设计引导等多种方式。

思 考 题

1. 控制性详细规划指标体系的详细内容?
2. 控制性详细规划的控制指标类型与控制方式?
3. 深入理解控制性详细中弹性指标的确定方式?

第17章
控规层面中的城市设计问题

【教学目标与要求】
【掌握】控制性详细规划层面中的城市设计内容；控制性详细规划的法定图则的编制。
【理解】控制性详细规划与城市设计的关系。
● 设计方法
【掌握】控制性详细规划法定图则编制方法；控规图则融入城市设计方法。

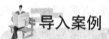 导入案例

城市设计在控规中的地位和作用及其相互关系

1. 加强城市设计的法规地位，确立城市设计的法律地位

要保证城市设计的开展，必须首先建立城市设计的法规体系。首先制定专门的城市设计法规、技术规范和标准准则等；其次要在规划法修改时，增加城市设计的有关内容，明确城市设计的法律地位；再次，对历史文化名城的保护、绿地系统保护等内容，应单独制定管理法规，以便在建设管理过程中共同遵守。如深圳市引进《法定图则》体系，法定图则的实质就是"由法律授权的机构按照法定程序制定的实施性规划"。

2. 城市设计与控规的关系

指导关系：城市设计应以新城街区层面控规和街区控规深化方案为指导，街区层面控规提出的空间结构框架，以及确定的公共开放空间、步行街系统、建筑色彩、生态景观要求等控制要素，应作为城市设计的指导性意见予以落实，并根据城市设计范围，结合街区控规深化方案，合理确定新城开发强度、开发时序、重点发展区等控制引导内容。

互补关系：在控规编制和实施过程中引入城市设计，是加强新城建设细节化管理，充分发挥控规与城市设计引导控制作用的重要措施，在某种程度上，控规是宏观调控，重点控制的是整体布局结构、开放空间及重点风貌区等要素；城市设计是微观调控，主要控制建筑色彩、高度、步行系统、视觉尺度等细则内容，是对新城控规的诠释和细化，两者存在一种互补关系。

共存关系：以往城市设计与控规是两个相对独立的规划，彼此间缺少协调联动；例如在实施新一轮北京城市总体规划时，新城控规与城市设计已越来越融为一体，相互共存。把城市设计放在落实新城控规和提高新城管理水平中综合分析；同时，新城控规实施维护中也应着重考虑城市设计，明确控制的各项要点。

3. 编制城市设计导则，健全成果控制体系

为构建以人为本、特色鲜明、生态宜居的城市，加强城市的特色发展，着重维护地域的地形地貌等自然特征，保存地域的历史资产与文化资产，创造丰富的开放空间与绿

色空间，创造可供市民户外活动、互相交流的场所，根据城市街区层面控规城市设计通则，应抓紧研究编制城市设计导则，针对具体地段提出具体控制要求，细化控制要点，与街区层面控规设计通则形成较为完善的成果控制体系。

资料来源：潘焱. 探讨城市设计在控规中的地位和作用 [J]. 上海城市规划，2008（增刊）；杨卫东，张玉刚等. 有效发挥城市设计在顺义新城控规实施中的作用 [J]. 北京规划建设，2009（增刊）.

城市设计在控规中的地位和作用非常大，以往我国在城市建设过程中，缺少城市设计这一环节，许多城市在制定了规划之后，就按照特定的功能布局和用地性质，直接进入建筑设计阶段。这样做很难把握城市空间环境的总体特征，所以，要建立长远的城市可视形象，提高城市的可识别性，满足人们不断提高的对于生存城市空间环境质量的要求，必须把城市设计的思想融于控制性详细规划的过程中，完善控规的控制成果体系，以实现城市可持续发展。

17.1 控制性详细规划与城市设计的关系

相对于我国城市规划编制体系的特点，控制性详细规划阶段加强城市设计研究，能对控规编制内容的科学性和实施能力的提高起到很好的促进作用。控规与城市设计二者之间并不矛盾，城市设计是控规编制内容不可分割的组成部分，如图17.1所示。

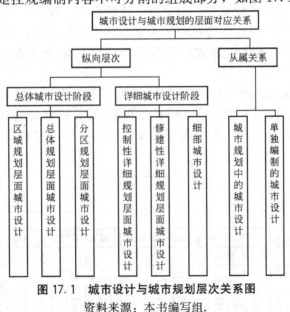

图 17.1　城市设计与城市规划层次关系图
资料来源：本书编写组.

17.1.1　控规中的城市设计因素

控制性详细规划成果中包含城市设计专项内容，如控规中的土地利用规划、道路交通规划、工程规划等内容。同时控规中常用指标(规定性指标和指导性指标)的制定也必须充分考虑城市设计因素。

17.1.2 城市设计中的控制性因素

城市设计控制的思想最早可以追溯到古代城市建设的开端。现代城市设计发展的一个重要趋势是更加注重城市设计如何建立一套完善的管理控制办法。城市设计成果不仅包括城市空间形态设计内容，同时更加强调制定城市设计准则、指导纲要等管理控制性要求。现代城市设计的思维方法已从极端的蓝图式观念朝着一种动态变化过程的思想方向演化。在这个过程中，控制和引导越来越成为城市设计实施过程中策略制定、信息反馈、控制调整的重要手段。

17.1.3 控规与城市设计的内容联系

对城市空间环境和建筑体型环境的创造和设计是城市设计的传统主题，也是控规的基本工作内容，控规依托抽象的控制要素来研究两者的组织和设计，通过对两者的综合控制，完成城市整体空间环境的优化和特色的塑造；城市设计通过控制和引导空间环境各要素的相互关系(如建筑与公共空间的关系、自然地形地貌与各类用地的关系等)、相互组合与连接(如建筑物、街道、环境设施等内容的配置与组合等)，来实现对该规划地段已有良好环境格局的保护与强化，以及塑造整体的景观环境特色。由此可见，控规与城市设计两者都是为了控制城市空间环境质量，提高城市建设水平。控规所采用的规定性指标如建筑高度、绿地率、建筑后退红线等都与城市空间环境密切联系，同时控规中形成建筑外观特征的引导性指标，如建筑形式、建筑色彩、建筑体量等都与建筑体型环境紧密联系。

因此，城市设计研究内容与控规控制引导内容具有很大程度的同一性，控规与城市设计在内容上密切联系。控规内容的科学性建立在城市设计研究的基础之上，城市设计是控规工作中十分重要的组成部分，它对促进控规的完善和深化有着重要的作用，如图17.2所示。

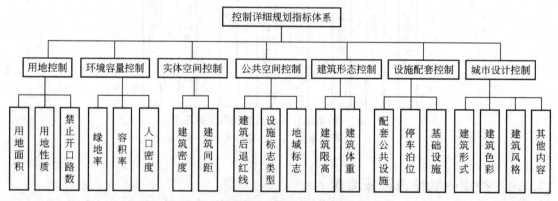

图 17.2 控制性详细规划与城市设计关系图
资料来源：本书编写组。

17.2 控制性详细规划层面中的城市设计内容

控制性详细规划是我国城市规划运行体系的重要组成部分，属于实施发展规划的范畴。依据我国城市设计是城市规划有机组成部分的一般原理，控制性详细规划的基本属性、实践及发展等方面的问题将对其层面中的城市设计产生直接的影响。

控规层面的城市设计是一个以具体目标为导向的连续的控制与决策系统，主要是通过对微观层面的城市体型、空间环境，以及具体的建筑建造等方面的组织和规划设计，来实现对城市未来的可能形态、空间景观环境和发展方向的引导和控制。

控制性详细规划层面的城市设计的具体任务是，以总体规划或分区规划和总体城市设计所确定的原则为依据，与控制性详细规划保持互动协调，综合分析该地区对于城市整体的价值，保护和强化该地区已有的自然环境和人文环境的特色，详细制定城市各空间环境的发展方向。其内容包括：空间布局、道路与交通系统、景观设计、历史文化保护、绿化设计、建筑形态、环境设施与小品。其成果一部分转译为各项控制指标，纳入到控规成果之中；另一部分表现为设计导引，以图则的形式补充到控规成果之中。控制性详细规划中的城市设计主要是城市设计思想及方法在控规中的体现和运用，其作用主要在于弥补控制性详细规划对空间环境设计要求的不明确、不统一的缺陷，使城市达到高超的环境艺术品质（表17-1）。

表17-1 温州信河街地段城市设计控制的研究领域、内容和方法

领域	层次	研究内容	分析方法	控制方法
城市空间环境	城市整体空间环境	城市基本空间形态	城市形态与结构分析	布局与红线控制
		城市建筑群整体空间形态	建筑组群类型与空间布局分析	总体形态要求下的模式布局分区控制
		城市功能空间形态	景观、功能布局与视觉导向分析	布局与红线控制、意向引导
	城市公共空间环境	城市节点（广场、中心）空间组织	空间平面和立体组合	形态与红线控制
		城市通道（街道、绿带、岸线）空间组织	功能空间组合与空间轮廓线组织	形态与红线控制
	建筑组群空间环境	建筑组群空间组织	居住和商业环境历史与发展分析	模式控制
建筑体形环境	建筑风格形式	建筑风格	自然地理与人文经济影响因素	意象引导
		建筑形式	现状与发展分析	建筑形式类型控制
	建筑色彩组合	建筑色彩构成	综合分析	建筑色彩组合类型控制
		建筑色彩与建筑形式关系		
		建筑色彩与建筑环境关系		

续表

领域	层次	研究内容	分析方法	控制方法
建筑体形环境	建筑体量	建筑竖向尺度	综合分析	建筑高度和建筑面积控制
		建筑横向尺度		规划地块划分
		建筑形体		沿街外墙连续墙面宽度控制
	建筑环境因素	绿地环境因素	综合分析	绿地类型控制
		商业环境因素		商业标识控制
		地域环境因素		巷口标志控制

资料来源：文国玮. 控制性详细规划阶段的城市设计控制方法.

从目前国内控规阶段的城市设计技术实践方面主要有以下几种形式。

1. 形体示意的方法

形体示意是在控规发展的前期阶段，即形体设计转向形体示意的阶段出现的一种运作方式。它的特点是，让以形体为基础的城市设计占据规划的主导地位。它通过对城市空间环境和建筑环境的调查分析后，以"排房子"的形式得出规划管理的依据，由此来约束土地不合实际的、盲目的高密度开发。而这里形体示意仅仅作为一种灵活性的示意和规划管理过程中的参考依据(图17.3)。

图 17.3 银川高新技术产业开发区控制性详细规划
资料来源：深圳市城市规划设计研究院.

2. 控制要素的方法

控制要素的方法主要是在控制技术上采用了数据控制与图纸控制相结合的综合手段，其控制体系的核心是进一步确定和划分控制要素的内容。将城市建筑空间环境划分为两个密切相关的领域：一个是城市空间环境，另一个是建筑空间环境。例如，温州信河街地段控详中,将建设控制要素分别划分为 13 项土地使用要素和 8 项建筑空间要素(建筑组群空间组合模式、建组形式、建筑色彩组合、建筑高度、建筑体量、绿地类型、商业标志类型、巷口类型)。

3. 意向设计的方法

目前意向设计的方法也是常采用的方法之一,特别是针对所作控规设计研究的城市区域中的重点地区,如重要街道、广场、中心节点等。这种方法仍是形态设计方法在控规中的应用,具体的做法是与控规划同步开展,在综合分析的基础上,对建筑形体、空间组织、景观等城市空间要素进行深入的具体形体设计,并以此研究成果作为控规的参考依据和指标确定的影响因素;或是在控规后,依据已有控规成果,对城市重点地区做深入的城市设计构思和具体的形体设计,然后作为反馈信息,对于上一层次控规做出必要的修正(图 17.4)。

图 17.4　意向设计的城市设计方法(嘉兴市南湖新区控制性详细规划)
资料来源:城市规划资料集(第四分册控制性详细规划).

4. 独立开展城市设计的方法

独立开展的城市设计专题研究是以深圳中心区城市设计为代表的一种做法(图 17.5)。

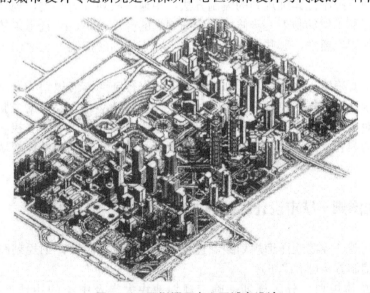

图 17.5　深圳福田中心区城市设计
资料来源:王建国. 城市设计[M]. 北京:中国建筑工业出版社,2009.

深圳市在1985年确定总体规划以后，为了提高未来城市中心区的环境质量水平，先后6次进行了多年的城市设计研究。实质上这是一种独立开展的研究性质的工作，它使城市设计的深度、内容和科学性方面均有大幅度地提高。同时为下一阶段编制高水平的详细规划提供了强有力的依据。该城市设计成果分别纳入法定图则和详细蓝图两个规划编制阶段，不但提高了现有规划的水平，而且使城市设计获得了法律效力，为良好城市环境的形成提供了强有力的保障。

17.3 控制性详细规划的法定图则的编制

控制性详细规划的法定图则是指在已经批准的全市（镇）总体规划及分区规划的指导下，对分区内各片区的土地使用性质、开发强度、公共配套设施、道路交通、市政设施、城市设计等方面做出详细控制规定。法定图则制度包括了规划编制、审批、执行、咨询、监督及修订于一体的规划体制，同时通过公众参与和各个部门的协调，来实现规划编制的科学化、规划决策的民主化和规划管理的法制化。

17.3.1 现行控制性详细规划编制中存在的问题

我国正处于城市化的加速期，城市建设活动日益增加，城市数量、规模不断扩大，城市规划的引导调控作用日益加强。2002年6月国务院发出《关于加强城乡规划监督管理通知》提出了明确城乡规划强制性内容等新要求，2002年7月1日施行的国土资源部令第11号《招标拍卖挂牌出让国有土地使用权规定》要求土地使用权出让采取招标、拍卖或者是挂牌方式出让等。这客观上要求城市规划本身也要进行不断的变革，这在客观上要求城市规划行政主管部门编制出让土地的控制性详细规划，明确拍卖土地的用途及规划设计要求。而根据现行控制性详细规划的编制方法，用地一般划分为小类，规划对用地布局控制较死，给予开发单位编制下一步修建性详细规划的弹性较小，并且也未较明确地表示哪些是城市规划强制性要求，哪些是弹性要求，不利于规划的控制、土地使用权的出让及土地的开发使用。

法定图则主要确定土地使用功能和开发强度，以控制性详细规划的编制技术和方法为基础，以往控制性详细规划控制指标（如容积率、建筑高度、密度）根据经验和现有案例主观确定，缺乏对整体空间形态深入研究，有可能造成城市空间环境的失控和不理想。由于缺乏城市设计的内容，对地块的景观以及空间环境的控制较少，不易控制城市整体的空间景观特色。

17.3.2 控规图则＋城市设计的编制方法

针对以上问题，控制性详细规划编制过程中，应采取控制性详细规划图则＋详细城市设计相结合的编制方法（图17.6）。

首先根据总体规划、分区规划，确定规划地块大类及中类的用地性质；接着根据地块的用地性质编制该地块的详细城市设计，详细城市设计明确地块的规划结构、平

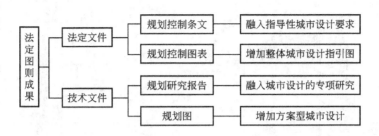

图17.6 融入城市设计的法定图则成果体系
资料来源：本书编写组.

面布局、道路交通系统、绿化及景观系统、开敞空间系统、公共中心系统及城市风貌总体构想等内容，形成城市设计导则，明确地块的大空间环境及景观控制的要求，编制各个地块的规划总平面图，并测算出相应的经济技术指标，基本达到修建性详细规划的深度。

然后，依据详细城市设计，编制地块控制性详细规划，将地块用地性质划分到小类，确定各个地块的用地性质，解决好整个地块的用地布局、基础设施配套、竖向管网等问题；充分考虑详细城市设计形成的独具特色的景观风貌框架，将详细城市设计的景观控制要求如广场、绿地、视觉走廊等从用地上予以保证，将城市设计景观控制要求落到实处；控制性详细规划控制的各项指标参照详细城市设计实际核算出的指标，结合有关规范要求，制定一个合理的指标控制范围，并及时发现问题，相应地调整详细城市设计的内容。

最后，从控制性详细规划中抽出该地块的强制性内容图则，规定各地块的用地性质（以中类为主），规定各地块的指标控制体系、需配套的公共设施的数量及规模、后退道路红线、竖向管网等方面的要求，并对控制性详细规划中落实详细城市设计景观控制要求、建设时序和相应的建设前提条件予以规定。

该方法能够很好地解决上面提出的现行规划编制方法中存在的问题。

（1）强制性内容图则刚好符合实施招标拍卖挂牌土地出让政策后用地控制的要求，它明确了出让土地的强制性的内容和弹性的内容，适合对社会公布，符合规划的公开、公平、公正的要求，便于土地使用权的出让。

（2）将控制性详细规划和城市设计结合起来，能够对整体空间景观特色进行控制，其中详细城市设计又能对控制性详细规划形成强有力的解释和支撑，增强了控制性详细规划的说服力能够较好地让领导及群众接受。

（3）详细城市设计规划平面图，是对下一步修建性详细规划编制的引导。只要开发单位符合该宗土地强制性内容，便允许其对详细城市设计平面进行调整，但需重新报规划行政主管部门审批。这样，就能够使公众及开发单位对该地块的规划做到心里有底，做到规划处于超前、主动的地位，起到较好的引导作用。

（4）控制性详细规划加城市设计，能够从整个地块的高度对整体的景观及空间环境进行考虑，能够将空间景观的规划控制落到实处，从而创造出和谐统一、具有特色的整体城市景观风貌，如图17.7和图17.8所示。

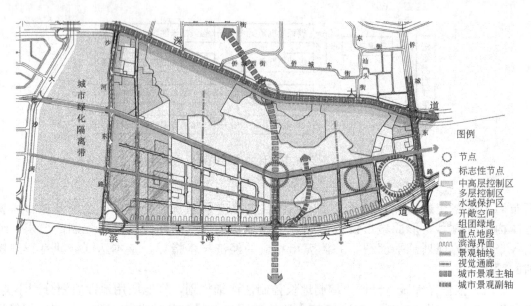

图 17.7 深圳市控制性详细规划中的城市设计引导图
资料来源：深圳市城市规划设计研究院.

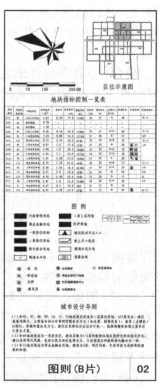

图 17.8 控制性详细规划分图图则
资料来源：本书编写组.

应用案例

控制性详细规划中实行城市设计——深圳福田中心区 22、23 - 1 街坊控规编制分析

在控制性规划中引入城市设计导则,是借鉴欧美国家经验,强化城市设计内容的尝试。城市设计导则是针对规划区城市环境面貌的指导性准则,对影响空间景观的元素提出相对具体的设计建议和要求,包括建筑立面风格、材料、色彩、体量、夜间照明及城市家具、环境小品等。显而易见,城市设计导则并没有触及城市结构格局和形态肌理,只是对"表皮性"的公共空间界面控制引导。另外,导则不具有法律的强制性特征,缺乏控制力度,往往难以产生实际效果。

那么,在控制性规划阶段究竟如何才能实行有效的城市设计呢?1990 年代深圳福田中心区第 22、23 - 1 街坊的控制性规划编制过程中,美国 SOM 公司的规划设计方案非常有效地保证了城市设计概念的贯彻与落实,为未来城市建设奠定了理想的空间组织结构基础,其工作目标与工作方法具有很强的启发性与示范性。

1. 深圳福田中心区 22、23 - 1 街坊控规编制分析

在深圳城市快速发展中,为了更加明确中心区的空间区位,充分提升中心区的集约功能,有效控制中心区的土地总量,1984 年编制的深圳特区总体规划,提出建设深圳新中心的建议。新中心区位于特区东西呈带状城市的地理中心,北依莲花山,南眺深圳湾,由滨河大道、莲花路、彩田路以及新洲路等 4 条城市干道围合而成,总用地面积 607hm²,其中包括北部莲花山公园 194hm²。经过前期规划与规划实施两个阶段之后,1996 年的城市设计国际咨询将中心区的主要功能布局与空间形态基本确定下来。中心区 22、23 - 1 号街坊是中心区成片开发的商务区用地(图 17.9)。

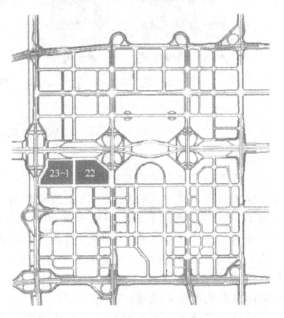

图 17.9 22、23 - 1 号街坊在福田中心区位置

2. 城市设计导则

在明确城市空间结构,优化内部组织格局以后,城市设计导则也就不再是"表皮式"的装点工作了。设计导则可以起到进一步塑造城市空间景观的作用,使控制规划、城市设计、建筑设计三者得到很好的渗透与结合。SOM 提出的设计导则包括环境分析与利用、各类人员活动及空间组织、城市设计结构、景观设计和条例说明 5 部分,注重在控制规划中城市设计思想的完善与发展,特色之处如下(图 17.10)。

街道网络与公共空间:规划中的新区根据田字形街道网络布置,由两条东西向街道与 5 条南北向街道组成。街道网络划分出 13 个开发区段,其面积为 0.7~1.2hm²,形状力求

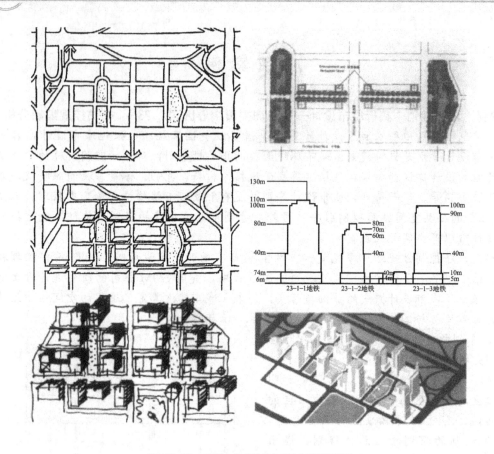

图 17.10 SOM方案城市设计导则例证

简单，便于高密度开发项目的建设。街道网络中拟建两个社区公园，公园周围是田字形街道，成为周围拟建建筑的焦点；两公园均朝南北向设置，以保证公共空间阳光充裕，打开10号路南侧建筑群的视野。街墙界面要求：本规划成功的一个关键是沿主要街道由多个建筑立面构成的街墙立面。街墙立面至少应跨及所在街廊长度的90%；街墙立面的高度可在40～45m之间，在这个高度范围内不允许后退；超出45m高度以上的建筑部位必须逐渐后退街墙立面线，后退程度在1.5～3m之间。街墙界面充分保证了街道、广场等公共空间的场所感与宜人尺度。

过渡空间营造：为了增加街道的热闹商业气氛，连拱廊要求沿街墙立面设置，这是形成繁华CBD街坊景观的重要方法。在商业、餐饮、娱乐等功能的街道，85%以上的临街建筑应设有商店；在规定有商店的地方必须设置连拱廊，宽度至少3m，最多5m，高度不超过14m。在整个街区规定的地方，连拱廊必须连续不断，而且与相应的人行道连通。此外，在面临主街和公园的方向，建筑的大厅应在其正面设置连拱廊，以增强街头步行活动。高层建筑体量：除包括人、车出入口的位置，建筑退线等要求，每个地块高层建筑的塔楼位置、标准层形状、建筑高度、塔楼体积变化部位、塔楼顶部控制等都有具体规定。高层塔楼位于街区立面建筑总高70%～80%左右的楼层区，应后退1.5～3m；塔楼顶部应逐渐减小屋面的截面及立面尺寸，不得安装任何标志；屋面应采用与其他部位相同的材料，以形成整体感，等等。

资料来源：孙晖，栾滨. 如何在控制性详细规划中实行有效的城市设计——深圳福田中心区 22、23-1 街坊控规编制分析 [J]. 国外城市规划，2006(4)，93-97.

本 章 小 结

在控制性详细规划阶段，城市设计对城市空间形成的引导作用，是比较准确地把握规划地区与城市整体空间的关系和特色。控规中融入城市设计内容也是提高规划编制质量和指标体系的科学性，以避免实际开发中对建设"量"的控制，而较为忽视对城市空间环境品"质"的关心。同时控制性详细规划中的城市设计是城市规划管理和土地控制以及城市环境控制的纽带。因此，要建立城市设计与控制性详细规划的衔接框架，有效分析城市设计中的控制要素，以及内容上的相关联系，增强控制性详细规划的实际可操作性。

同时，控规中通过控规图则和城市设计概念图的综合表达，既能对城市整体空间形象和环境容量进行有效控制，同时又能指导详细规划的编制，给下一阶段留有一定的弹性和灵活性。

思 考 题

1. 控制性详细规划与城市的关系？
2. 控制性详细规划层面中的城市设计内容都有哪些？
3. 城市设计中的控制性因素有哪些？

参 考 文 献

[1] 李德华. 城市规划原理 [M]. 北京：中国建筑工业出版社，2001.
[2] 胡纹. 居住区规划原理与设计方法 [M]. 北京：中国建筑工业出版社，2007.
[3] 段汉明. 城市详细规划设计 [M]. 北京：科学出版社，2006.
[4] 惠劼，张倩，王芳. 城市住区规划设计概论 [M]. 北京：化学工业出版社，2006.
[5] 朱家瑾. 居住区规划设计 [M]. 北京：中国建筑工业出版社. 2000.
[6] 武勇，黄鹢，刘青. 居住区规划 [M]. 北京：中国建筑工业出版社. 2004.
[7] 中国城市规划设计研究院. 城市规划资料集（第7分册：城市居住区规划）[M]. 北京：中国建筑工业出版社. 2005.
[8] 中国城市规划学会主编. 住区规划 [M]. 北京：中国建筑工业出版社. 2003.
[9] 胡延利. 居住区景观规划设计宝典（上册）[M]. 武汉：华中科技大学出版社. 2008.
[10] 胡延利. 居住区景观规划设计宝典（下册）[M]. 武汉：华中科技大学出版社. 2008.
[11] 朱蔼敏. 跨世纪的住宅设计 [M]. 北京：中国建筑工业出版社. 1998.
[12] [丹麦] 杨·盖尔. 交往与空间 [M]. 何人可，译. 北京：中国建筑工业出版社. 2002.
[13] 任晔平，陈兆伟. 居住区区位环境价值研究 [M]. 济南：山东省地图出版社. 2003.
[14] 时国珍. 全国优秀居住区环境设计精品集 [M]. 北京：中国建筑工业出版社. 2004.
[15] 梁永基. 居住区园林绿地设计 [M]. 北京：中国林业出版社. 2001.
[16] 赵晓光，党春红. 民用建筑场地设计 [M]. 北京：中国建筑工业出版社. 2004.
[17] 刘芳. 区位决定成败：城市住区空间区位决策与选择 [M]. 北京：中国电力出版社. 2007.
[18] 上林国际文化有限公司主编. 居住区景观规划100例（第一册）[M]. 武汉：华中科技大学出版社. 2006.
[19] 上林国际文化有限公司主编. 居住区景观规划100例（第二册）[M]. 武汉：华中科技大学出版社 2006.
[20] [美] 布拉德·密. 户外空间设计 [M]. 俞传飞，译. 沈阳：辽宁科学技术出版社. 2006.
[21] 余源鹏. 精品住区规划设计图300例 [M]. 北京：机械工业出版社. 2005.
[22] 时国珍. 东方园林杯中国优秀住区环境设计经典 [M]. 北京：中国城市出版社. 2005.
[23] 香港科讯国际出版有限公司. 国际风格楼盘（上册）[M]. 武汉：华中科技大学出版社. 2008.
[24] 香港科讯国际出版有限公司. 国际风格楼盘（下册）[M]. 武汉：华中科技大学出版社. 2009.
[25] 吕斌. 城市规划原理 [M]. 北京：中国计划出版社. 2008.
[26] 邢日瀚. 住区规划牛皮书03 [M]. 天津：天津大学出版社. 2009.
[27] 邢日瀚. 住区规划牛皮书04 [M]. 天津：天津大学出版社. 2009.
[28] 夏鹏. 城市规划快速设计与表达 [M]. 北京：中国电力出版社. 2006.
[29] 朱建达. 当代国内外居住区规划实例选编 [M]. 北京：中国建筑工业出版社. 1996.
[30] 陈建江. 小区环境设计 [M]. 上海：上海人民美术出版社. 2006.
[31] 香港科讯国际出版有限公司. 景观红皮书一 [M]. 武汉：华中科技大学出版社. 2008.
[32] 香港科讯国际出版有限公司. 景观红皮书二 [M]. 武汉：华中科技大学出版社. 2008.
[33] 刘师生等. 现代新景观设计作品集成一 [M]. 大连：大连理工大学出版社. 2008.
[34] 香港日瀚国际文化博播有限公司. 中国景观×档案·住区景观 [M]. 武汉：华中科技大学出版社. 2008.
[35] [德] 瓦尔特·科尔布，塔西洛·施瓦茨. 层顶绿化 [M]. 袁新民等，译. 沈阳：辽宁科学技术出版社. 2002.
[36] [日] 城市集合住宅研究会. 世界城市住宅小区设计 [M]. 洪再生，译. 北京：中国建筑工业出版社. 1993.
[37] 美国城市土地利用学会. 世界优秀社区规划 [M]. 杨旭华，汤宏铭，译. 北京：中国水利水电出版社. 2002.